电工电子基础课程系列教材

数字信号处理
——面向非电类专业

李雨青　杨继业　张文娟　刘国军　主编

电子工业出版社
Publishing House of Electronics Industry
北京·BEIJING

内 容 简 介

本书根据普通高等院校本科生教学大纲的要求选材，系统地介绍数字信号处理的基础理论、基本概念、基本分析方法、算法和设计原理。全书共 8 章，包括四部分。第一部分是数字信号处理基本概念及对数字信号处理的总体概览，包括第 1 章；第二部分是离散时间信号和离散时间系统的时域、频域分析，包括第 2、3、4 章；第三部分是离散傅里叶变换的快速算法，包括第 5 章；第四部分是数字滤波器的基础理论与设计方法，包括第 6、7、8 章。

本书叙述简洁，条理清晰，内容深入浅出，并配有大量的例题和上机实验，便于教师的教学和学生的自学。本书提供配套的电子课件 PPT、习题参考答案、教学指南、仿真程序代码等。

本书可作为高等院校非电类专业数字信号处理的基础教材，也可供相关工程技术人员学习、参考。

图书在版编目 (CIP) 数据

数字信号处理：面向非电类专业 / 李雨青等主编. —北京：电子工业出版社，2023.8

ISBN 978-7-121-46035-7

Ⅰ. ①数…　Ⅱ. ①李…　Ⅲ. ①数字信号处理－高等学校－教材　Ⅳ. ①TN911.72

中国国家版本馆 CIP 数据核字（2023）第 138700 号

责任编辑：王晓庆

印　　刷：北京虎彩文化传播有限公司

装　　订：北京虎彩文化传播有限公司

出版发行：电子工业出版社

　　　　　北京市海淀区万寿路 173 信箱　　邮编：100036

开　　本：787×1 092　1/16　印张：16.5　　字数：422 千字

版　　次：2023 年 8 月第 1 版

印　　次：2024 年 7 月第 2 次印刷

定　　价：49.80 元

前　言

随着计算机技术和信息技术突飞猛进的发展，数字信号处理的理论与应用也得到了飞跃式的发展，数字信号处理成为各大专院校相关专业的必修课程。目前随着教学改革的实施，对课程的教学内容、教学方法和实验操作都提出了新的要求。为了适应普通高等院校正在实施的课程体系和教学内容的改革、积极探索适应 21 世纪国家所需人才的教学模式，我们编写了本书。

近年来，学校对本科实验课程的投入力度不断加大，相对增大了实验课程的比重。为适应普通高等院校这一教学改革，在参考其他数字信号处理教材的同时，本书对内容进行了适当的增减和调整，在每一章都配有一定的仿真实验，让学生更加深入地理解书本上的知识及原理，引导学生更容易地将理论与实际相结合，锻炼学生自主发现问题和解决问题的能力。

本书有如下特色。

1. 本书突出基本概念、基本原理与基本分析方法，例题选材典型、精炼。数字信号处理包含的内容比较多，而现阶段各高校实施教学改革，通过缩减理论课时来增大实验课程的比重。所以，教材的选材必须少而精，让学生在有限的课时内完成基本理论的学习，掌握基本知识。本书对初学者很友好，为加深读者对一些重要定义和算法的理解，本书均精心设置了相应的例题或实验题目。对例题给出了详细的解答过程，对实验题目给出了程序源代码，让读者在动手解题或编程实践中体会定义的含义，把握算法的内在思想，熟悉算法的程序实现过程。

2. 本书的基本思路分为三步。第一，围绕离散时间信号和离散时间系统主线，介绍离散时间信号和离散时间系统的时域表示与频域表示；第二，围绕序列的傅里叶变换（DTFT）主线，介绍序列的离散傅里叶变换，即在频域实现傅里叶变换的离散化，使数字信号处理可以在频域采用数值运算的方法进行，这样可以使数字信号处理广泛地被应用到其他领域；第三，围绕数字滤波器的设计主线，介绍两种数字滤波器（即 FIR 与 IIR 数字滤波器）的运算结构及设计方法。

3. 本书配有较丰富的课后习题：选择题、填空题和计算题。课后习题中的选择题和填空题是专门为帮助读者理解书中的基本概念和基本分析方法所设计的，读者通过练习，可以巩固数字信号处理中的一些专业术语和基本定义。通过练习计算题，可提高读者的分析问题和解决问题的能力。个别章节还配有上机题，从而可以提高读者的综合实践能力。

本书从初学者的角度出发，系统地介绍数字信号处理的基础理论、基本概念、基本分析方法、算法和设计原理。全书共 8 章，包括四部分：第一部分是数字信号处理基本概念及对数字信号处理的总体概览，包括第 1 章；第二部分是离散时间信号和离散时间系统的时域、频域分析，包括第 2、3、4 章；第三部分是离散傅里叶变换的快速算法，包括第 5 章；第四部分是数字滤波器的基础理论与设计方法，包括第 6、7、8 章。为简洁起见，本书习题、例题题目、解题过程中，频率 ω（Ω）保留单位 rad（rad/s）以便于计算，其余地方均省略单位 rad（rad/s）[图中的横轴 ω/π（Ω/π）处省略了单位 rad（rad/s）]。

通过学习本书，你可以：（1）了解数字信号处理的基本算法和原理；（2）掌握数字信号处理技术；（3）深入了解傅里叶变换在频域的离散形式及其快速运算原理。

　　本书的参考学时为 32～64 学时，教师可以根据教学对象和学时等具体情况对书中的内容进行删减和组合，也可以进行适当扩展。为适应教学模式、教学方法和手段的改革，本书提供配套的电子课件 PPT、习题参考答案、教学指南、仿真程序代码等，请登录华信教育资源网（www.hxedu.com.cn）注册后免费下载。

　　本书可作为高等院校非电类专业数字信号处理的基础教材，也可供相关工程技术人员学习、参考。本书的先修课程是"工程数学""信号与系统"等，如果读者没有 MATLAB 基础，或者教学中未涉及 MATLAB 的内容，则可以跳过书中所有与 MATLAB 有关的内容，不影响教学和学习。

　　本书共 8 章，其中，第 1 章由杨继业编写，第 2～6 章由李雨青编写，第 7、8 章由刘国军、张文娟编写。全书由李雨青和杨继业统稿。

　　本书是由宁夏大学资助出版的教材，并得到了宁夏大学数学统计学院的支持，在此对学院的全体领导表示感谢！

　　本书在编写、构思过程中参考了相关文献，吸取了许多专家和同人的宝贵经验，在此向这些文献的作者表示诚挚的感谢！

　　由于作者水平有限，书中难免有不足和误漏之处，欢迎广大读者批评指正并反馈宝贵建议，以便我们不断修正错误、吸取经验，使本书不断完善和进一步提高。

作者于宁夏大学

2023 年 7 月

目　　录

第1章 绪　　论

1.1　数字信号处理的基本概念

数字信号处理这门课程的研究对象是数字信号，研究内容是处理，处理的主体则是系统，下面分别介绍这几个基本概念。

信号是信息的载体和物理表现形式，信息则是信号的具体内容。信号在我们的生活中并不陌生，它的存在具有多样性，如上课铃声——声信号，表示该上课了；十字路口的红绿灯——光信号，指挥交通；电视机天线接收的电视信息——电信号；广告牌上的文字、图像信号，等等。

信号通常可以描述为一个自变量或多个自变量的函数，自变量可以表示时间、频率或者空间坐标等。因此信号按照自变量的数量进行分类，可以分成一维信号和多维信号。

一维信号多数以时间或频率为自变量，记作：$y = f(t)$。

二维信号的自变量可以为空间坐标，也可以为其他物理量，记作：$z = f(x, y)$。

多维信号有多个自变量。

信号除以上的分类外，其他基本分类如下。

1. 能量信号/功率信号

信号 $f(t)$ 的能量 E 定义为

$$E \overset{\text{def}}{=} \int_{-\infty}^{\infty} \left| f(t) \right|^2 \, \mathrm{d}t \tag{1.1.1}$$

信号 $f(t)$ 的功率 P 定义为

$$P \overset{\text{def}}{=} \lim_{T \to \infty} \frac{1}{T} \int_{-T/2}^{T/2} \left| f(t) \right|^2 \, \mathrm{d}t \tag{1.1.2}$$

若信号 $f(t)$ 的能量有界，即 $E < \infty$，则称信号为能量信号，其功率 $P = 0$。时限信号（仅在有限的时间区间不为零的信号）为能量信号。

若信号 $f(t)$ 的功率有界，即 $P < \infty$，则称信号为功率信号，其能量 $E = \infty$。

2. 周期信号/非周期信号

满足 $f(t) = f(t + kT)$ 的信号称为周期信号，反之称为非周期信号。

容易验证周期信号属于功率信号，而非周期信号可能是能量信号，可能是功率信号，也可能是非功率非能量信号。

3. 实信号/复信号

信号的幅值为实数的称为实信号，信号的幅值为复数的称为复信号。

4．连续时间信号/离散时间信号/数字信号

一维信号按时间变量和幅值的取值，可分为连续时间信号、离散时间信号和数字信号。

（1）连续时间信号：即模拟信号，在时间和幅值上都是连续的，记为 $x_a(t)$。

（2）离散时间信号：在时间上是离散的，在幅值上是连续的；用 n 表示离散时间变量，离散时间信号记为 $x(n)$。

（3）数字信号：时间与幅值都是离散的。

对离散时间信号进行时间的抽样和幅值的量化，便可得到数字信号。

系统是将信号进行处理（或变换）以达到人们要求的各种设备。系统可以是硬件的，也可以是用软件编程实现的。

系统按所处理的信号种类，可分为模拟系统、离散时间系统和数字系统。

信号处理是研究用系统对含有信息的信号进行处理（变换）以获得人们所希望的信号，从而达到提取信息、便于利用的目的的一门学科。

信号处理也可以分为模拟信号处理（ASP）和数字信号处理（DSP）。一般来说，数字信号处理的对象是数字信号，模拟信号处理的对象是模拟信号。但是，如果系统中增加数模转换器和模数转换器（见 1.2 节），那么，数字信号处理系统也可以处理模拟信号。这里的关键问题是两种信号处理系统对信号处理的方式不同，数字信号处理采用数值计算的方法完成对信号的处理，而模拟信号处理则通过一些模拟器件（如晶体管、运算放大器、电阻、电容、电感等）组成的网络来完成对信号的处理。因此，简单地说，数字信号处理就是用数值计算的方法对信号进行处理，这里"处理"的实质是"运算"，处理对象则包括模拟信号和数字信号。

1.2　数字信号处理系统的基本组成

如图 1.2.1 所示为一个典型的以数字信号处理器为核心部件的数字信号处理系统框图，该系统既可以处理模拟信号，也可以处理数字信号。当该系统的输入是数字信号时，可以直接将数字信号 $x(n)$ 送入数字信号处理器，按照人们的希望进行处理，处理后可以直接输出得到输出信号 $y(n)$；当该系统输入模拟信号时，图上的所有部件均需采用。不过要注意的是：系统输入模拟信号 $x_a(t)$，为了避免频域混叠，先要通过一个防混叠的模拟低通滤波器，把会造成混叠失真的高频分量加以滤除（见第 2 章的模拟信号的抽样的讨论）。然后进入模数转换器（Analog to Digital Converter，ADC 或 A/D 转换器），完成将模拟信号转换成数字信号。A/D 转换器包括抽样保持及量化编码两部分，由于量化编码无法瞬时完成，因此抽样保持既要实现对模拟信号进行抽样（时间离散化），又要将抽样的幅度保持以便完成量化编码（幅值离散化）。随后进入数字信号处理的核心部件处理后，得到数字信号。若输出为数字信号，则可直接送出；若需要输出模拟信号，如图 1.2.1 所示，则需后接一个数模转换器（Digital to Analog Converter，DAC 或 D/A 转换器），它包括解码及抽样保持两部分内容，它的输出为阶梯形的连续时间信号（当用零阶保持电路时），需要再送入图 1.2.1 的平滑用模拟低通滤波器以得到光滑的所需的模拟信号 $y_a(t)$。

数字信号处理最终处理的是数字信号（包括数字化后的模拟信号），离散时间信号与数字信号的差别仅在于数字信号是对离散时间信号加以幅度量化得到的。如果将"量化"这一部

分内容进行专门分析和论述，则讨论的内容主要涉及离散时间信号处理。从这一点考虑出发，本书的大部分内容是讨论离散时间信号处理——包括离散时间信号（序列）及离散时间系统，而"量化"问题可以参考文献[1]。

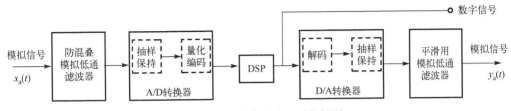

图 1.2.1 数字信号处理系统框图

1.3 数字信号处理的实现方法

由于数字信号处理和模拟信号处理的对象不同，因此，二者处理的实现方法是不相同的。数字信号处理的实现方法基本上可以分成两种，即软件实现方法和硬件实现方法。软件实现方法是指按照原理和算法，通过自行编写程序或者采用已有的程序在通用计算机上实现；硬件实现方法是按照具体的要求和算法，设计用乘法器、加法器、延时器、控制器、存储器及输入/输出接口等基本部件构成的硬件结构图来实现的一种方法。从灵活的角度来考虑，软件实现方法更加灵活，只要改变程序中的相关参数，就可以实现所需要的处理，其缺陷是运算速度慢，达不到实时处理，因此，这种方法适用于算法研究和仿真。硬件实现方法的速度快，可以达到实时处理要求，但是不灵活。

由于软件、硬件实现方法各有利弊，因此将软硬结合实现的方法可以做到既灵活、速度快，又达到实时处理的要求。如 DSP 芯片具有更加适合数字信号处理的软件和硬件资源，可用于复杂的数学信号处理算法，一些特殊场合要求的信号处理速度极高，用通用的 DSP 芯片很难实现，需要用专用的芯片实现。目前使用专用的数字信号处理芯片（DSP 芯片）是发展最快、应用最广的一种方法。并且 DSP 芯片已由最初的 8 位发展为 16 位、32 位，且性能优良的高速 DSP 不断面市，价格也在不断下降。可以说，用 DSP 芯片实现数字信号处理，正在变成或已经变成工程技术领域中的主要实现方法。

1.4 数字信号处理的特点

由于数字信号处理通过数值运算的方式实现对信号的处理，因此相对模拟信号处理，数字信号处理主要有以下优点。

1. 灵活性高

数字信号处理系统（简称数字系统）的性能取决于系统参数，这些参数存储在存储器中，很容易改变，因此相比模拟系统，数字系统的性能更容易改变，甚至通过参数的改变，系统可以变成各种完全不同的系统。灵活性还表现在数字系统可以时分复用。

2. 高精度和高稳定性

模拟系统的精度由物理器件决定，而精度很难达到 10^{-3}；而数字系统只要 14 位字长就可

以达到 10^{-4} 的精度。因此，在计算精度方面，模拟系统是不能和数字系统相比拟的，为此，许多测量仪器为满足高精度的要求，只能采用数字系统。另外数字系统的特性取决于系统参数，不易随使用条件的变化而变化，尤其使用了超大规模集成的 DSP 芯片可使设备简化，进一步提高了系统的稳定性和可靠性。

3. 容易大规模集成

数字部件具有高度的规范性，容易大规模集成和大规模生产，而且对电路元件参数的要求不严，故产品的成品率高，价格不断降低，这也是 DSP 芯片和超大规模可编程器件发展迅速的主要因素之一。由于采用了大规模集成电路，因此数字系统体积小、重量轻、可靠性强。

4. 可以实现模拟系统无法实现的诸多功能

数字信号可以存储，数字系统可以进行各种复杂的变换和运算，这一优点更加使数字信号处理不再仅仅限于对模拟系统的逼近，它可以实现模拟系统无法实现的诸多功能。例如，数字系统可获得高性能指标，利用庞大的存储单元可以存储一帧或多帧图像信号，实现二维甚至多维信号的处理，包括二维或多维滤波、二维或多维谱分析等。

1.5　数字信号处理的应用

正是由于具有以上的优点，数字信号处理的理论和技术一出现就深受人们的极大关注，发展得非常迅速，成为发展最快、应用最广泛、成效最显著的学科之一，目前已被广泛地应用在语音、雷达、声呐、地震、图像、通信、控制、生物医学、遥感遥测、地质勘探、航空航天、故障检测、自动化仪表等领域。而且随着各种电子技术及计算机技术的飞速发展，数字信号处理的理论和技术还在不断丰富与完善，新理论和新技术层出不穷。

在实际应用中，对各种 DSP 应用系统的需求越来越多，导致 DSP 算法开发工具的不断充实与完善。由美国 Mathworks 公司开发的 MATLAB 软件是一种功能强大、用于高科技运算的高级语言，成为数字信号处理分析的重要工具，其中有很多与信号处理相关的工具箱，每种工具箱内都有大量可调用的函数，可以实现相应的数据处理。因而要熟练掌握数字信号处理的理论与技术，就既要学好有关的基础知识，又要熟练掌握 MATLAB 软件工具的使用。

习　　题

1．信号是什么？系统是什么？

2．按自变量和幅值的取值分类，信号可分为哪几类？

3．数字信号处理和模拟信号处理分别采用什么方法实现对信号的处理？

4．ADC 的英文全称是什么？中文释义是什么？DAC 的英文全称是什么？中文释义是什么？

5．如何实现 ADC？如何实现 DAC？

第2章　离散时间信号和离散时间系统

2.1　离散时间信号

2.1.1　离散时间信号的由来

实际当中遇到的信号一般是模拟信号，对其进行抽样便可以得到离散时间信号，如图 2.1.1 所示，这里的抽样是指等间隔抽样。

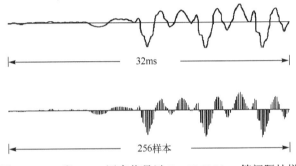

图 2.1.1　一段 32ms 语音信号以 $T = 32 / 256$ms 等间隔抽样

若模拟信号为 $x_a(t)$，对它以周期 T 进行等间隔抽样，则得到的信号为离散时间信号（又称为序列），记为 $x_a(nT)$，表示离散时间信号在 nT 点上的值（抽样值或序列值），即

$$x_a(nT) = x_a(t)\big|_{t=nT} \qquad -\infty < n < \infty \qquad (2.1.1)$$

$$x_a(nT) = \{\cdots, x_a(-T), x_a(0), x_a(T), \cdots\}$$

由于 $x_a(nT)$ 按顺序存储在存储器中，因此通常直接用 $x(n)$ 表示离散时间信号。注意这里的 n 只取整数，非整数时无定义。

2.1.2　离散时间信号的表示

（1）用集合符号（数列形式）表示

数的集合用集合符号 {} 表示，离散时间信号 $x(n)$ 是一个有序的数字集合，可表示成集合

$$x(n) = \{x_n, n = \cdots, -2, -1, 0, 1, 2, \cdots\}$$

【例 2.1.1】　一个有限长序列表示为

$$x(n) = \{3, 1, 4, 6, 5, n = -1, 0, 1, 2, 3\}$$

也可以简单地表示为

$$x(n) = \{3, \underline{1}, 4, 6, 5\}$$

集合中下画线的元素对应于 $n=0$ 的抽样值，即 $x(0)=1$。

（2）用公式表示

【例 2.1.2】　$x(n)=A\sin(\omega n+\phi)$　　　　　　$-\infty < n < \infty$

$$x(n)=\begin{cases}2^{-n} & n\geqslant 0\\ 3^{n} & n<0\end{cases}$$

（3）用波形图表示

【例 2.1.3】　$x(n)=2^{n}$，$n=-3,-2,-1,0,1,2,3,4$，如图 2.1.2 所示。

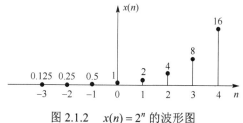

图 2.1.2　$x(n)=2^{n}$ 的波形图

这是一种很直观的表示方法，为了醒目，常常在每条竖线的顶端加一个小黑点。竖线的方向（在横轴的上方或下方）代表该抽样值的正负，长度代表该抽样值的大小。

2.1.3　常用的典型序列

1. 单位抽样序列 $\delta(n)$（Unit Sample Sequence）

$$\delta(n)=\begin{cases}1 & n=0\\ 0 & n\neq 0\end{cases}\qquad(2.1.2)$$

单位抽样序列亦称单位脉冲序列或时域离散冲激。它类似于模拟信号和系统中的单位冲激函数 $\delta(t)$，但不同的是 $\delta(t)$ 在 $t=0$ 时取值为无穷大，在 $t\neq 0$ 时取值为零，且 $\int_{-\infty}^{\infty}\delta(t)\mathrm{d}t=1$，它们的波形图如图 2.1.3 所示。

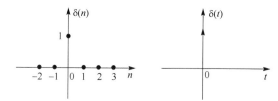

图 2.1.3　$\delta(n)$（左）、$\delta(t)$（右）的波形图

2. 单位阶跃序列 $u(n)$（Unit Step Sequence）

$$u(n)=\begin{cases}1 & n\geqslant 0\\ 0 & n<0\end{cases}\qquad(2.1.3)$$

$u(n)$ 的波形图如图 2.1.4 所示。

3．矩形序列 $R_N(n)$ （Rectangular Sequence）

$$R_N(n) = \begin{cases} 1 & 0 \leqslant n \leqslant N-1 \\ 0 & \text{其他} \end{cases} \qquad (2.1.4)$$

式中，N 称为矩形序列的长度。$R_4(n)$ 的波形图如图 2.1.5 所示。

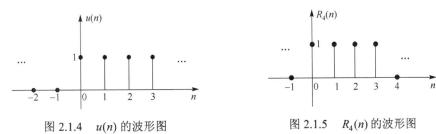

图 2.1.4　$u(n)$ 的波形图　　　　　图 2.1.5　$R_4(n)$ 的波形图

4．实指数序列（Real-valued Exponential Sequence）

$$x(n) = a^n u(n) \qquad\qquad a \text{ 为实数} \qquad (2.1.5)$$

实指数序列可以看成序列 $x_1(n) = a^n$ 与单位阶跃序列 $u(n)$ 的乘积，因此实指数序列在 $n < 0$ 时的序列值为零。

（1）当 $|a| < 1$ 时，$x(n)$ 的幅值随 n 的增大而减小，并收敛于零，称 $x(n)$ 为收敛序列；

（2）当 $|a| > 1$ 时，$x(n)$ 的幅值随 n 的增大而增大，称 $x(n)$ 为发散序列。

【例 2.1.4】　$x(n) = 0.5^n u(n)$，$x(n) = (-0.5)^n u(n)$，如图 2.1.6 所示。

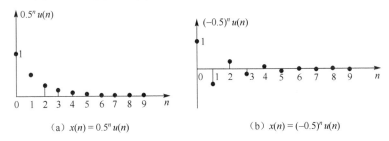

（a）$x(n) = 0.5^n u(n)$　　　　　（b）$x(n) = (-0.5)^n u(n)$

图 2.1.6　收敛序列的波形图

【例 2.1.5】　$x(n) = 2^n u(n)$，$x(n) = (-2)^n u(n)$，如图 2.1.7 所示。

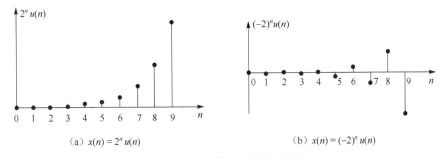

（a）$x(n) = 2^n u(n)$　　　　　（b）$x(n) = (-2)^n u(n)$

图 2.1.7　发散序列的波形图

5．正弦序列（Sine Sequence）

$$x(n) = A\sin(\omega_0 n + \phi_0) \tag{2.1.6}$$

式中，A 为正弦信号的幅度；ϕ_0 为正弦信号的初始相位；ω_0 为正弦序列的数字域频率（简称为数字频率），单位是弧度（rad），表示序列变化的速率，或者说表示相邻两个序列值之间相位变化的弧度数。

【例 2.1.6】 $x(n) = A\sin(n\omega_0 + \phi_0)$ 与 $x(n+1) = A\sin[(n+1)\omega_0 + \phi_0]$ 两序列值之间相位变化的弧度数是 ω_0，模拟正弦信号为 $x_\mathrm{a}(t) = A\sin(\Omega_0 t + \phi_0)$，$\Omega_0$ 称为模拟角频率（简称为模拟频率），单位为弧度每秒（rad/s）。

如果对模拟正弦信号以 T 为抽样周期进行抽样，便可得到正弦序列，即

$$
\begin{aligned}
x(n) &= x_\mathrm{a}(t)|_{t=nT} \\
&= A\sin(\Omega_0 nT + \phi_0) \\
&= A\sin(\omega_0 n + \phi_0)
\end{aligned}
$$

从而得到数字频率 ω_0 与模拟角频率 Ω_0 之间的关系为

$$\omega_0 = \Omega_0 T \tag{2.1.7}$$

若记 $F_\mathrm{s} = \dfrac{1}{T}$，称为抽样频率，单位为赫兹，则

$$\omega_0 = \frac{\Omega_0}{F_\mathrm{s}} \tag{2.1.8}$$

式（2.1.8）表明数字频率是模拟角频率对抽样频率的归一化频率。对由模拟信号抽样得到的任何序列，这一结论都成立。

6．复指数序列（Complex Exponential Sequence）

$$x(n) = \mathrm{e}^{(\sigma + j\omega_0)n} \tag{2.1.9}$$

式中，ω_0 称为数字频率。将 $x(n)$ 表示为实部与虚部的形式

$$x(n) = \mathrm{e}^{(\sigma + j\omega_0)n} = \mathrm{e}^{\sigma n}[\cos(\omega_0 n) + j\sin(\omega_0 n)] \tag{2.1.10}$$

由于 n 取整数，因此下面的等式成立

$$\cos[(\omega_0 + 2\pi M)n] = \cos(\omega_0 n)$$

$$\sin[(\omega_0 + 2\pi M)n] = \sin(\omega_0 n)$$

其中 M 取整数，因此对数字频率 ω_0 而言，复指数序列和正弦序列都是以 2π 为周期的。在今后的研究中，对于复指数序列和正弦序列，只需分析频率 $[-\pi, \pi]$ 或 $[0, 2\pi]$ 就够了。

7．任意序列（Arbitrary Sequence）

对于任意序列 $x(n)$，可以用单位抽样序列的移位加权和表示，即

$$x(n) = \sum_{m=-\infty}^{\infty} x(m)\delta(n-m) \tag{2.1.11}$$

【例 2.1.7】　若 $x(n)$ 的波形图如图 2.1.8 所示，则可用单位抽样序列的移位加权和表示成

$$x(n) = -2\delta(n+2) + 0.5\delta(n+1) + 2\delta(n) + \delta(n-1) + 2\delta(n-2) -$$

$$\delta(n-4) + 2\delta(n-5) + \delta(n-6)$$

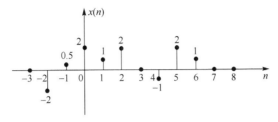

图 2.1.8　序列的波形图

2.1.4　序列的运算

信号处理是通过信号的各种运算来完成的，将一些运算组合起来，达到系统对信号处理的目的。数字信号处理中有三种基本运算，即乘法、加法和单位延迟，序列的运算都是通过这三种基本运算来实现的。以下介绍序列的几种运算。

1．加法和乘法

两序列之和（积）是指同序号 n 的序列值逐项对应相加（相乘）而构成一个新序列，如图 2.1.9 所示。

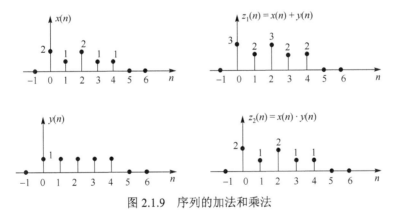

图 2.1.9　序列的加法和乘法

2．累加

$$y(n) = \sum_{k=-\infty}^{n} x(k) \qquad (2.1.12)$$

表示 $y(n)$ 的某一个 n 的值等于 n 及 n 以前所有 $x(n)$ 的值之和，如图 2.1.10 所示。

3．序列的绝对和、序列的能量与平均功率

序列的绝对和定义为

$$S = \sum_{n=-\infty}^{\infty} |x(n)| \qquad (2.1.13)$$

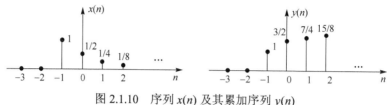

图 2.1.10　序列 $x(n)$ 及其累加序列 $y(n)$

当 $S = B < \infty$（B 为常数）时，称序列 $x(n)$ 为绝对可和序列，序列的这种性质是用来判断序列的傅里叶变换是否存在及系统是否稳定的条件。

序列的能量定义为

$$E[x(n)] = \sum_{n=-\infty}^{\infty} |x(n)|^2 \qquad (2.1.14)$$

当 $E[x(n)] = A < \infty$（A 为常数）时，称序列 $x(n)$ 为能量有限信号（简称为能量信号）。一般来说，在有限 n 上有值的有限长序列及绝对可和的无限长序列都是能量信号。

而序列的平均功率定义为

$$P[x(n)] = \lim_{N \to \infty} \frac{1}{2N+1} \sum_{n=-N}^{N} |x(n)|^2 \qquad (2.1.15)$$

若此极限存在，即 $P[x(n)] = C < \infty$（C 为常数），则称序列 $x(n)$ 为功率有限信号（简称为功率信号）。

4．移位

若某序列为 $x(n)$，则称 $x(n-m)$（m 为整数）是 $x(n)$ 的移位序列，如图 2.1.11 所示。

当 m 为正时，表示序列 $x(n)$ 逐项依次右移 m 位，称 $x(n-m)$ 为 $x(n)$ 的延时序列；当 m 为负时，表示序列 $x(n)$ 逐项依次左移 $|m|$ 位，称 $x(n+m)$ 为 $x(n)$ 的超前序列。

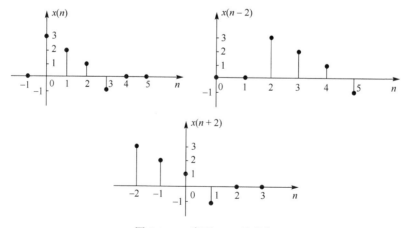

图 2.1.11　序列 $x(n)$ 的移位

5. 尺度变换与翻转

若某序列为 $x(n)$，则称 $x(Dn)$ 为 $x(n)$ 的尺度变换。其中 D 为 -1 时，$x(-n)$ 是 $x(n)$ 的翻转序列，如图 2.1.12（b）所示；D 为正整数时，$x(Dn)$ 是 $x(n)$ 的抽取序列，表示 $x(n)$ 每隔 D 点抽取一点，如图 2.1.12（c）所示；D 为非整数时，$x(Dn)$ 是 $x(n)$ 的插值序列，如插零值序列可表示为

$$x'_I(n) = \begin{cases} x(Dn) & D = \dfrac{1}{I}, \quad n = mI, m = 0, \pm 1, \pm 2, \cdots \\ 0 & n\text{为其他} \end{cases}$$

式中，$I = 2, 3, 4, \cdots$。

图 2.1.12（d）所示为 $I = 2$ 时 $x'_I(n)$ 的波形。

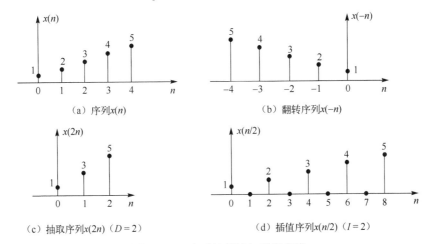

图 2.1.12　序列的翻转与尺度变换

6. 差分运算

前向差分　　$\Delta x(n) = x(n+1) - x(n)$

后向差分　　$\nabla x(n) = x(n) - x(n-1)$

二者关系　　$\nabla x(n) = \Delta x(n-1)$

差分运算如图 2.1.13 所示，在信号边缘检测和信号突变点定位中有很好的应用。

7. 卷积和运算

设序列 $x(n)$ 和 $h(n)$，则二者的卷积和定义为

$$y(n) = x(n) * h(n) = \sum_{m=-\infty}^{\infty} x(m)h(n-m)$$

$$= \sum_{m=-\infty}^{\infty} h(m)x(n-m) \tag{2.1.16}$$

其中 $*$ 是卷积和的运算符，卷积和是研究信号与系统的重要工具，计算方法在后面进行详细讨论。

卷积和具有以下性质。

（1）交换律 $y(n) = x(n) * h(n) = h(n) * x(n)$；

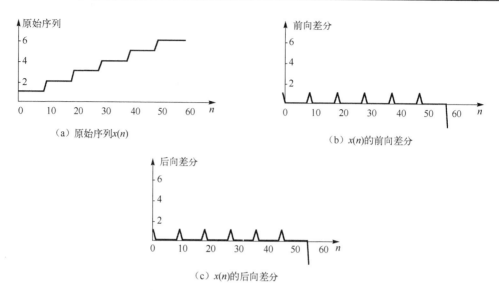

图 2.1.13　序列的前向差分与后向差分

证：$y(n) = x(n) * h(n) = \displaystyle\sum_{m=-\infty}^{\infty} x(m)h(n-m)$

令 $n-m = m'$ $\qquad = \displaystyle\sum_{m'=-\infty}^{\infty} h(m')x(n-m') = h(n) * x(n)$

（2）分配律 $y(n) = [x_1(n) + x_2(n)] * h(n) = x_1(n) * h(n) + x_2(n) * h(n)$；

（3）结合律 $y(n) = x_1(n) * x_2(n) * h(n) = [x_1(n) * x_2(n)] * h(n) = x_1(n) * [x_2(n) * h(n)]$。

读者可以仿照（1）的证明写出（2）与（3）的证明。

8．相关运算

设实序列 $x(n)$ 和 $y(n)$，则二者的互相关运算定义为

$$r_{xy}(n) = \sum_{m=-\infty}^{\infty} x(m)y(m-n) \qquad (2.1.17)$$

相关运算具有以下性质。

（1）$r_{xy}(n) = r_{yx}(-n)$。

由定义式（2.1.17）有 $r_{yx}(-n) = \displaystyle\sum_{m=-\infty}^{\infty} y(m)x(m+n)$，将 $r_{yx}(-n)$ 与式（2.1.17）比较，不难得出 $r_{xy}(n) = r_{yx}(-n)$。

（2）$r_{xy}(n) \neq r_{xy}(-n)$。

（3）若序列 $x(n)$ 和 $y(n)$ 是满足绝对可和的能量信号，则 $\displaystyle\lim_{n\to\infty} r_{xy}(n) = 0$。

性质（3）是显然的，由条件可知级数 $\displaystyle\sum_{m=-\infty}^{\infty} x(m)y(n-m)$ 一定收敛，与 n 的值无关，因此 $\displaystyle\lim_{n\to\infty} r_{xy}(n) = 0$。

由相关运算与卷积和的定义式不难得出二者的关系为

$$r_{xy}(n) = \sum_{m=-\infty}^{\infty} x(m)y(m-n)$$

$$= \sum_{m=-\infty}^{\infty} x(m)y(-(n-m)) = x(n) * y(-n)$$

（2.1.18）

实序列 $x(n)$ 的自相关运算定义为

$$r_{xx}(n) = \sum_{m=-\infty}^{\infty} x(m)x(m-n) = x(n) * x(-n)$$

（2.1.19）

9．共轭对称与共轭反对称运算

设序列 $x(n)$，共轭对称与共轭反对称运算的定义如下。

（1）共轭对称　　　　　$x_{\mathrm{e}}(n) = \dfrac{1}{2}[x(n) + x^*(-n)] = x_{\mathrm{e}}^*(-n)$

（2）共轭反对称　　　　$x_{\mathrm{o}}(n) = \dfrac{1}{2}[x(n) - x^*(-n)] = -x_{\mathrm{o}}^*(-n)$

其中，$x^*(n)$ 为 $x(n)$ 的共轭序列，表示对 $x(n)$ 的每个序列值都取共轭。$x_{\mathrm{e}}(n)$ 称为共轭对称序列，$x_{\mathrm{o}}(n)$ 称为共轭反对称序列。

【例 2.1.8】　$x(n) = \{-1, \quad 2+\mathrm{j}, \quad \underline{2\mathrm{j}}, \quad 3, \quad 1+\mathrm{j}, \quad 7\}$，求 $x^*(n)$、$x_{\mathrm{e}}(n)$、$x_{\mathrm{o}}(n)$。

解：　　　　　　　$x^*(n) = \{-1, \quad 2-\mathrm{j}, \quad \underline{-2\mathrm{j}}, \quad 3, \quad 1-\mathrm{j}, \quad 7\}$

$$x^*(-n) = \{7, \quad 1-\mathrm{j}, \quad 3, \quad \underline{-2\mathrm{j}}, \quad 2-\mathrm{j}, \quad -1\}$$

$$x_{\mathrm{e}}(n) = \frac{1}{2}[x(n) + x^*(-n)]$$

$$= \{3.5, \quad -0.5\,\mathrm{j}, \quad 2.5+0.5\,\mathrm{j}, \quad \underline{0}, \quad 2.5-0.5\,\mathrm{j}, \quad 0.5\,\mathrm{j}, \quad 3.5\}$$

$$x_{\mathrm{o}}(n) = \frac{1}{2}[x(n) - x^*(-n)] = -x_{\mathrm{o}}^*(-n)$$

$$= \{-3.5, \quad -1+0.5\,\mathrm{j}, \quad -0.5+0.5\,\mathrm{j}, \quad \underline{2\mathrm{j}}, \quad 0.5+0.5\,\mathrm{j}, \quad 1+0.5\,\mathrm{j}, \quad 3.5\}$$

2.1.5　卷积和的计算

以下讨论 4 种常用的卷积和的计算方法。

1．列表法（图解法）

列表法只适用于两个有限长序列的卷积和。

由卷积和的定义式 $y(n) = x(n) * h(n) = \displaystyle\sum_{m=-\infty}^{\infty} x(m)h(n-m)$ 不难看出卷积和的运算步骤分为 4 步。

（1）翻转：选 m 为哑变量，将 $x(m)$（或 $h(m)$）做翻转，得到 $x(-m)$（或 $h(-m)$）。

（2）移位：将 $x(-m)$（或 $h(-m)$）移位 $|n|$ 位得 $x(n-m)$（或 $h(n-m)$）。$n>0$ 时，右移 n 位，$n<0$ 时，左移 $|n|$ 位。

（3）相乘：将 $h(m)$ 与 $x(n-m)$（或 $x(m)$ 与 $h(n-m)$）相乘。

（4）求和：将（3）得到的序列的全部序列值相加，就得到对应于 n 的 $y(n)$ 值，按照上面步骤，n 依次取 $0,\pm1,\pm2,\pm3,\cdots$，直到得到全部 $y(n)$ 值。

列表法（图解法）即用列表或图解的方法实现卷积和的 4 个步骤，下面举例说明。

【例 2.1.9】设序列 $x(n) = \{\underline{2},\ 1,\ 0.5,\ 0,\ 0\}$，$h(n) = \{-1,\ 0,\ \underline{0},\ 1,\ 0,\ 2,\ 0\}$，计算 $y(n) = x(n) * h(n)$。

解： 两序列及卷积和计算过程如图 2.1.14 所示。

由图 2.1.14 可知，$n < -2$ 或 $n > 5$ 时，$y(n) = 0$，所以 $y(n) = \{-2,\ -1,\ \underline{-0.5},\ 2,\ 1,\ 4.5,\ 2,\ 1\}$。

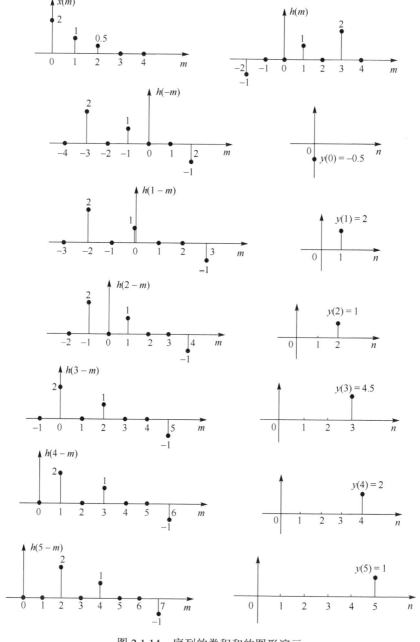

图 2.1.14　序列的卷积和的图形演示

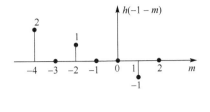
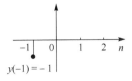

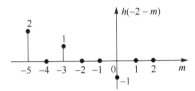
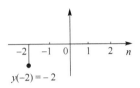

图 2.1.14　序列的卷积和的图形演示（续）

2．解析图形结合法

求解时根据需要分成若干区间分别加以计算，如下例所示。

【例 2.1.10】　设 $h(n) = a^n u(n)$　$a < 1$，$x(n) = \begin{cases} 1, & -2 \leqslant n \leqslant 2 \\ 0, & \text{其他} \end{cases}$，求 $y(n) = x(n) * h(n)$。

解：由卷积和公式

$$y(n) = x(n) * h(n) = \sum_{m=-\infty}^{\infty} x(m)h(n-m)$$

$$= \sum_{m=-\infty}^{\infty} x(m)a^{n-m}u(n-m)$$

上式计算的关键是确定求和区间，即需要明确求和项两序列的公共非零取值区间，为此分别确定 $x(m)$、$u(n-m)$ 的非零区间。

$x(m)$ 的非零区间如图 2.1.15 所示，为 $-2 \leqslant m \leqslant 2$；$u(n-m)$ 的非零区间为 $m \leqslant n$。

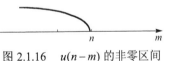

图 2.1.15　$x(m)$ 的非零区间　　　　　　图 2.1.16　$u(n-m)$ 的非零区间

从图 2.1.15 及图 2.1.16 可看出，二者的公共非零取值区间取决于 n 的范围，此题需将 n 分成 3 段来求解，即

$$y(n) = \begin{cases} 0, & n < -2 \\ \displaystyle\sum_{m=-2}^{n} a^{n-m}, & -2 \leqslant n \leqslant 2 \\ \displaystyle\sum_{m=-2}^{2} a^{n-m}, & n > 2 \end{cases}$$

$$= \begin{cases} 0, & n < -2 \\ \dfrac{a^{n+3} - a^2}{a-1}, & -2 \leqslant n \leqslant 2 \\ \dfrac{a^{n+3} - a^{n-2}}{a-1}, & n > 2 \end{cases}$$

【例 2.1.11】设序列 $x(n)$ 的非零区间为 $N_1 \leqslant n \leqslant N_2$，序列 $h(n)$ 的非零区间为 $N_3 \leqslant n \leqslant N_4$，问 $y(n) = x(n) * h(n)$ 在 n 取什么范围时有值？

解：可以用解析图形结合法求解。

$$y(n) = x(n) * h(n) = \sum_{m=-\infty}^{\infty} x(m)h(n-m)$$

显然上式中的求和区间应该是 $x(m)$ 和 $h(n-m)$ 的公共非零取值区间，即 m 应该同时满足

$$N_1 \leqslant m \leqslant N_2$$

$$N_3 \leqslant n - m \leqslant N_4$$

因而将两不等式相加，可得

$$N_3 + N_1 \leqslant n \leqslant N_4 + N_2$$

令 $N_5 = N_3 + N_1$，$N_6 = N_4 + N_2$，故 $y(n)$ 在 $N_5 \leqslant n \leqslant N_6$ 内有值。

3．不进位对位相乘法

此法针对的也是两个有限长序列的卷积和的计算，其计算步骤如下：

（1）将两序列的序列值按照 n 从小到大的顺序排成两行，且将两序列的 n 最大的序列值对齐（即按右端对齐）；

（2）做乘法运算，但是不要进位；

（3）同一列的乘积值相加得到卷积和结果，见例 2.1.12。

【例 2.1.12】 设 $x(n) = \{\underline{2}, \ 1, \ 4, \ 3, \ 2\}$，$h(n) = \{1, \ 2, \ \underline{3}\}$，求 $y(n) = x(n) * h(n)$。

解：

$$
\begin{array}{ccccccc}
x(n) & 2 & 1 & 4 & 3 & 2 & \\
h(n) & & & 1 & 2 & 3 & \\
\hline
 & 6 & 3 & 12 & 9 & 6 & \\
 & 4 & 2 & 8 & 6 & 4 & \\
2 & 1 & 4 & 3 & 2 & & \\
\hline
2 & 5 & 12 & 14 & 20 & 13 & 6
\end{array}
$$

$x(n)$ 的非零区间为 $0 \leqslant n \leqslant 4$，$h(n)$ 的非零区间为 $-2 \leqslant n \leqslant 0$，由例 2.1.11 的结论可知，$y(n)$ 的非零区间为 $-2 \leqslant n \leqslant 4$，即

$$y(n) = \{2, \ 5, \ \underline{12}, \ 14, \ 20, \ 13, \ 6\}$$

4．卷积和的矩阵运算

此法利用矩阵的计算完成卷积和的计算，也是针对两个有限长序列的卷积和，更便于用编程实现。

设序列 $x(n)$ 的非零区间为 $0 \leqslant n \leqslant N_x - 1$，序列 $h(n)$ 的非零区间为 $0 \leqslant n \leqslant N_h - 1$，两序列的长度分别为 N_x、N_h，卷积和公式为

$$y(n) = x(n) * h(n) = \sum_{m=0}^{N_x - 1} x(m)h(n-m)$$

由例 2.1.11 的结论知，$y(n)$ 的非零区间为 $0 \leqslant n \leqslant N_x + N_h - 2$，长度为 $L = N_x + N_h - 1$。

对于每个 n，$y(n)$ 都可以展开写成

$$y(n) = x(0)h(n) + x(1)h(n-1) + \cdots + x(N_x - 1)h(n - N_x + 1) \qquad （2.1.20）$$

$$n = 0, 1, 2, \cdots, N_x + N_h - 2$$

写成向量乘积形式

$$y(n) = [x(0) \quad x(1) \quad \cdots \quad x(N_x - 1)] \begin{bmatrix} h(n) \\ h(n-1) \\ \vdots \\ h(n - N_x + 1) \end{bmatrix}$$

当 $n = 0, 1, 2, \cdots, N_x + N_h - 2$ 且 $n \leqslant 0$ 时，$h(n) = 0$。

$y(n)$ 写成行向量 $[y(0) \quad y(1) \quad \cdots \quad y(N_x + N_h - 2)] \overset{\Delta}{=} \boldsymbol{y}$

$h(n)$ 写成矩阵 $\begin{bmatrix} h(0) & h(1) & h(2) & \cdots & h(N_x + N_h - 2) \\ 0 & h(0) & h(1) & \cdots & h(N_x + N_h - 3) \\ 0 & 0 & h(0) & \cdots & h(N_x + N_h - 4) \\ \vdots & \vdots & \vdots & & \vdots \\ 0 & 0 & 0 & \cdots & h(N_h - 1) \end{bmatrix} \overset{\Delta}{=} \boldsymbol{H}$

$$[x(0) \quad x(1) \quad \cdots \quad x(N_x - 1)] \overset{\Delta}{=} \boldsymbol{x}$$

因此卷积和可以写成下面的矩阵形式

$$[y(0) \quad y(1) \quad \cdots \quad y(N_x + N_h - 2)]$$

$$= [x(0) \quad x(1) \quad \cdots \quad x(N_x - 1)] \cdot \begin{bmatrix} h(0) & h(1) & h(2) & \cdots & h(N_x + N_h - 2) \\ 0 & h(0) & h(1) & \cdots & h(N_x + N_h - 3) \\ 0 & 0 & h(0) & \cdots & h(N_x + N_h - 4) \\ \vdots & \vdots & \vdots & & \vdots \\ 0 & 0 & 0 & \cdots & h(N_h - 1) \end{bmatrix} \qquad （2.1.21）$$

简记为 $\boldsymbol{y} = \boldsymbol{xH}$。

其中 $\boldsymbol{H}$ 共有 N_x 行、$L = N_x + N_h - 1$ 列。矩阵的特点是：矩阵中每条自左上至右下的斜线上的元素相同，即为 Toeplitz（托普利茨）矩阵。其中第一行的元素是序列 $h(n)$ 后面补 $N_x - 1$ 个零值后的序列，即

$$\{h(0) \quad h(1) \quad \cdots \quad h(N_h - 1) \quad 0 \quad \cdots \quad 0\}$$

以下各行是将前一行循环右移一位得到的，如第二行为

$$\{0 \quad h(0) \quad h(1) \quad \cdots \quad h(N_h - 1) \quad 0 \quad \cdots \quad 0\}$$

【例 2.1.13】 设 $x(n) = \{\underline{2}, \ 1, \ 4, \ 3, \ 2\}$，$h(n) = \{\underline{1}, \ 2, \ 3\}$，求 $y(n) = x(n) * h(n)$。

解：$x(n)$、$h(n)$ 的长度分别为 $N_x = 5$、$N_h = 3$，$y(n)$ 的长度为 $L = 7$。

首先构造矩阵 $\boldsymbol{H}$

$$H = \begin{bmatrix} 1 & 2 & 3 & 0 & 0 & 0 & 0 \\ 0 & 1 & 2 & 3 & 0 & 0 & 0 \\ 0 & 0 & 1 & 2 & 3 & 0 & 0 \\ 0 & 0 & 0 & 1 & 2 & 3 & 0 \\ 0 & 0 & 0 & 0 & 1 & 2 & 3 \end{bmatrix}$$

而 $\qquad\qquad\qquad\qquad \boldsymbol{x} = \begin{bmatrix} 2 & 1 & 4 & 3 & 2 \end{bmatrix}$

因此 $\qquad \boldsymbol{y} = \boldsymbol{xH} = \begin{bmatrix} 2 & 1 & 4 & 3 & 2 \end{bmatrix} \begin{bmatrix} 1 & 2 & 3 & 0 & 0 & 0 & 0 \\ 0 & 1 & 2 & 3 & 0 & 0 & 0 \\ 0 & 0 & 1 & 2 & 3 & 0 & 0 \\ 0 & 0 & 0 & 1 & 2 & 3 & 0 \\ 0 & 0 & 0 & 0 & 1 & 2 & 3 \end{bmatrix} = \begin{bmatrix} 2 & 5 & 12 & 14 & 20 & 13 & 6 \end{bmatrix}$

说明：在卷积和的矩阵计算中，可以看到两序列的非零区间的下限都是 0。如果已知序列的非零区间的下限非 0，计算时可以先把两序列的非零区间下限看作 0，计算出结果后，再利用例 2.1.11 的结论定出 $y(n)$ 的非零区间。

2.1.6 序列的周期性

如果对于所有的 n 都存在一个最小的正整数 N，满足

$$x(n) = x(n + rN) \qquad r = 0, \pm 1, \pm 2, \cdots \qquad (2.1.22)$$

则称序列 $x(n)$ 为周期序列，周期为 N。

模拟正弦信号 $x_a(t) = A \sin(\Omega_0 t + \phi_0)$ 一定是周期信号，因为对模拟信号周期性的要求满足 $x_a(t) = x_a(t + T_0)$，即

$$A \sin(\Omega_0 t + \phi_0) = A \sin[\Omega_0(t + T_0) + \phi_0]$$

只需 $\Omega_0 T_0 = 2\pi$，$T_0 = 2\pi / \Omega_0$，则 $x_a(t)$ 一定是周期信号，周期为 $T_0 = 2\pi / \Omega_0$。

正弦序列 $x(n) = A \sin(\omega_0 n + \phi_0)$ 可以视为对模拟正弦信号的抽样，但是对周期序列要求满足 $x(n) = x(n + rN)$，r、n、N 都必须是整数，因此周期性的模拟正弦信号抽样得到的正弦序列不一定是周期的，那么需要满足什么条件才能成为周期的正弦序列呢？下面来讨论。

由 $x(n) = x(n + rN)$ 得到

$$A \sin(\omega_0 n + \phi_0) = A \sin[\omega_0(n + rN) + \phi_0]$$

这样要求 $\omega_0 rN = 2k\pi$，r、n、N、k 都必须是整数，即 $N = \dfrac{2\pi}{\omega_0} \dfrac{k}{r}$ 是整数，此时应满足：

（1）$\dfrac{2\pi}{\omega_0}$ 是整数，正弦序列 $A \sin(\omega_0 n + \phi_0)$ 是周期的，且周期为 $N = \left| \dfrac{2\pi}{\omega_0} \right|$；

（2）$\dfrac{2\pi}{\omega_0}$ 是有理数，即 $\dfrac{2\pi}{\omega_0} = \dfrac{P}{Q}$（$P$、$Q$ 为互质的整数），正弦序列 $A \sin(\omega_0 n + \phi_0)$ 是周期的，且周期为 $N = |P|$；

（3）$\dfrac{2\pi}{\omega_0}$ 是无理数，正弦序列 $A \sin(\omega_0 n + \phi_0)$ 是非周期的。

2.1.7　MATLAB 中序列的产生和序列的运算举例

【例 2.1.14】　用关系运算产生单位阶跃序列 $u(n-n_0)$。

解：

```
%产生 n = -4:4 的单位阶跃序列 u(n-n0)程序 ep2113.m
n=-4:4;
n0=input('n0=');
    l=min(n):max(n);
u=[l>=n0];

stem(n,u,'.');
xlabel('\fontname{Times New Roman}\itn');
ylabel('\fontname{Times New Roman}\itu\rm(\itn\rm-3)');
```

$u(n-3)$ 的 $n = -4, -3, \cdots, 3, 4$ 的波形图如图 2.1.17 所示。

【例 2.1.15】　已知 $x_1(n) = u(n + 2)$（$-4 < n < 6$），$x_2(n) = u(n-4)$（$-5 < n < 8$），求 $y(n) = x_1(n) + x_2(n)$。

解：

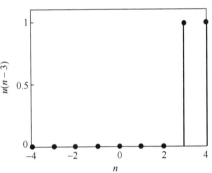

图 2.1.17　例 2.1.14 的 $u(n-3)$ 的 $n = -4$, $-3, \cdots, 3, 4$ 的波形图

```
% 计算 x1(n)与 x2(n)的和程序 ep2114.m
n1=-4:6;n01=-2;
x1=[n1>= n01];
n2=-5:8;n02=4;
x2=[n2>=n02];
[n,y]=sum_sequence(x1,x2,n1,n2);
stem(n,y,'.');
title('相加序列的波形图')
%子函数程序为 sum_sequence.m
function [n,y]=sum_sequence(x1,x2,n1,n2)
n=min([n1,n2]):max([n1,n2]);
N=length(n);
y1=zeros(1,N);
y2=zeros(1,N);
y1(find((n>=min(n1))&(n<=max(n1))))=x1;
y2(find((n>=min(n2))&(n<=max(n2))))=x2;
y=y1+y2;
```

运行结果如图 2.1.18 所示。

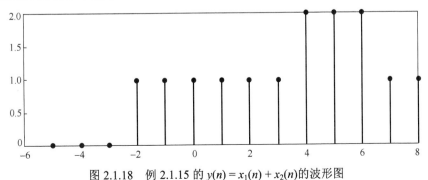

图 2.1.18　例 2.1.15 的 $y(n) = x_1(n) + x_2(n)$的波形图

【例 2.1.16】 已知一个信号 $x(n)=e^{-0.3n}$（$-4<n<4$），求它的翻转序列 $x(-n)$。

解:

```
% 用函数 fliplr 实现序列号 x(n) 的翻转序列程序 ep2115.m
n=-4:4;
x=exp(-0.3*n);
x_fliplr=fliplr(x);
n_fliplr=-fliplr(n);
%画图参考例 2.1.14
```

运行结果如图 2.1.19 所示。

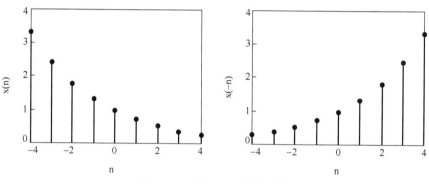

图 2.1.19   例 2.1.16 的波形图

【例 2.1.17】 求解序列 $x_1 = 0.8^n$（$n = 0,1,\cdots, 5$），$x_2 = u(n + 2)$（$n = -2, -1,\cdots, 5, 6$），求两序列的卷积和 $y = x_1*x_2$，并画图表示。

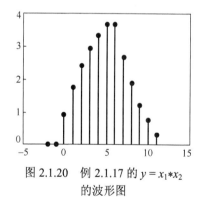

图 2.1.20   例 2.1.17 的 $y = x_1*x_2$
的波形图

解:

```
%函数 conv 实现两序列的卷积和 ep2116.m
n1=0:5; n2=-2:6;
x1=0.8.^n;
N=length(n2);
x2=[n2>=0];
y=conv(x1,x2);
n_conv=min(n1)+min(n2): max(n1)+max(n2);
%画图参考例 2.1.14
```

运行结果如图 2.1.20 所示。

2.2 离散时间系统

一个离散时间系统是将输入序列（或激励）$x(n)$ 按照所需的目的变换成输出序列（响应）$y(n)$ 的一种运算，设运算关系用 $T[\cdot]$ 表示，则有

$$y(n) = T[x(n)] \tag{2.2.1}$$

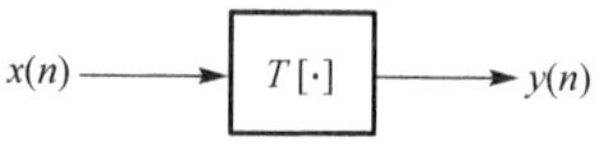

如图 2.2.1 所示。

图 2.2.1 离散时间系统

在离散时间系统中，最重要的和最常用的是线性时不变系统（Linear Time-Invariant

System，LTIS），也称为线性移不变系统。很多物理过程都可用这类系统表征，且便于分析、设计与实现。

2.2.1　线性系统

满足叠加原理的离散时间系统称为线性系统。叠加原理有如下两层含义。

1．可加性

若 $y_1(n) = T[x_1(n)]$，$y_2(n) = T[x_2(n)]$，则

$$y_1(n) + y_2(n) = T[x_1(n)] + T[x_2(n)] = T[x_1(n) + x_2(n)] \tag{2.2.2}$$

即若输入两个（或多个）序列之和，则输出是每个序列的输出之和。这里的输入序列应是任意序列。

2．比例性（齐次性）

若 a_1、a_2 为任意常系数，则有

$$\left.\begin{array}{l} a_1 y_1(n) = a_1 T[x_1(n)] = T[a_1 x_1(n)] \\ a_2 y_2(n) = a_2 T[x_2(n)] = T[a_2 x_2(n)] \end{array}\right\} \tag{2.2.3}$$

即若常数与输入序列相乘，则输出是该序列的输出与同一常数相乘。这里输入序列应是任意序列，常数也应是任意常数。

综上两个条件，线性系统满足叠加原理可以表示成

$$a_1 y_1(n) + a_2 y_2(n) = a_1 T[x_1(n)] + a_2 T[x_2(n)] = T[a_1 x_1(n) + a_2 x_2(n)] \tag{2.2.4}$$

说明：

（1）证明系统不是线性的，只要找一个特例，使其不满足可加性或比例性中的任何一条性质即可；但要证明系统是线性的，则需要证明对任意常数及所有输入序列，都能同时满足可加性和比例性。

（2）线性系统满足叠加原理的直接结果是：若系统是线性的，则在任意时间，零输入一定会产生零输出。这一结论的逆否命题通常用来证明系统是非线性的。

【例 2.2.1】增量线性系统：已知系统 $y(n) = ax(n) + b$（a、b 是常数），证明该系统是非线性系统。

证明：

$$y_1(n) = T[x_1(n)] = ax_1(n) + b$$

$$y_2(n) = T[x_2(n)] = ax_2(n) + b$$

$$y(n) = T[x_1(n) + x_2(n)] = a[x_1(n) + x_2(n)] + b$$

$$y(n) \neq y_1(n) + y_2(n)$$

因为系统不满足可加性，所以增量线性系统不是线性系统。

但系统满足 $y_1(n) - y_2(n) = a[x_1(n) - x_2(n)]$，即此系统的输出之差与对应的两个输入之差呈线性关系，把这样的系统称为增量线性系统，如图 2.2.2 所示。

图 2.2.2　增量线性系统，其中 b 为系统的零输入响应

【例 2.2.2】 累加器系统：已知系统 $y(n) = \sum\limits_{k=-\infty}^{n} x(k)$，试证明该系统是线性系统。

证明：
$$y_1(n) = T[x_1(n)] = \sum_{k=-\infty}^{n} x_1(k)$$

$$y_2(n) = T[x_2(n)] = \sum_{k=-\infty}^{n} x_2(k)$$

$$y(n) = T[ax_1(n) + bx_2(n)] = a\sum_{k=-\infty}^{n} x_1(k) + b\sum_{k=-\infty}^{n} x_2(k)$$

其中 a、b 是任意常数，于是

$$y(n) = ay_1(n) + by_2(n)$$

因此该系统满足叠加原理，累加器系统是线性系统。

2.2.2　时不变系统

如果系统输入序列的移位或延迟引起系统输出序列相应的移位或延迟，则称系统为时不变系统（又称移不变系统），用公式表示如下。

若 $y(n) = T[x(n)]$，且

$$y(n-n_0) = T[x(n-n_0)] \tag{2.2.5}$$

则称该系统为时不变系统（又称移不变系统），其中 n_0 为任意整数。要验证一个系统是否为时不变的，就要验证该系统是否满足式（2.2.5）。

【例 2.2.3】 验证增量线性系统 $y(n) = ax(n) + b$（a、b 是常数）是时不变系统。

解：
$$y(n) = T[x(n)] = ax(n) + b$$

$$T[x(n-n_0)] = ax(n-n_0) + b$$

$$y(n-n_0) = ax(n-n_0) + b = T[x(n-n_0)]$$

因此增量线性系统是时不变系统。

【例 2.2.4】 验证下面两个系统是否为时不变系统。

（1） $y(n) = \sum\limits_{k=-\infty}^{n} x(k)$；

（2） $y(n) = \sum\limits_{k=0}^{n} x(k)$。

解：（1）
$$y(n) = T[x(n)] = \sum_{k=-\infty}^{n} x(k)$$

$$T[x(n-n_0)] = \sum_{k=-\infty}^{n} x(k-n_0)$$

$$\xlongequal{k-n_0=k'} \sum_{k'=-\infty}^{n-n_0} x(k')$$

$$y(n-n_0) = \sum_{k=-\infty}^{n-n_0} x(k) = T[x(n-n_0)]$$

因此该系统是时不变系统。

（2）
$$y(n) = \sum_{k=0}^{n} x(k)$$

$$T[x(n-n_0)] = \sum_{k=0}^{n} x(k-n_0)$$

$$\xrightarrow{k-n_0=k'} \sum_{k'=-n_0}^{n-n_0} x(k')$$

$$y(n-n_0) = \sum_{k=0}^{n-n_0} x(k) \neq T[x(n-n_0)]$$

因此该系统不是时不变系统（而是时变系统）。

结论：从该题的求解过程中可以看出 $y(n-n_0)$ 与 $T[x(n-n_0)]$ 的求解途径不同，$y(n-n_0)$ 是把式中的 n 换成 $n-n_0$，而 $T[x(n-n_0)]$ 则表示对 $x(n)$ 中的 n 做相应的变换，再如下例。

【例 2.2.5】　压缩器系统：已知系统 $y(n)=x(Mn)$，式中 M 是正整数，即每 M 个样本抽样一个样本值。证明该系统是时变系统。

证明：
$$y(n) = T[x(n)] = x(Mn)$$

$T[x(n-n_0)]$ 表示对 $x(n-n_0)$ 压缩 M 倍，即

$$T[x(n-n_0)] = x(Mn-n_0)$$

$$y(n-n_0) = x[M(n-n_0)] \neq T[x(n-n_0)]$$

因此压缩器系统是时变系统。

2.2.3　线性时不变系统

线性时不变系统（LTIS）是指同时具有线性和时不变性的离散时间系统，也称为线性移不变系统，这也是本书主要研究的系统。

1．单位冲激响应（单位抽样响应）

单位冲激响应也称为单位抽样响应或单位脉冲响应，是指当输入为单位抽样序列 $\delta(n)$ 时 LTIS 输出的序列（或称为输出响应），一般用符号 $h(n)$ 表示，即

$$h(n) = T[\delta(n)] \tag{2.2.6}$$

单位冲激响应是 LTIS 的一种重要表示法，代表着离散时间系统的时域特征。

2．LTIS 的输入/输出

对于 LTIS 来说，若已知系统的 $h(n)$，则对任意的输入序列 $x(n)$，其输出 $y(n)$ 为

$$y(n) = x(n) * h(n) = \sum_{m=-\infty}^{\infty} x(m)h(n-m) \tag{2.2.7}$$

其中*表示卷积和。即 LTIS 的输出是输入序列 $x(n)$ 与 $h(n)$ 的卷积和。

证明：$h(n) = T[\delta(n)]$，且对于任意序列 $x(n)$ 都可以表示为

$$x(n) = \sum_{m=-\infty}^{\infty} x(m)\delta(n-m)$$

$$= \cdots + x(-1)\delta(n+1) + x(0)\delta(n) + x(1)\delta(n-1) + \cdots$$

对于 LTIS 来说，有

$$T[\delta(n-m)] = h(n-m)$$

$$T[\cdots + x(-1)\delta(n+1) + x(0)\delta(n) + \cdots]$$

$$= \cdots + x(-1)T[\delta(n+1)] + x(0)T[\delta(n)] + \cdots]$$

因此

$$y(n) = T[x(n)]$$

$$= T[\cdots + x(-1)\delta(n+1) + x(0)\delta(n) + x(1)\delta(n-1) + \cdots]$$

$$= \cdots + x(-1)T[\delta(n+1)] + x(0)T[\delta(n)] + x(1)T[\delta(n-1)] + \cdots$$

$$= \cdots + x(-1)h(n+1) + x(0)h(n) + x(1)h(n-1) + \cdots$$

$$= \sum_{m=-\infty}^{\infty} x(m)h(n-m)$$

3. LTIS 的性质

卷积和满足交换律、结合律和分配律，因此 LTIS 具有以下性质。

（1）级联的 LTIS 中，输出与子系统的先后顺序无关。

系统的级联是指第一个系统的输出是第二个系统的输入，第二个系统的输出是第三个系统的输入，依此类推，如图 2.2.3 所示。

由两个子系统级联而成的 LTIS，系统的输出与子系统的级联次序无关，如图 2.2.4 所示。

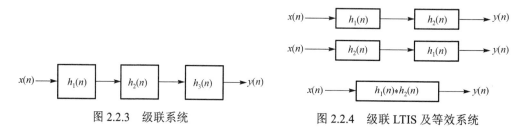

图 2.2.3　级联系统

图 2.2.4　级联 LTIS 及等效系统

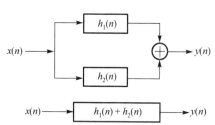

图 2.2.5　并联 LTIS 及等效系统

（2）并联的 LTIS 的输出等于子系统输出之和。

系统的并联是指各个子系统具有相同的输入，且系统总输出等于各子系统的输出之和，并联 LTIS 及等效系统如图 2.2.5 所示。

2.2.4　因果系统

某时刻的输出只取决于此时刻和此时刻以前的输入的系统称为因果系统，即对每个选取的 n_0，输出序列 $y(n_0)$ 的值仅取决于输入序列 $x(n)$ 在 $n \le n_0$ 的值，而与 n_0 后的 $x(n)$ 的值无关。

【例 2.2.6】　前向和后向差分系统：系统 $y(n)=x(n+1)-x(n)$ 称为前向差分系统，系统 $y(n)=x(n)-x(n-1)$ 称为后向差分系统，判断两系统的因果性。

解：　$y(n)=x(n+1)-x(n)$ 中，对任意选取时刻 n_0，$y(n_0)$ 的值不仅与 $x(n_0)$ 的值有关，还与输入的一个将来值 $x(n_0+1)$ 有关，因此前向差分系统是非因果系统。

$y(n)=x(n)-x(n-1)$ 中，对任意选取时刻 n_0，$y(n_0)$ 的值仅与 $x(n)$ 在 $n \leqslant n_0$ 的值有关，与 n_0 后的 $x(n)$ 的值无关，因此后向差分系统是因果系统。

注意：　在考察系统的因果性时，只考虑输入序列 $x(n)$ 对输出 $y(n)$ 的影响，与其他以 n 为变量的函数无关，如例 2.2.7。

【例 2.2.7】　考察下列系统的因果性。

（1）　$y(n)=(n+2)x(n)$；

（2）　$y(n)=x(n)\sin(n+4)$。

解：　由因果性的定义知（1）和（2）都是因果系统。

LTIS 是因果系统的充分必要条件为：单位冲激响应 $h(n)$ 满足

$$n<0，\quad h(n)\equiv 0 \tag{2.2.8}$$

通常称满足式（2.2.8）的序列为因果序列，即 LTIS 是因果系统的充要条件是 $h(n)$ 为因果序列。

证明：　充分条件。若 $h(n)\equiv 0\,(n<0)$，则 LTIS 的输出表示为

$$y(n)=\sum_{m=-\infty}^{\infty}h(m)x(n-m)$$

$$=\sum_{m=0}^{\infty}h(m)x(n-m)$$

由此式可以看出，$y(n_0)$ 的值仅取决于输入序列 $x(n)$ 在 $n \leqslant n_0$ 的值，而与 n_0 后的 $x(n)$ 值无关，所以该系统是因果系统。

必要条件。利用反证法，假设 $n<0$，至少存在一个 $n_1\,(n_1<0)$ 使得 $h(n_1)\neq 0$，则有

$$y(n)=\sum_{m=-\infty}^{\infty}h(m)x(n-m)$$

$$=\sum_{m=-\infty}^{n_1}h(m)x(n-m)+\sum_{m=n_1}^{\infty}h(m)x(n-m)$$

由此式可以看出，$y(n_0)$ 的值至少和一个 $n>n_0$ 时的 $x(n)$ 值有关，这与 LTIS 是因果系统矛盾，所以原命题成立。

【例 2.2.8】　考察前向差分系统和后向差分系统是否为因果系统。

解：　因为 $y(n)=x(n+1)-x(n)$ 与 $y(n)=x(n)-x(n-1)$ 都是 LTIS，由因果 LTIS 的充要条件得：

对前向差分系统，$h(n)=\delta(n+1)-\delta(n)=\{1,\ \underline{-1}\}$，不能满足 $h(n)\equiv 0\,(n<0)$，所以前向差分系统是非因果系统；

对后向差分系统，$h(n) = \delta(n) - \delta(n-1) = \{1, \underline{-1}\}$，可以看出后向差分系统满足充要条件，所以是因果系统。

说明： 利用条件 $h(n) \equiv 0 \, (n < 0)$ 来验证系统是因果的前提是系统必须是 LTIS。

因果系统是非常重要的一类系统，但是并非所有具有实际意义的系统都是因果系统。例如，图像处理变量不是时间，则因果性不是根本性限制；又如，非实时情况下，数据可以先存储，如气象、地球物理、语音等，也不局限于用因果系统来处理数据；此外，前向差分系统也不是因果系统。

2.2.5　稳定系统

稳定性是系统正常工作的先决条件。若系统的输入是有界的，输出也是有界的（Bounded Input Bounded Output，BIBO），则称该系统为稳定系统，即如果 $|x(n)| \le M < \infty$，则有 $|y(n)| \le P < \infty$，称系统为稳定系统。

要证明系统是稳定系统，不能用一个特定的有界输入序列，而是要对任意有界输入序列来证明；非稳定系统的证明，则可以选一个特定的有界输入，得到无界的输出即可。

【例 2.2.9】 验证系统 $y(n) = nx(n)$ 是否为稳定系统。

解： 设输入序列 $x(n)$ 是有界的，即

$$|x(n)| \le M < \infty$$

不妨设 $x(n) = 1$，则 $y(n) = n$，当 $n \to \infty$ 时，$y(n) \to \infty$，所以该系统是非稳定系统。

LTIS 是稳定系统的充分必要条件为：单位冲激响应 $h(n)$ 满足

$$\sum_{n=-\infty}^{\infty} |h(n)| = S < \infty \qquad (2.2.9)$$

证明： 充分条件。若 $\sum_{n=-\infty}^{\infty} |h(n)| = S < \infty$，且 $|x(n)| \le M < \infty$，则 LTIS 的输出表示为

$$y(n) = \sum_{m=-\infty}^{\infty} h(m)x(n-m)$$

$$|y(n)| = \left| \sum_{m=-\infty}^{\infty} h(m)x(n-m) \right|$$

$$\le \sum_{m=-\infty}^{\infty} |h(m)||x(n-m)|$$

$$\le M \sum_{m=-\infty}^{\infty} |h(m)| = MS < \infty$$

所以 LTIS 是稳定系统。

必要条件。利用反证法，LTIS 是稳定系统而 $\sum_{n=-\infty}^{\infty} |h(n)| = \infty$，如果输入序列 $x(n)$ 为

$$x(n) = \begin{cases} \dfrac{h^*(-n)}{|h(-n)|} & h(n) \ne 0 \\ 0 & h(n) = 0 \end{cases}$$

其中 $h^*(-n)$ 表示对序列 $h(n)$ 翻转并求共轭，$|x(n)| \leqslant 1$，则输出序列为

$$y(n) = \sum_{m=-\infty}^{\infty} h(m)x(n-m)$$

$$= \sum_{m=-\infty}^{\infty} h(m) \frac{h^*(m-n)}{|h(m-n)|}$$

当 $n = 0$ 时，有

$$y(0) = \sum_{m=-\infty}^{\infty} h(m) \frac{h^*(m)}{|h(m)|}$$

$$= \sum_{m=-\infty}^{\infty} \frac{|h(m)|^2}{|h(m)|} = \sum_{m=-\infty}^{\infty} |h(m)| = \infty$$

由此看出，虽然输入 $x(n)$ 为有界序列，但输出是无界的。所以该系统是非稳定系统，这与 LTIS 是稳定系统矛盾，所以原命题成立。

【例 2.2.10】　一个 LTIS 的单位冲激响应为 $h(n) = a^n u(n)$，讨论其因果性和稳定性。

解：（1）因果性

因为 $n < 0$ 时，$h(n) \equiv 0$，所以该系统是因果系统。

（2）稳定性

因为 $\displaystyle\sum_{n=-\infty}^{\infty} |h(n)| = \sum_{n=0}^{\infty} |a|^n$：

当 $|a| \geqslant 1$ 时，$\displaystyle\sum_{n=-\infty}^{\infty} |h(n)| = \infty$，所以系统是非稳定系统；

当 $|a| < 1$ 时，$\displaystyle\sum_{n=-\infty}^{\infty} |h(n)| = \frac{1}{1-|a|} < \infty$，所以系统是稳定系统。

2.3　常系数线性差分方程

模拟系统的输入与输出关系用常系数线性微分方程表示，而离散时间系统的输入与输出关系则用 N 阶常系数线性差分方程表示，即

$$\sum_{k=0}^{N} a_k y(n-k) = \sum_{m=0}^{M} b_m x(n-m) \tag{2.3.1}$$

其中，$a_0, a_1, \cdots, a_N$ 及 $b_0, b_1, \cdots, b_M$ 为称为差分方程的系数且为常数，系统的特征是由这些系数决定的。差分方程的阶数等于 $y(n-k)$ 的最高值与最低值之差，即方程（2.3.1）是 N 阶方程。所谓线性，是指方程中只有 $y(n-k)$ 与 $x(n-m)$ 的一次幂且不存在它们的相乘项，否则是非线性的。

从方程（2.3.1）可以看出，计算 $n = n_0$ 时 $y(n)$ 的值，在已知 $x(n)$ 的情况下解得 $y(n)$ 的值是不唯一的，为了得到唯一的 $y(n)$，必须给定辅助条件，即

$$y(n_0-1) = y_{n_0-1}, y(n_0-2) = y_{n_0-2}, \cdots, y(n_0-N) = y_{n_0-N} \tag{2.3.2}$$

把式（2.3.2）称为方程（2.3.1）的初始条件。

求解常系数线性差分方程有以下三种方法。

（1）经典解法。类似线性微分方程的求解，即求齐次解和特解。将齐次解与特解的和代入差分方程，利用给定的边界条件求得齐次解的待定系数从而得到完全解，即全响应，这种解法比较烦琐，在工程上很少用。

（2）递推解法。这种方法简单且适合用计算机求解，但只能得到数值解，对于阶次较高的常系数线性差分方程，不容易得到封闭式（解析式）解答。

（3）变换域方法。这种方法是将差分方程变换到 z 域进行求解的，方法简便有效，这部分内容放在第 3 章讨论。

以下通过举例的方式说明差分方程的递推解法。

【例 2.3.1】 设系统用差分方程 $y(n) = 2y(n-1) + x(n)$ 描述，输入序列 $x(n) = \delta(n)$，利用递推解法求输出序列 $y(n)$。

解： 该系统的差分方程是一阶差分方程，需要一个初始条件。

（1）设初始条件：$n < 0$，$y(n) = 0$

$$y(n) = 2y(n-1) + x(n)$$

$$n = 0 , \quad y(0) = 2y(-1) + x(0) = 1$$

$$n = 1 , \quad y(1) = 2y(0) + x(1) = 2$$

$$n = 2 , \quad y(2) = 2y(1) + x(2) = 2^2$$

$$\vdots$$

$$n = n , \quad y(n) = 2y(n-1) + x(n) = 2^n$$

$$y(n) = 2^n u(n)$$

（2）设初始条件：$n > 0$，$y(n) = 0$

$$y(n-1) = \frac{1}{2}[y(n) - x(n)]$$

$$n = 1 , \quad y(0) = \frac{1}{2}[y(1) - x(1)] = 0$$

$$n = 0 , \quad y(-1) = \frac{1}{2}[y(0) - x(0)] = -\frac{1}{2}$$

$$n = -1 , \quad y(-2) = \frac{1}{2}[y(-1) - x(-1)] = -\frac{1}{2^2}$$

$$\vdots$$

$$n = -|n| , \quad y(n-1) = \frac{1}{2}[y(n) - x(n)] = -\frac{1}{2^{1-n}}$$

$$y(n) = -\frac{1}{2^{-n}}u(-n-1)$$

该例表明，对于同一个差分方程和同一个输入序列，初始条件不同，得到的输出信号是不同的；另外，差分方程本身不能确定该系统是因果系统还是非因果系统，还需要用初始条件进行限制。如上例两个初始条件，在第一个初始条件下，系统是因果的，在第二个初始条件下，系统则是非因果的。

另外，一个常系数线性差分方程，只有当初始条件选择得合适时，系统才是一个线性时不变系统，如例 2.3.2。

【例 2.3.2】　设系统用差分方程 $y(n) = 2y(n-1) + x(n)$ 描述，验证：

（1）当初始条件为 $y(0) = 1$ 时，为非线性时变系统；

（2）当初始条件为 $y(-1) = 0$ 时，为线性时不变系统。

解：（1）设输入序列 $x_1(n) = \delta(n)$，$y_1(0) = 1$ 时，利用递推解法

$$y(n) = 2y(n-1) + x(n)$$

$$n = 1，\quad y_1(1) = 2y_1(0) + x_1(1) = 2$$

$$n = 2，\quad y_1(2) = 2y_1(1) + x_1(2) = 2^2$$

$$n = 3，\quad y_1(3) = 2y_1(2) + x_1(3) = 2^3$$

$$\vdots$$

$$n = n，\quad y_1(n) = 2^n$$

$$y_1(n) = 2^n u(n-1) + \delta(n)$$

设输入序列 $x_2(n) = \delta(n-1)$，$y_2(0) = 1$ 时，

$$n = 1，\quad y_2(1) = 2y_2(0) + x_2(1) = 3$$

$$n = 2，\quad y_2(2) = 2y_2(1) + x_2(2) = 3 \times 2$$

$$n = 3，\quad y_2(3) = 2y_2(2) + x_2(3) = 3 \times 2^2$$

$$\vdots$$

$$n = n，\quad y_2(n) = 3 \times 2^{n-1}$$

$$y_2(n) = 3 \times 2^{n-1} u(n-1) + \delta(n)$$

$$y_1(n) = T[x(n)] = 2^n u(n-1) + \delta(n)$$

$$y_2(n) = T[x(n-1)] = 3 \times 2^{n-1} u(n-1) + \delta(n)$$

因为 $y_1(n-1) \neq y_2(n)$，所以差分方程是时变系统。

设输入序列 $x_3(n) = \delta(n) + \delta(n-1)$，即 $x_3(n) = x_1(n) + x_2(n)$

$$n = 1，\quad y_3(1) = 2y_3(0) + x_3(1) = 2 + 1 = 3$$

$$n = 2，\quad y_3(2) = 2y_3(1) + x_3(2) = 3 \times 2$$

$$n = 3，\quad y_3(3) = 2y_3(2) + x_3(3) = 3 \times 2^2$$

$$\vdots$$

$$n = n，\quad y_3(n) = 3 \times 2^{n-1}$$

$$y_3(n) = 3 \times 2^{n-1} u(n-1) + \delta(n)$$

因为 $y_3(n) \neq y_1(n) + y_2(n)$，所以该系统是非线性时变系统。

（2）设输入序列 $x_1(n) = \delta(n)$，$y_1(-1) = 0$ 时，利用递推解法

$$y(n) = 2y(n-1) + x(n)$$

$$n = 0，\quad y_1(0) = 2y_1(-1) + x_1(0) = 1$$

$$n = 1，\quad y_1(1) = 2y_1(0) + x_1(1) = 2$$

$$n = 2，\quad y_1(2) = 2y_1(1) + x_1(2) = 2^2$$

$$n = 3，\quad y_1(3) = 2y_1(2) + x_1(1) = 2^3$$

$$\vdots$$

$$n = n，\quad y_1(n) = 2^n$$

$$y_1(n) = 2^n u(n)$$

设输入序列 $x_2(n) = \delta(n-m)$，$y_2(-1) = 0$ 时，不妨设 $m > 0$

$$n = 0，\quad y_2(0) = 2y_2(-1) + \delta_2(-m) = 0$$

$$n = 1，\quad y_2(1) = 2y_2(0) + \delta_2(1-m) = 0$$

$$\vdots$$

$$n = m-1，\quad y_2(m-1) = 2y_2(m-2) + \delta_2(-1) = 0$$

$$n = m，\quad y_2(m) = 2y_2(m-1) + \delta_2(0) = 1$$

$$n = m+1，\quad y_2(m+1) = 2y_2(m) + \delta_2(1) = 2$$

$$\vdots$$

$$n = n，\quad y_2(n) = 2^{n-1}$$

$$y_2(n) = 2^{n-m} u(n-m)$$

$$y_1(n) = T[x(n)] = 2^n u(n)$$

$$y_2(n) = T[x(n-m)] = 2^{n-m} u(n-m)$$

因为 $y_1(n-m) = y_2(n)$，所以差分方程是时不变系统。线性系统的验证留给读者。

2.4　模拟信号的抽样

数字信号处理技术相对于模拟信号处理技术有很多优点，因此人们希望将模拟信号经过抽样和量化编码得到数字信号，再利用数字信号处理技术进行处理，处理后，根据需要再转换成模拟信号。这种处理方法称为模拟信号数字处理方法。本节主要介绍模拟信号的抽样定理和抽样恢复。

2.4.1　时域抽样定理

1．理想抽样

对模拟信号 $x_a(t)$ 进行抽样可以看作一个模拟信号通过一个电子开关。设电子开关每隔时间间隔 T 闭合一次，每次闭合时间为 τ（$\tau \ll T$），在电子开关输出端得到其抽样信号 $\hat{x}_a(t)$。该电子开关的作用等效为一宽度为 T 的矩形脉冲串 $p_T(t)$［见图 2.4.1（a）的第 2 幅图］。因此 T 为抽样周期，实际得到的抽样信号 $\hat{x}_a(t)$ 可以表示为

$$\hat{x}_a(t) = x_a(t) \cdot p_T(t) \tag{2.4.1}$$

抽样过程如图 2.4.1（a）所示。

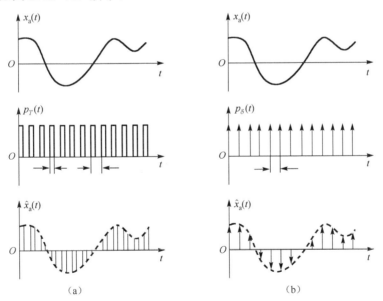

（a）　　　　　　　　　　　　（b）

图 2.4.1　模拟信号的抽样过程

当 $\tau \to 0$ 时形成理想抽样，此时矩形脉冲串 $p_T(t)$ 变成单位冲激串 $p_\delta(t)$。 $p_\delta(t)$ 中每个单位冲激都处在抽样点上，强度为 1。理想抽样得到的抽样信号 $\hat{x}_a(t)$ 又可以表示为

$$\hat{x}_a(t) = x_a(t) \cdot p_\delta(t) \tag{2.4.2}$$

其中

$$p_\delta(t) = \sum_{n=-\infty}^{\infty} \delta(t - nT) \tag{2.4.3}$$

式中，$\delta(t)$ 是单位冲激信号，即

$$\delta(t) = \begin{cases} \infty & t = 0 \\ 0 & t \neq 0 \end{cases} \tag{2.4.4}$$

因此式（2.4.2）又可写成

$$\hat{x}_a(t) = \sum_{n=-\infty}^{\infty} x_a(nT)\delta(t - nT) \tag{2.4.5}$$

2. 理想抽样的频谱

在连续傅里叶变换中，两信号在时域相乘的傅里叶变换等于两信号的傅里叶变换的卷积，由式（2.4.2）可得

$$X_a(j\Omega) = \text{FT}[x_a(t)]$$

$$\hat{X}_a(j\Omega) = \text{FT}[\hat{x}_a(t)]$$

$$P_\delta(j\Omega) = \text{FT}[p_\delta(t)]$$

对式（2.4.3）进行傅里叶变换，得到

$$P_\delta(j\Omega) = \sum_{k=-\infty}^{\infty} 2\pi a_k \delta(\Omega - k\Omega_s) \tag{2.4.6}$$

$$a_k = \frac{1}{T} \int_{-T/2}^{T/2} \delta(t) e^{-jk\Omega_s t} \, dt = \frac{1}{T}$$

其中，$\Omega_s = 2\pi / T$ 称为抽样角频率，单位是 rad/s，因此

$$P_\delta(j\Omega) = \frac{2\pi}{T} \sum_{k=-\infty}^{\infty} \delta(\Omega - k\Omega_s)$$

$$\begin{aligned}
\hat{X}_a(j\Omega) &= \frac{1}{2\pi} X_a(j\Omega) * P_\delta(j\Omega) \\
&= \frac{1}{2\pi} \cdot \frac{2\pi}{T} \int_{-\infty}^{\infty} X_a(j\theta) \sum_{k=-\infty}^{\infty} \delta(\Omega - k\Omega_s - \theta) \, d\theta \\
&= \frac{1}{T} \sum_{k=-\infty}^{\infty} \int_{-\infty}^{\infty} X_a(j\theta)\delta(\Omega - k\Omega_s - \theta) \, d\theta \\
&= \frac{1}{T} \sum_{k=-\infty}^{\infty} X_a(j\Omega - jk\Omega_s)
\end{aligned} \tag{2.4.7}$$

式（2.4.7）表明理想抽样信号的频谱是原模拟信号的频谱沿频率轴以 Ω_s 为周期进行周期延拓而形成的，如图 2.4.2 所示，对于带限模拟信号 $x_a(t)$，频谱的频率范围为 $[-\Omega_c, \Omega_c]$，称 Ω_c 为信号 $x_a(t)$ 的最高截止角频率。其频谱 $X_a(j\Omega)$ 如图 2.4.2（a）所示，$P_\delta(j\Omega)$ 如图 2.4.2（b）所

示，$\hat{x}_a(t)$ 的频谱 $\hat{X}_a(j\Omega)$ 如图 2.4.2（c）所示，把频谱 $X_a(j\Omega)$ 称为基带频谱。由图可知，当满足 $\Omega_s \geqslant 2\Omega_c$ 时，基带频谱与其他周期延拓形成的谱不重叠，如图 2.4.2（c）所示，也就是说，可以用理想低通滤波器 $G(j\Omega)$ 从抽样信号中不失真地提取原模拟信号，如图 2.4.3（c）所示。否则，当 $\Omega_s < 2\Omega_c$ 时，$X_a(j\Omega)$ 按 Ω_s 为周期进行周期延拓时，会形成频谱混叠现象，如图 2.4.3（d）所示，这种情况下无法用图 2.4.3 所示的低通滤波器 $G(j\Omega)$ 恢复原模拟信号。

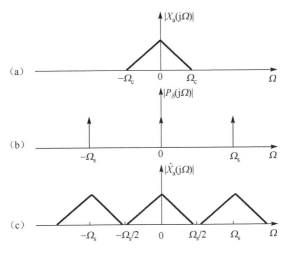

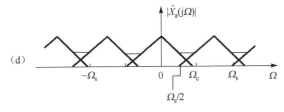

图 2.4.2　理想抽样信号的频谱

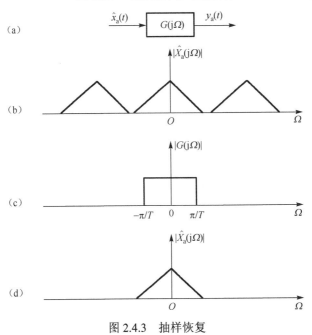

图 2.4.3　抽样恢复

如果恢复后的信号用 $y_a(t)$ 表示，理想低通滤波器 $G(\mathrm{j}\Omega)$ 滤波的过程用公式表示如下

$$G(\mathrm{j}\Omega) = \begin{cases} T & |\Omega| < \dfrac{1}{2}\Omega_s \\ 0 & |\Omega| \geqslant \dfrac{1}{2}\Omega_s \end{cases} \tag{2.4.8}$$

$$Y(\mathrm{j}\Omega) = \mathrm{FT}[y_a(t)] = \hat{X}_a(\mathrm{j}\Omega) \cdot G(\mathrm{j}\Omega)$$

$$y_a(t) = \mathrm{FT}^{-1}[Y(\mathrm{j}\Omega)]$$

$$y_a(t) = x_a(t) \qquad\qquad \Omega_s \geqslant 2\Omega_c$$

$$y_a(t) \neq x_a(t) \qquad\qquad \Omega_s < 2\Omega_c$$

如果模拟信号是带限信号，信号的最高截止频率为 f_c（Hz），抽样频率为 f_s（Hz），则 f_c 与 Ω_c、f_s 与 Ω_s 的关系分别为

$$f_c = \Omega_c / 2\pi \tag{2.4.9}$$

$$f_s = \Omega_s / 2\pi \tag{2.4.10}$$

则抽样后信号的频谱等于模拟信号频谱以抽样频率 f_s 为周期进行延拓。由图 2.4.2 可知，只有当 $f_s \geqslant 2f_c$ 时，周期延拓的频谱分量才不会产生混叠，把 $f_s / 2$ 称为折叠频率。

综上所述，时域抽样定理：若模拟信号 $x_a(t)$ 是带限信号，要想抽样后的信号能够不失真地还原出原信号，则必须抽样频率 f_s 大于或等于信号最高频率分量 f_c 的两倍，或者信号的最高截止频率 f_c 不大于折叠频率，即

$$f_c \leqslant \frac{f_s}{2} \tag{2.4.11}$$

该定理也称为**奈奎斯特（Nyquist）抽样定理**。这里要注意：$x_a(t)$ 也可能不是带限信号，为了避免频率响应的混叠，一般都在抽样器前加入一个保护性的前置低通预滤波器，称为防混叠滤波器，其截止频率为 $f_s / 2$，以便滤除 $x_a(t)$ 中高于 $f_s / 2$ 的频率分量。

2.4.2 时域信号的抽样恢复

我们已经知道对模拟信号 $x_a(t)$ 理想抽样可得到抽样信号 $\hat{x}_a(t)$，$x_a(t)$ 与 $\hat{x}_a(t)$ 之间的关系用式（2.4.5）描述。如果选择的抽样频率 f_s 满足时域抽样定理，则 $\hat{x}_a(t)$ 的频谱不会发生混叠现象，可以通过一个理想低通滤波器 $G(\mathrm{j}\Omega)$ 不失真地恢复模拟信号 $x_a(t)$，当然这是一种理想恢复。下面分析低通滤波器由抽样信号恢复原模拟信号的过程，并得到插值恢复公式。

对于由式（2.4.8）表示的低通滤波器的频率响应函数 $G(\mathrm{j}\Omega)$，其单位冲激响应 $g(t)$ 可以表示为

$$g(t) = \frac{1}{2\pi} \int_{-\infty}^{\infty} G(\mathrm{j}\Omega) \mathrm{e}^{\mathrm{j}\Omega t} \, \mathrm{d}\Omega = \frac{1}{2\pi} \int_{-\Omega_s/2}^{\Omega_s/2} T \mathrm{e}^{\mathrm{j}\Omega t} \, \mathrm{d}\Omega = \frac{\sin(\Omega_s t / 2)}{\Omega_s t / 2}$$

由于 $\Omega_s = 2\pi f_s = 2\pi / T$，因此 $g(t)$ 也可表示为

$$g(t) = \frac{\sin(\pi t / T)}{\pi t / T} \tag{2.4.12}$$

理想低通滤波器的输入与输出分别为 $\hat{x}_a(t)$ 与 $y_a(t)$

$$y_a(t) = \hat{x}_a(t) * g(t) = \int_{-\infty}^{\infty} \hat{x}_a(\tau)g(t-\tau)\mathrm{d}\tau \tag{2.4.13}$$

将式（2.4.9）与式（2.4.5）代入式（2.4.10）可得到

$$y_a(t) = \int_{-\infty}^{\infty} \sum_{n=-\infty}^{\infty} [x_a(nT)\delta(\tau-nT)]g(t-\tau)\mathrm{d}\tau$$

$$= \sum_{n=-\infty}^{\infty} \int_{-\infty}^{\infty} x_a(nT)\delta(\tau-nT)g(t-\tau)\mathrm{d}\tau$$

$$= \sum_{n=-\infty}^{\infty} x_a(nT)g(t-nT)$$

$$= \sum_{n=-\infty}^{\infty} x_a(nT)\frac{\sin(\pi(t-nT)/T)}{\pi(t-nT)/T} \tag{2.4.14}$$

由于满足时域抽样定理，因此 $y_a(t) = x_a(t)$

$$x_a(t) = \sum_{n=-\infty}^{\infty} x_a(nT)\frac{\sin(\pi t-nT)/T}{\pi(t-nT)/T} \tag{2.4.15}$$

式中，当 $n = \cdots, -1, 0, 1, 2, \cdots$ 时，$x_a(nT)$ 是 $x_a(t)$ 的抽样值，由式（2.4.15）可以看出 $g(t)$ 函数所起的作用是在各抽样点之间内插，因此称为内插函数，式（2.4.15）称为内插公式。这种用理想低通滤波器恢复模拟信号是一种无失真的恢复，恢复过程如图 2.4.4 所示。$g(t)$ 的波形如图 2.4.4（b）所示，其特点是：$g(0) = 1$；$g(nT) = 0$（$n \neq 0$），这样可以保证在各抽样点 nT 处恢复的 $x_a(t)$ 等于抽样值 $x_a(nT)$。由于 $g(t)$ 是非因果的，因此理想低通滤波器是非因果不可实现的。为了使该滤波器成为可实现的，一般采用逼近方法，即用频域缓变的可实现滤波器来逼近 $G(\mathrm{j}\Omega)$，这时就不能完全不失真地重构出原模拟信号，只要按要求，将误差控制在一定范围内即可。

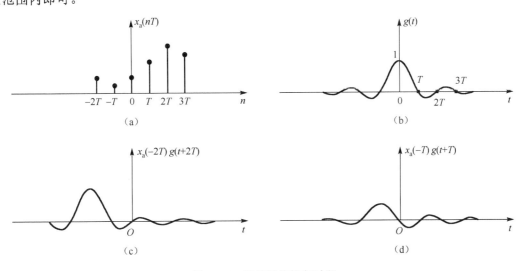

图 2.4.4　理想插值恢复过程

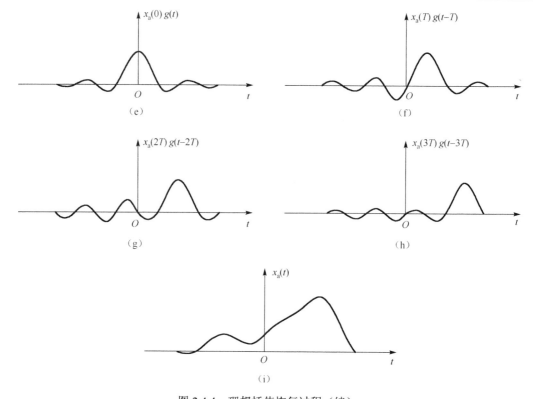

图 2.4.4　理想插值恢复过程（续）

习题与上机题

1．单项选择题。

（1）在对连续时间信号均匀抽样时，要从离散抽样值不失真地恢复原信号，则抽样角频率 Ω_s 与信号最高截止频率 Ω_c 应满足关系（　　　）。

    A．$\Omega_s > 2\Omega_c$ B．$\Omega_s > \Omega_c$

    C．$\Omega_s < \Omega_c$ D．$\Omega_s < 2\Omega_c$

（2）计算两个序列的卷积和涉及多种序列运算，以下哪种运算不包含在其中？（　　　）

    A．序列的移位   B．序列的数乘

    C．序列相乘   D．序列的反转

（3）下列哪个单位冲激响应 $h(n)$ 所表示的系统不是因果系统？（　　　）

    A．$h(n) = \delta(n-4)$ B．$h(n) = u(n) - u(n+1)$

    C．$h(n) = u(n) - u(n-1)$ D．$h(n) = u(n)$

（4）设序列 $x(n) = e^{j(5n\pi)}$，则其（　　　）。

    A．是周期序列，周期为 5   B．是周期序列，周期为 2

    C．是周期序列，周期为 2 / 5   D．是非周期序列

（5）设系统用差分方程 $y(n) = \sum_{k=0}^{n} x(k)$ 描述，此系统是（　　　）。

    A．线性、时不变系统   B．线性、时变系统

C．非线性、时不变系统　　　　　　D．非线性、时变系统

（6）设两有限长序列的长度分别是 3 与 5，欲计算两者的卷积和，则卷积和结果的序列长度为（　　）。

A．8　　　　　　B．7　　　　　　C．9　　　　　　D．16

（7）设两有限长序列的长度分别是 M 与 N，二者进行卷积和，输出结果序列的长度为（　　）。

A．$M+N$　　　　B．$M+N-1$　　　C．$M+N+1$　　　D．$2(M+N)$

2．填空题。

（1）任一个信号 $x(n)$ 与序列 $\delta(n-n_0)$ 做卷积和等于_____。

（2）给定某系统的输入序列 $x(n)$ 和输出序列 $y(n)$ 的关系为 $y(n)=x(2n)$，则该系统为_____（移变、移不变）系统。

（3）设系统的单位冲激响应为 $h(n)$，则系统是因果系统的充要条件为_____。

（4）数字角频率的单位是_____，它与模拟角频率的关系是_____。

（5）给定某系统的输入序列 $x(n)$ 和输出序列 $y(n)$ 的关系为 $y(n)=nx(n)$，由此可判定该系统为_____（线性、非线性）系统。

（6）给定某系统的输入序列 $x(n)$ 和输出序列 $y(n)$ 的关系为 $y(n)=6x(n)+3$，则该系统为_____（移变、移不变）系统。

3．用单位脉冲序列 $\delta(n)$ 及其加权和表示如题 3 图所示的序列。

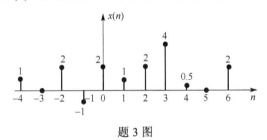

题 3 图

4．设线性时不变系统的单位脉冲响应 $h(n)$ 和输入序列 $x(n)$ 如题 4 图所示，要求画出输出序列 $y(n)$。

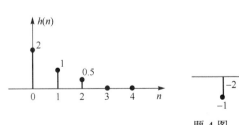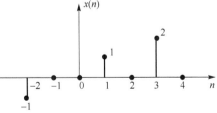

题 4 图

5．证明卷积和服从交换律、结合律和分配律，即：

（1）$x(n)*h(n)=h(n)*x(n)$；

（2）$x(n)*[h_1(n)*h_2(n)]=[x(n)*h_1(n)]*h_2(n)$；

（3）$x(n)*[h_1(n)+h_2(n)]=x(n)*h_1(n)+x(n)*h_2(n)$。

6．如果某线性移不变系统的输入为 $x(n)$，单位冲激响应为 $h(n)$，分别求以下系统的输

出 $y(n)$：

（1） $x(n) = \delta(n-1)$， $h(n) = \delta(n-2) + \delta(n-3)$；

（2） $x(n) = R_4(n)$， $h(n) = \delta(n) - \delta(n-2)$。

7．设系统由下面差分方程描述：

$$y(n) = \frac{1}{3}y(n-1) + x(n) + \frac{1}{3}x(n-1)$$

设系统是因果的，利用递推解法求系统的单位脉冲响应 $h(n)$。

8．设系统用一阶差分方程 $y(n) = ay(n-1) + x(n)$ 描述，初始条件 $y(-1) = 0$，试分析该系统是否为线性非时变系统。

9．有一模拟信号 $x_a(t) = \cos(2\pi f t + \varphi)$，式中 $f = 30\mathrm{Hz}$， $\varphi = \frac{\pi}{3}$。

（1）计算 $x_a(t)$ 的周期；

（2）若抽样周期为 T，对 $x_a(t)$ 抽样，试写出抽样信号 $\hat{x}_a(t)$；

（3）画出对应 $\hat{x}_a(t)$ 的离散时间信号（序列） $x(n)$ 的波形，并求出 $x(n)$ 的周期。

10．已知滑动平均滤波器的差分方程为

$$y(n) = x(n) + \frac{1}{3}x(n-1) + x(n-2) + x(n-3) + 3x(n-4)$$

（1）求出该滤波器的单位脉冲响应 $h(n)$；

（2）如果输入如题 10 图所示，试求输出 $y(n)$ 并画出它的波形。

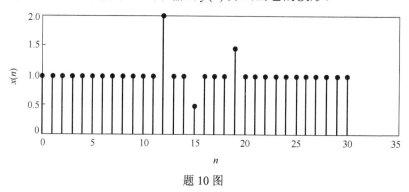

题 10 图

11．已知系统的差分方程为

$$y(n) = -a_1 y(n-1) - a_2 y(n-2) + bx(n)$$

其中 $a_1 = 0.6$， $a_2 = 0.85$， $b = 0.866$。

（1）编程求解系统的单位冲激响应 $h(n)$（ $0 \leqslant n \leqslant 49$），并画出 $h(n)$ 在 $0 \leqslant n \leqslant 49$ 的图形；

（2）编程求解系统的零状态单位阶跃响应 $g(n)$（ $0 \leqslant n \leqslant 100$），并画出 $g(n)$（ $0 \leqslant n \leqslant 100$）的图形。

第3章 离散时间信号和系统的频域分析

3.1 引　　言

在自然界，频率是有明确的物理意义的，比如声音信号，男士声音低沉浑厚，因为男声中的低频分量多；女士声音高亢清脆，因为女声中的高频分量多。频域分析使我们可以从另一个角度来观察和分析信号。通过连续傅里叶变换可将模拟信号从时间域（简称时域）变换到实频域，拉普拉斯变换作为连续傅里叶变换的推广，实现了模拟信号和系统的复频域分析；离散时间傅里叶变换将离散时间信号从时域变换到实频域，而 Z 变换作为离散时间傅里叶变换的推广，实现了离散时间信号和系统的复频域分析。表 3.1.1 给出了模拟信号与离散时间信号的时/频域分析工具的对比。

表 3.1.1　模拟信号与离散时间信号的时/频域分析工具的对比

	时域分析	频域分析	复频域分析
模拟信号	信号：模拟信号（时间和幅值都是连续的） 系统：微分方程	傅里叶变换	拉普拉斯变换
离散时间信号	信号：离散时间信号（时间是离散的，幅值是连续的） 系统：差分方程	傅里叶变换	Z 变换

3.2　离散时间信号的傅里叶变换的定义及性质

离散时间信号的傅里叶变换也称为序列的傅里叶变换（Discrete Time Fourier Transform, DTFT），它将一个序列从时域变换到实频域。本节介绍其定义及其性质。

3.2.1　DTFT 的定义

正变换：序列 $x(n)$ 的傅里叶变换（DTFT）定义为

$$X(\mathrm{e}^{\mathrm{j}\omega}) = \mathrm{DTFT}[x(n)] = \sum_{n=-\infty}^{\infty} x(n)\mathrm{e}^{-\mathrm{j}\omega n} \tag{3.2.1}$$

DTFT 存在的充分条件是序列 $x(n)$ 满足绝对可和，即 $\displaystyle\sum_{n=-\infty}^{+\infty} |x(n)| < \infty$。

$X(\mathrm{e}^{\mathrm{j}\omega})$ 的反变换为

$$x(n) = \mathrm{IDTFT}[X(\mathrm{e}^{\mathrm{j}\omega})] = \frac{1}{2\pi} \int_{-\pi}^{\pi} X(\mathrm{e}^{\mathrm{j}\omega})\mathrm{e}^{\mathrm{j}\omega n}\,\mathrm{d}\omega \tag{3.2.2}$$

式（3.2.1）与式（3.2.2）组成一对傅里叶变换公式。其中 $X(\mathrm{e}^{\mathrm{j}\omega})$ 是 ω 的实变量复值函数，也称为序列的频谱密度，简称为频谱，可以表示为

$$X(\mathrm{e}^{\mathrm{j}\omega}) = \mathrm{Re}[X(\mathrm{e}^{\mathrm{j}\omega})] + \mathrm{j}\mathrm{Im}[X(\mathrm{e}^{\mathrm{j}\omega})]$$
$$= \left| X(\mathrm{e}^{\mathrm{j}\omega}) \right| \mathrm{e}^{\mathrm{j}\arg[X(\mathrm{e}^{\mathrm{j}\omega})]} \qquad\qquad (3.2.3)$$

$\left| X(\mathrm{e}^{\mathrm{j}\omega}) \right|$ 称为序列的幅度谱，$\arg[X(\mathrm{e}^{\mathrm{j}\omega})]$ 称为序列的相位谱。

【例 3.2.1】 设 $x(n) = R_N(n)$，求 $x(n)$ 的 DTFT $X(\mathrm{e}^{\mathrm{j}\omega})$。

解： $X(\mathrm{e}^{\mathrm{j}\omega}) = \displaystyle\sum_{n=-\infty}^{\infty} R_N(n)\mathrm{e}^{-\mathrm{j}\omega n} = \sum_{n=0}^{N-1} \mathrm{e}^{-\mathrm{j}\omega n}$

$$= \frac{1 - \mathrm{e}^{-\mathrm{j}\omega N}}{1 - \mathrm{e}^{-\mathrm{j}\omega}} = \frac{\mathrm{e}^{-\mathrm{j}\omega N/2}(\mathrm{e}^{\mathrm{j}\omega N/2} - \mathrm{e}^{-\mathrm{j}\omega N/2})}{\mathrm{e}^{-\mathrm{j}\omega/2}(\mathrm{e}^{\mathrm{j}\omega/2} - \mathrm{e}^{-\mathrm{j}\omega/2})}$$

$$= \mathrm{e}^{-\mathrm{j}\omega(N-1)/2} \frac{\sin(\omega N / 2)}{\sin(\omega / 2)}$$

当 $N = 4$ 时，其幅度与相位随频率 ω 的变化曲线如图 3.2.1 所示。

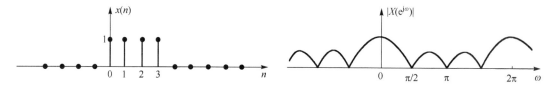

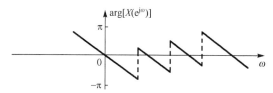

图 3.2.1　$R_4(n)$ 的幅度谱与相位谱

3.2.2　DTFT 的性质

1. 周期性

在定义式（3.2.1）中，n 取整数，因此下式成立

$$X(\mathrm{e}^{\mathrm{j}\omega}) = \sum_{n=-\infty}^{\infty} x(n)\mathrm{e}^{-\mathrm{j}\omega n} = \sum_{n=-\infty}^{\infty} x(n)\mathrm{e}^{-\mathrm{j}(\omega+2\pi M)n} = X(\mathrm{e}^{\mathrm{j}(\omega+2\pi M)}) \qquad M\text{ 为整数} \qquad (3.2.4)$$

所以 DTFT 是频率 ω 的周期函数，周期是 2π。这一点不同于模拟信号的傅里叶变换（CTFT）。因此一般只分析 $-\pi \sim \pi$ 或 $0 \sim 2\pi$ 范围的 DTFT 就够了。对于离散时间信号，信号的直流和低频分量集中在 $\omega = 0$ 和 2π 的整数倍附近，信号最高频率应该在 π 的奇数倍处。为显示其周期性，将 DTFT 记为 $X(\mathrm{e}^{\mathrm{j}\omega})$，而不是写成 $X(\mathrm{j}\omega)$。

以下性质都可以利用 DTFT 的定义证明，证明过程略。

2. 线性

设序列 $x_1(n)$ 与 $x_2(n)$ 存在 DTFT，分别记作 $X_1(\mathrm{e}^{\mathrm{j}\omega})$、$X_2(\mathrm{e}^{\mathrm{j}\omega})$，则对于任意常数 a、b，$ax_1(n) \pm bx_2(n)$ 也存在 DTFT，即

$$\mathrm{DTFT}[ax_1(n) \pm bx_2(n)] = aX_1(\mathrm{e}^{\mathrm{j}\omega}) \pm bX_2(\mathrm{e}^{\mathrm{j}\omega}) \qquad (3.2.5)$$

【例 3.2.2】　设 $x(n) = \{\underline{3}, 3, 3, 3, 2\}$，求 $\mathrm{DTFT}[x(n)]$。

解： 由题意可得 $x(n) = R_4(n) + 2R_5(n)$，利用例 3.2.1 的结论和 DTFT 的线性可得

$$X(\mathrm{e}^{\mathrm{j}\omega}) = \mathrm{DTFT}[x(n)]$$

$$= \mathrm{e}^{-\mathrm{j}\omega 3/2} \frac{\sin(2\omega)}{\sin(\omega/2)} + 2\mathrm{e}^{\mathrm{j}\omega 2} \frac{\sin(5\omega/2)}{\sin(\omega/2)}$$

3．时移特性

设序列 $x(n)$ 存在 DTFT 且记作 $X(\mathrm{e}^{\mathrm{j}\omega})$，则 $x(n - n_0)$（n_0 为整数）也存在 DTFT，即

$$\mathrm{DTFT}[x(n - n_0)] = \mathrm{e}^{-\mathrm{j}\omega n_0} X(\mathrm{e}^{\mathrm{j}\omega}) \qquad (3.2.6)$$

时域的移位只影响相位谱，使得相位谱移位 $n_0\omega$，对幅度谱没有影响。

【例 3.2.3】　设 $x(n) = R_5(n - 2)$，求 $\mathrm{DTFT}[x(n)]$。

解： 利用例 3.2.1 的结论和 DTFT 的时移特性可得

$$X(\mathrm{e}^{\mathrm{j}\omega}) = \mathrm{DTFT}[x(n)] = \mathrm{e}^{-\mathrm{j}\omega 2} \frac{\sin(5\omega/2)}{\sin(\omega/2)} \mathrm{e}^{-2\mathrm{j}\omega} = \mathrm{e}^{-\mathrm{j}\omega 2} \frac{\sin(5\omega/2)}{\sin(\omega/2)} \mathrm{e}^{-2\mathrm{j}\omega}$$

$$= \mathrm{e}^{-\mathrm{j}\omega 4} \frac{\sin(5\omega/2)}{\sin(\omega/2)}$$

4．频移特性

设序列 $x(n)$ 存在 DTFT 且记作 $X(\mathrm{e}^{\mathrm{j}\omega})$，则 $\mathrm{e}^{\mathrm{j}\omega_0 n} x(n)$ 必存在 DTFT，即

$$\mathrm{DTFT}[\mathrm{e}^{\mathrm{j}\omega_0 n} x(n)] = X(\mathrm{e}^{\mathrm{j}(\omega - \omega_0)}) \qquad (3.2.7)$$

时域 $x(n)$ 乘复指数序列 $\mathrm{e}^{\mathrm{j}\omega_0 n}$，相当于频域频谱移位 ω_0。频移特性通常被应用于通信中调制与解调、频分复用。

【例 3.2.4】　设 $x(n) = \mathrm{e}^{\mathrm{j}5n} R_5(n)$，求 $\mathrm{DTFT}[x(n)]$。

解： 由题意可得 $\omega_0 = 5$，利用例 3.2.1 的结论和 DTFT 的性质可得

$$\mathrm{DTFT}[R_5(n)] = \mathrm{e}^{-\mathrm{j}\omega 2} \frac{\sin(5\omega/2)}{\sin(\omega/2)}$$

$$X(\mathrm{e}^{\mathrm{j}\omega}) = \mathrm{e}^{-\mathrm{j}(\omega - 5)2} \frac{\sin[5(\omega - 5)/2]}{\sin[(\omega - 5)/2]}$$

5．时域乘以指数序列

设序列 $x(n)$ 存在 DTFT 且记作 $X(\mathrm{e}^{\mathrm{j}\omega})$，则 $a^n x(n)$ 存在 DTFT，有

$$\mathrm{DTFT}[a^n x(n)] = X\left(\frac{\mathrm{e}^{\mathrm{j}\omega}}{a}\right) \qquad (3.2.8)$$

【例 3.2.5】　设 $x(n) = 0.5^n R_5(n)$，求 $\mathrm{DTFT}[x(n)]$。

解： 由题意可得 $x(n) = 0.5^n R_5(n)$，利用例 3.2.1 的结论和 DTFT 的性质可得

$$\text{DTFT}[R_5(n)] = \frac{1 - e^{-j\omega 5}}{1 - e^{-j\omega}}$$

$$X(e^{j\omega}) = \frac{1 - \left(\dfrac{e^{j\omega}}{0.5}\right)^{-5}}{1 - \left(\dfrac{e^{j\omega}}{0.5}\right)^{-1}} = \frac{1 - 0.5^5 e^{-j\omega 5}}{1 - 0.5 e^{-j\omega}}$$

6. 频域翻转特性

设序列 $x(n)$ 存在 DTFT 且记作 $X(e^{j\omega})$，则 $x(-n)$ 也存在 DTFT，即

$$\text{DTFT}[x(-n)] = X(e^{-j\omega}) \tag{3.2.9}$$

时域的翻转对应于频域的翻转。

7. 共轭翻转特性

设序列 $x(n)$ 存在 DTFT 且记作 $X(e^{j\omega})$，则 $x^*(n)$ 也存在 DTFT，即

$$\text{DTFT}[x^*(n)] = X^*(e^{-j\omega}) \tag{3.2.10}$$

时域的共轭对应于频域的翻转且共轭。

8. 频域可微性

设序列 $x(n)$ 存在 DTFT 且记作 $X(e^{j\omega})$，则 $nx(n)$ 满足 DTFT 存在条件，有

$$\text{DTFT}[nx(n)] = j\frac{d[X(e^{j\omega})]}{d\omega} \tag{3.2.11}$$

9. 时域卷积定理

设序列 $x(n)$、$y(n)$ 存在 DTFT 且分别记作 $X(e^{j\omega})$、$Y(e^{j\omega})$，则 $x(n)*y(n)$ 必存在 DTFT，即

$$\text{DTFT}[x(n)*y(n)] = X(e^{j\omega})Y(e^{j\omega}) \tag{3.2.12}$$

时域的卷积和对应于频域的乘积，*是卷积和的运算符。

10. 频域卷积定理

设序列 $x(n)$、$y(n)$ 存在 DTFT 且分别记作 $X(e^{j\omega})$、$Y(e^{j\omega})$，则 $x(n)y(n)$ 必存在 DTFT，即

$$\text{DTFT}[x(n)y(n)] = \frac{1}{2\pi}X(e^{j\omega}) * Y(e^{j\omega}) = \frac{1}{2\pi}\int_{-\pi}^{\pi} X(e^{j\theta})Y(e^{j\omega-\theta})d\theta \tag{3.2.13}$$

时域的乘积对应于频域的卷积除以 2π，这里的*是连续卷积（卷积积分）的运算符。

11. 帕斯瓦（Parseval）定理

$$\sum_{n=-\infty}^{\infty} x(n)y^*(n) = \frac{1}{2\pi}\int_{-\pi}^{\pi} X(e^{j\theta})Y^*(e^{j\theta})d\theta \tag{3.2.14}$$

当 $x(n) = y(n)$ 时，

$$\sum_{n=-\infty}^{\infty} |x(n)|^2 = \frac{1}{2\pi} \int_{-\pi}^{\pi} |X(e^{j\omega})|^2 \, d\omega \tag{3.2.15}$$

其中 $\frac{1}{2\pi} \int_{-\pi}^{\pi} |X(e^{j\omega})|^2 \, d\omega$ 称为序列 $x(n)$ 在频域的能量，$\frac{1}{2\pi} |X(e^{j\omega})|^2$ 称为能量谱密度。由式（3.2.15）可知，序列在时域的能量和频域的能量相等，即傅里叶变换满足能量守恒定律，有时也称帕斯瓦（Parseval）定理为信号的能量守恒定律。

12．DTFT 的对称性

设序列 $x(n)$，共轭对称序列和共轭反对称序列分别记为 $x_e(n)$、$x_o(n)$，由序列运算的定义知

共轭对称 $\qquad x_e(n) = \frac{1}{2}[x(n) + x^*(-n)] = x_e^*(-n)$

共轭反对称 $\qquad x_o(n) = \frac{1}{2}[x(n) - x^*(-n)] = -x_o^*(-n)$

$$x_e(n) = x_{er}(n) + j x_{ei}(n)$$

$x_{er}(n)$ 为 $x_e(n)$ 的实部序列，即序列 $x_e(n)$ 的序列值的实部构成的序列；$x_{ei}(n)$ 为 $x_e(n)$ 的虚部序列，即序列 $x_e(n)$ 的序列值的虚部构成的序列。

由共轭对称的定义不难得出

$$x_{er}(n) = x_{er}(-n) \qquad x_{ei}(n) = -x_{ei}(-n)$$

同理

$$x_o(n) = x_{or}(n) + j x_{oi}(n)$$

$x_{or}(n)$ 为 $x_o(n)$ 的实部序列，$x_{oi}(n)$ 为 $x_o(n)$ 的虚部序列，且

$$x_{or}(n) = -x_{or}(-n) \qquad x_{oi}(n) = x_{oi}(-n)$$

共轭对称序列与共轭反对称序列的性质如表 3.2.1 所示。

表 3.2.1　共轭对称序列与共轭反对称序列的性质

实虚特性	性质	
	共轭对称序列 $x_e(n)$	共轭反对称序列 $x_o(n)$
实部	偶函数	奇函数
虚部	奇函数	偶函数

一般序列都可以用共轭对称序列和共轭反对称序列之和表示

$$x(n) = x_e(n) + x_o(n)$$

对于频域函数 $X(e^{j\omega})$ 也有相似的定义和结论：$X(e^{j\omega})$ 的共轭对称函数和共轭反对称函数分别记为 $X_e(e^{j\omega})$、$X_o(e^{j\omega})$，定义如下

共轭对称函数 $\qquad X_e(e^{j\omega}) = \frac{1}{2}[X(e^{j\omega}) + X^*(e^{-j\omega})] = X_e^*(e^{-j\omega})$

共轭反对称函数　　　　$X_o(e^{j\omega}) = \dfrac{1}{2}[X(e^{j\omega}) - X^*(e^{-j\omega})] = -X_o^*(e^{-j\omega})$

且　　　　　　　　　　$X(e^{j\omega}) = X_e(e^{j\omega}) + X_o(e^{j\omega})$

共轭对称函数与共轭反对称函数具有以下性质，如表 3.2.2 所示。

表 3.2.2　共轭对称函数 $X_e(e^{j\omega})$ 与共轭反对称函数 $X_o(e^{j\omega})$ 的性质

实虚特性	性质	
	共轭对称函数 $X_e(e^{j\omega})$	共轭反对称函数 $X_o(e^{j\omega})$
实部	偶函数	奇函数
虚部	奇函数	偶函数

（1）设序列 $x(n)$ 存在 DTFT，记作 $X(e^{j\omega})$，即 $X(e^{j\omega}) = \text{DTFT}[x(n)]$，且

$$X(e^{j\omega}) = \text{Re}[X(e^{j\omega})] + j\text{Im}[X(e^{j\omega})]$$

其中 $\text{Re}[X(e^{j\omega})]$ 表示 $X(e^{j\omega})$ 的实部，$\text{Im}[X(e^{j\omega})]$ 表示 $X(e^{j\omega})$ 的虚部。

$x(n) = x_e(n) + x_o(n)$ 的 DTFT 的对称性如表 3.2.3 所示。

表 3.2.3　$x(n) = x_e(n) + x_o(n)$ 的 DTFT 的对称性

$x(n) = x_e(n) + x_o(n)$	$x(n)$	$x_e(n)$	$x_o(n)$
DTFT	$X(e^{j\omega})$	$\text{DTFT}[x_e(n)]$	$\text{DTFT}[x_o(n)]$
三者 DTFT 之间的关系	$X(e^{j\omega})$	$\text{Re}[X(e^{j\omega})]$	$j\text{Im}[X(e^{j\omega})]$

（2）设序列 $x(n)$ 存在 DTFT，记作 $X(e^{j\omega})$，即 $X(e^{j\omega}) = \text{DTFT}[x(n)]$，且

$$X(e^{j\omega}) = X_e(e^{j\omega}) + X_o(e^{j\omega})$$

其中 $X_e(e^{j\omega})$、$X_o(e^{j\omega})$ 分别表示 $X(e^{j\omega})$ 的共轭对称函数和共轭反对称函数。

$x(n) = \text{Re}[x(n)] + j\text{Im}[x(n)]$ 的 DTFT 的对称性如表 3.2.4 所示。

表 3.2.4　$x(n) = \text{Re}[x(n)] + j\text{Im}[x(n)]$ 的 DTFT 的对称性

$x(n) = \text{Re}[x(n)] + j\text{Im}[x(n)]$	$x(n)$	$\text{Re}[x(n)] = x_r(n)$	$j\text{Im}[x(n)] = jx_i(n)$
DTFT	$X(e^{j\omega})$	$\text{DTFT}[x_r(n)]$	$\text{DTFT}[jx_i(n)]$
三者 DTFT 之间的关系	$X(e^{j\omega})$	$X_e(e^{j\omega})$	$X_o(e^{j\omega})$

总结：时域 $x(n)$ 的共轭对称分量与共轭反对称分量的傅里叶变换分别等于频域 $X(e^{j\omega})$ 的实部与 j 乘虚部；时域 $x(n)$ 的实部与 j 乘虚部分量的傅里叶变换分别等于频域 $X(e^{j\omega})$ 的共轭对称分量与共轭反对称分量。

（3）特殊序列 $x(n)$ 的 DTFT 的对称性如表 3.2.5 所示。

表 3.2.5　特殊序列 $x(n)$ 的 DTFT 的对称性

$x(n)$	实偶序列	实奇序列	纯虚偶序列	纯虚奇序列
序列特点	$x(n) = x(-n)$	$x(n) = -x(-n)$	$x(n) = x^*(-n)$	$x(n) = -x^*(-n)$
DTFT 特点	$X(e^{j\omega}) = X(e^{-j\omega})$ $= X^*(e^{-j\omega})$ $X(e^{j\omega})$ 为实偶函数	$X(e^{j\omega}) = -X(e^{-j\omega})$ $= X^*(e^{-j\omega})$ $X(e^{j\omega})$ 为纯虚偶函数	$X(e^{j\omega}) = -X(e^{-j\omega})$ $= -X^*(e^{-j\omega})$ $X(e^{j\omega})$ 为实奇函数	$X(e^{j\omega}) = X(e^{-j\omega})$ $= -X^*(e^{-j\omega})$ $X(e^{j\omega})$ 为纯虚奇函数

（4）实因果序列 $x(n)$ 的共轭对称序列 $x_e(n)$ 与共轭反对称序列 $x_o(n)$ 与 $x(n)$ 的关系。

$x(n)$ 为实因果序列，即

$$n < 0 \quad x(n) = 0 \quad \text{且} \quad x(n) = x^*(n)$$

由序列的运算得

$$
\begin{aligned}
x_e(n) &= \frac{1}{2}[x(n) + x^*(-n)] \\
&= \begin{cases} \dfrac{1}{2}x(n) & n > 0 \\ x(0) & n = 0 \\ \dfrac{1}{2}x(-n) & n < 0 \end{cases}
\end{aligned}
\tag{3.2.16}
$$

$$
\begin{aligned}
x_o(n) &= \frac{1}{2}[x(n) - x^*(-n)] \\
&= \begin{cases} \dfrac{1}{2}x(n) & n > 0 \\ 0 & n = 0 \\ -\dfrac{1}{2}x(-n) & n < 0 \end{cases}
\end{aligned}
\tag{3.2.17}
$$

对于实因果序列来说，共轭对称序列 $x_e(n)$ 与共轭反对称序列 $x_o(n)$ 又分别称为偶对称序列和奇对称序列。同样复因果序列也可得到类似于式（3.2.16）与式（3.2.17）的结果。

显然有

$$x(n) = x_e(n)u_+(n) \tag{3.2.18}$$

$$x(n) = x_o(n)u_+(n) + x(0)\delta(n) \tag{3.2.19}$$

$$u_+(n) = \begin{cases} 2 & n > 0 \\ 1 & n = 0 \\ 0 & n < 0 \end{cases} \tag{3.2.20}$$

【例 3.2.6】 $x(n) = a^n u(n)$，$0 < a < 1$，求其偶对称序列 $x_e(n)$ 与奇对称序列 $x_o(n)$。

解： 由式（3.2.16）与式（3.2.17）可得到如图 3.2.2 所示的结果。

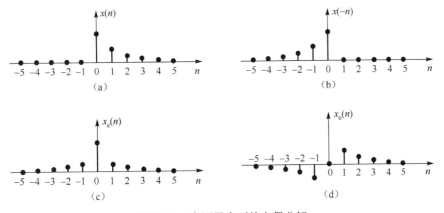

图 3.2.2　实因果序列的奇偶分解

由表 3.2.5 可知,实因果序列 $x(n)$ 的 DTFT $X(\mathrm{e}^{\mathrm{j}\omega})$ 具有共轭对称性,且只要已知 $\mathrm{Re}[X(\mathrm{e}^{\mathrm{j}\omega})] = \mathrm{DTFT}[x_{\mathrm{e}}(n)]$,就可以由式(3.2.18)得到 $x(n)$。

3.3 周期序列的离散傅里叶级数与傅里叶变换

3.3.1 周期序列的离散傅里叶级数

由数学分析知,对于以 T 为周期的连续时间信号 $\tilde{x}_{\mathrm{a}}(t)$,在满足狄利克雷条件时可以展成傅里叶级数,即

$$\tilde{x}_{\mathrm{a}}(t) = \sum_{n=-\infty}^{\infty} F_n \mathrm{e}^{\mathrm{j}\frac{2\pi}{T}nt} \tag{3.3.1}$$

其中 F_n 称为系数,由式(3.3.1)可看出,连续周期信号可以表示成无穷多个成谐波关系的复指数形式。

对于以 N 为周期的序列 $\tilde{x}(n)$[1],同样可以展成 N 个成谐波关系的复指数形式,即

$$\tilde{x}(n) = \frac{1}{N} \sum_{k=0}^{N-1} \tilde{X}(k) \mathrm{e}^{\mathrm{j}\frac{2\pi}{N}kn} \tag{3.3.2}$$

式(3.3.2)[2]称为周期序列的**离散傅里叶级数**(Discrete Fourier Series,DFS)。$\tilde{X}(k)$ 称为离散傅里叶级数的**系数**,记作 $\tilde{X}(k) = \mathrm{DFS}[\tilde{x}(n)]$。

把 $\dfrac{2\pi}{N}$ 称为**基频率**(简称为**基频**),$\omega_k = \mathrm{e}^{\mathrm{j}\frac{2\pi}{N}k}$ 称为第 k 次**谐波**信号,第 k 次谐波频率为 $\dfrac{2\pi}{N}k$。表明以 N 为周期的序列可以分解成 N 个独立的谐波成分,这是因为式中的 $\mathrm{e}^{\mathrm{j}\frac{2\pi}{N}kn}$ 以 N 为周期,即

$$\mathrm{e}^{\mathrm{j}\frac{2\pi}{N}kn} = \mathrm{e}^{\mathrm{j}\frac{2\pi}{N}(k+rN)n} \qquad\qquad r \in \text{整数}$$

为了求系数 $\tilde{X}(k)$,将式(3.3.2)两边同乘以 $\mathrm{e}^{-\mathrm{j}\frac{2\pi}{N}ln}$ 并对 n 在 $[0, N-1]$ 范围内求和

$$\begin{aligned} \sum_{n=0}^{N-1} \tilde{x}(n)\mathrm{e}^{-\mathrm{j}\frac{2\pi}{N}ln} &= \frac{1}{N} \sum_{n=0}^{N-1}\left[\sum_{k=0}^{N-1} \tilde{X}(k)\mathrm{e}^{\mathrm{j}\frac{2\pi}{N}kn} \right]\mathrm{e}^{-\mathrm{j}\frac{2\pi}{N}ln} \qquad l = 0,1,\cdots,N-1 \\ &= \frac{1}{N} \sum_{k=0}^{N-1} \tilde{X}(k) \sum_{n=0}^{N-1} \mathrm{e}^{\mathrm{j}\frac{2\pi}{N}(k-l)n} \end{aligned} \tag{3.3.3}$$

又因为

$$\sum_{n=0}^{N-1} \mathrm{e}^{\mathrm{j}\frac{2\pi}{N}(k-l)n} = \begin{cases} N & k = l \\ 0 & k \neq l \end{cases} \tag{3.3.4}$$

所以

---

[1] 本书中为了便于区分周期序列和非周期序列,通常用波纹号~表示周期序列。
[2] 式(3.3.2)中乘以一个常数 $1/N$,为了方便后面的计算。

$$\tilde{X}(l) = \sum_{n=0}^{N-1} \tilde{x}(n)\mathrm{e}^{-\mathrm{j}\frac{2\pi}{N}ln} \tag{3.3.5}$$

这里把 l 换成 k，得到离散傅里叶级数的系数

$$\tilde{X}(k) = \mathrm{DFS}[\tilde{x}(n)] = \sum_{n=0}^{N-1} \tilde{x}(n)\mathrm{e}^{-\mathrm{j}\frac{2\pi}{N}kn} \tag{3.3.6}$$

式（3.3.2）又可以写成

$$\tilde{x}(n) = \mathrm{IDFS}[\tilde{X}(k)] = \frac{1}{N}\sum_{k=0}^{N-1} \tilde{X}(k)\mathrm{e}^{\mathrm{j}\frac{2\pi}{N}kn} \tag{3.3.7}$$

式（3.3.6）和式（3.3.7）称为一对 DFS。而周期序列可以用其系数 $\tilde{X}(k)$ 表示它的频谱分布规律。

【例 3.3.1】　设 $x(n) = R_4(n)$，将 $x(n)$ 以 $N = 8$ 为周期进行延拓，得到如图 3.3.1（a）所示的周期序列，周期为 8，求 $\mathrm{DFS}[\tilde{x}(n)]$。

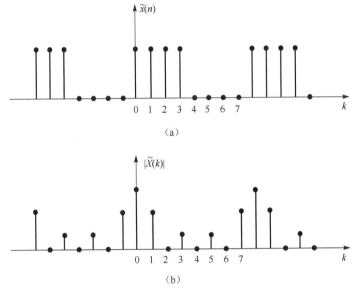

图 3.3.1　例 3.3.1 图

解： 根据式（3.3.6），有

$$\tilde{X}(k) = \mathrm{DFS}[\tilde{x}(n)]$$

$$= \sum_{n=0}^{7} \tilde{x}(n)\mathrm{e}^{-\mathrm{j}\frac{2\pi}{8}kn} = \sum_{n=0}^{3} \mathrm{e}^{-\mathrm{j}\frac{\pi}{4}kn}$$

$$= \frac{1-\mathrm{e}^{-\mathrm{j}\frac{\pi}{4}k\times 4}}{1-\mathrm{e}^{-\mathrm{j}\frac{\pi}{4}k}} = \mathrm{e}^{-\mathrm{j}\frac{3\pi}{8}k}\frac{\sin\frac{\pi}{2}k}{\sin\frac{\pi}{8}k}$$

其幅度特性 $\left|\tilde{X}(k)\right|$ 如图 3.3.1（b）所示。

3.3.2 周期序列的傅里叶变换表示式

对于周期序列来说，由于其不满足绝对可和条件，因此不可以按照式（3.2.1）来计算，但是引入奇异函数 $\delta(t)$ 后可以表示周期序列的傅里叶变换，这样可以更好地描述周期序列的频谱特性。

设复指数序列为

$$x(n) = \mathrm{e}^{\mathrm{j}\omega_0 n} \qquad -\pi < \omega_0 < \pi$$

其不满足绝对可和条件，因此其傅里叶变换不存在，但引入 $\delta(t)$ 后可以表示为

$$X(\mathrm{e}^{\mathrm{j}\omega}) = \mathrm{DTFT}[x(n)] = 2\pi \sum_{r=-\infty}^{\infty} \delta(\omega - \omega_0 - 2\pi r) \tag{3.3.8}$$

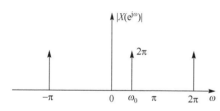

图 3.3.2 复指数序列的幅度谱

因此 $X(\mathrm{e}^{\mathrm{j}\omega})$ 是在 $\omega = \omega_0 + 2\pi r$ 处的单位冲激函数，强度为 2π，如图 3.3.2 所示。为了说明原因，对式（3.3.8）做傅里叶反变换

$$x(n) = \frac{1}{2\pi} \int_{-\pi}^{\pi} X(\mathrm{e}^{\mathrm{j}\omega}) \mathrm{e}^{\mathrm{j}\omega n} \, \mathrm{d}\omega \tag{3.3.9}$$

注意到 $X(\mathrm{e}^{\mathrm{j}\omega})$ 在 $\omega \in [-\pi, \pi]$ 时只包含一个强度为 2π 的单位冲激函数 $\delta(\omega - \omega_0)$，则式（3.3.9）可写成

$$x(n) = \frac{1}{2\pi} \int_{-\pi}^{\pi} 2\pi\delta(\omega - \omega_0) \mathrm{e}^{\mathrm{j}\omega n} \, \mathrm{d}\omega \tag{3.3.10}$$

由 $\delta(t)$ 的性质得

$$x(n) = \frac{1}{2\pi} \int_{-\pi}^{\pi} X(\mathrm{e}^{\mathrm{j}\omega}) \mathrm{e}^{\mathrm{j}\omega n} \, \mathrm{d}\omega = \mathrm{e}^{\mathrm{j}\omega_0 n} \tag{3.3.11}$$

式（3.3.11）证明了复指数序列 $\mathrm{e}^{\mathrm{j}\omega_0 n}$ 的傅里叶变换的确是在 $\omega = \omega_0 + 2\pi k$ 处的单位冲激函数，且强度为 2π。

对于一般的周期序列 $\tilde{x}(n)$，按式（3.3.2）展成 DFS，其中第 k 项 $\dfrac{1}{N}\tilde{X}(k)\mathrm{e}^{\mathrm{j}\frac{2\pi}{N}kn}$ 的傅里叶变换为

$$\mathrm{DTFT}\left[\frac{1}{N}\tilde{X}(k)\mathrm{e}^{\mathrm{j}\frac{2\pi}{N}kn}\right] = \frac{2\pi}{N}\tilde{X}(k) \sum_{r=-\infty}^{\infty} \delta\left(\omega - \frac{2\pi}{N}k - 2\pi r\right)$$

所以由 DTFT 的性质得到 $\tilde{x}(n)$ 的傅里叶变换为

$$X(\mathrm{e}^{\mathrm{j}\omega}) = \mathrm{DTFT}[\tilde{x}(n)] = \frac{2\pi}{N} \sum_{k=0}^{N-1} \tilde{X}(k) \sum_{r=-\infty}^{\infty} \delta\left(\omega - \frac{2\pi}{N}k - 2\pi r\right)$$

式中，令 $k' = k + Nr$，$k \in [0, N-1]$，则

$$X(\mathrm{e}^{\mathrm{j}\omega}) = \frac{2\pi}{N} \sum_{k'=-\infty}^{\infty} \tilde{X}(k)\delta\left(\omega - \frac{2\pi}{N}k'\right) \tag{3.3.12}$$

其中系数 $\tilde{X}(k)$ 由式（3.3.6）确定。式（3.3.12）是周期序列的傅里叶变换表示式。注意 $\delta(t)$ 表示奇异函数，而 $\delta(n)$ 表示单位脉冲序列。

【例 3.3.2】　设 $\tilde{x}(n) = \sin\omega_0 n$，$2\pi/\omega_0$ 为有理数，求其 DTFT。

解： 利用欧拉公式将 $\tilde{x}(n)$ 展开

$$\tilde{x}(n) = \frac{1}{2\mathrm{j}}(\mathrm{e}^{\mathrm{j}\omega_0 n} - \mathrm{e}^{-\mathrm{j}\omega_0 n})$$

由式（3.3.8）得 $\tilde{x}(n)$ 的傅里叶变换如下

$$X(\mathrm{e}^{\mathrm{j}\omega}) = \mathrm{DTFT}[\sin\omega_0 n] = \frac{1}{2\mathrm{j}} \cdot 2\pi \sum_{r=-\infty}^{\infty}[\delta(\omega - \omega_0 - 2\pi r) - \delta(\omega + \omega_0 - 2\pi r)]$$

$$= -\mathrm{j}\pi \sum_{r=-\infty}^{\infty}[\delta(\omega - \omega_0 - 2\pi r) - \delta(\omega + \omega_0 - 2\pi r)]$$

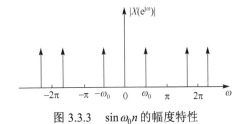

图 3.3.3　$\sin\omega_0 n$ 的幅度特性

$\tilde{x}(n)$ 的幅度特性如图 3.3.2 所示。

表 3.3.1 综合了一些基本序列的傅里叶变换。

表 3.3.1　基本序列的傅里叶变换

序　　列	傅里叶变换
$\delta(n)$	1
$a^n u(n)$　　$\|a\| < 1$	$(1 - a\mathrm{e}^{-\mathrm{j}\omega})^{-1}$
$R_N(n)$	$\mathrm{e}^{-\mathrm{j}(N-1)\omega/2}\dfrac{\sin(\omega N/2)}{\sin(\omega/2)}$
$u(n)$	$(1 - \mathrm{e}^{-\mathrm{j}\omega})^{-1} + \displaystyle\sum_{k=-\infty}^{\infty}\pi\delta(\omega - 2\pi k)$
$x(n) = 1$	$2\pi\displaystyle\sum_{k=-\infty}^{\infty}\delta(\omega - 2\pi k)$
$\mathrm{e}^{\mathrm{j}\omega_0 n}$　　$2\pi/\omega_0$ 为有理数，　$\omega_0 \in [-\pi, \pi]$	$2\pi\displaystyle\sum_{l=-\infty}^{\infty}\delta(\omega - \omega_0 - 2\pi l)$
$\cos\omega_0 n$　　$2\pi/\omega_0$ 为有理数，　$\omega_0 \in [-\pi, \pi]$	$\pi\displaystyle\sum_{l=-\infty}^{\infty}[\delta(\omega - \omega_0 - 2\pi l) + \delta(\omega + \omega_0 - 2\pi l)]$
$\sin\omega_0 n$　　$2\pi/\omega_0$ 为有理数，　$\omega_0 \in [-\pi, \pi]$	$-\mathrm{j}\pi\displaystyle\sum_{l=-\infty}^{\infty}[\delta(\omega - \omega_0 - 2\pi l) - \delta(\omega + \omega_0 - 2\pi l)]$

3.4　离散时间信号的傅里叶变换与模拟信号的傅里叶变换之间的关系

离散时间信号与模拟信号是两种不同的信号，因此它们的傅里叶变换也不同。如果离散时间信号是由某模拟信号抽样得到的，那么离散时间信号的傅里叶变换和该模拟信号的傅里叶变换之间有一定的关系。下面推导这一关系。

设模拟信号为 $x_{\mathrm{a}}(t)$，对其以 T 为抽样周期进行抽样得到 $x(n) = x_{\mathrm{a}}(nT) = x_{\mathrm{a}}(t)\big|_{t=nT}$，而理

想抽样信号 $\hat{x}_a(t)$ 和模拟信号的关系用式（2.4.5）表示，即

$$\hat{x}_a(t) = \sum_{n=-\infty}^{\infty} x_a(nT)\delta(t-nT)$$

对上式进行傅里叶变换，得到

$$
\begin{aligned}
\hat{X}_a(j\varOmega) = \mathrm{FT}[\hat{x}_a(t)] &= \int_{-\infty}^{\infty} \hat{x}_a(t)\mathrm{e}^{-j\varOmega t}\,\mathrm{d}t \\
&= \int_{-\infty}^{\infty} \left[\sum_{n=-\infty}^{\infty} x_a(nT)\delta(t-nT)\right]\mathrm{e}^{-j\varOmega t}\,\mathrm{d}t \\
&= \sum_{n=-\infty}^{\infty} x_a(nT) \int_{-\infty}^{\infty} \delta(t-nT)\mathrm{e}^{-j\varOmega t}\,\mathrm{d}t \\
&= \sum_{n=-\infty}^{\infty} x_a(nT)\mathrm{e}^{-j\varOmega nT}
\end{aligned}
\tag{3.4.1}
$$

令 $\omega = \varOmega T$，且 $x(n) = x_a(t)\big|_{t=nT}$，得到

$$X(\mathrm{e}^{j\varOmega T}) = \hat{X}_a(j\varOmega) \tag{3.4.2}$$

或者写成

$$X(\mathrm{e}^{j\varOmega T}) = \frac{1}{T}\sum_{k=-\infty}^{\infty} X_a(j\varOmega - jk\varOmega_s) \tag{3.4.3}$$

式中

$$\varOmega_s = 2\pi F_s = \frac{2\pi}{T}$$

式（3.4.3）还可以表示为

$$X(\mathrm{e}^{j\omega}) = \frac{1}{T}\sum_{k=-\infty}^{\infty} X_a\left(j\frac{\omega-2\pi k}{T}\right) \tag{3.4.4}$$

式（3.4.2）、式（3.4.3）和式（3.4.4）均表示离散时间信号的傅里叶变换和模拟信号的傅里叶变换之间的关系。由这些关系可以得到如下两点结论。

（1）抽样后信号的频谱等于模拟信号频谱以抽样频率 $\varOmega_s = 2\pi F_s = \dfrac{2\pi}{T}$ 为周期进行周期延拓，同样要满足前面推导的抽样定理，即抽样频率必须大于或等于模拟信号最高频率的 2 倍，否则会产生频域混叠现象，在 $\varOmega_s/2$ 附近最严重，在数字域则是在 π 附近最严重。

（2）计算模拟信号的傅里叶变换可以用计算相应的离散时间信号的傅里叶变换得到，方法是：首先按照抽样定理，以模拟信号最高频率的 2 倍以上频率对模拟信号进行抽样得到离散时间信号，再通过计算得到离散时间信号的傅里叶变换，得到它的频谱函数，然后乘以抽样间隔 T，取一个周期便得到模拟信号的傅里叶变换。

按照模拟频率与数字频率之间的关系，在一些文献中经常用归一化频率 $f' = f/F_s$，$\varOmega' = \varOmega/\varOmega_s$（归一化模拟频率）或 $\omega' = \omega/\omega_s$（归一化数字频率），这里的 f'、$\varOmega'$ 和 ω' 都是无量纲的量，刻度是一样的，f、$\varOmega$、ω、f'、$\varOmega'$ 和 ω' 之间的对应关系如图 3.4.1 所示。

图 3.4.1 说明，模拟折叠频率 $F_s/2$ 对应于数字频率 π；根据时域抽样定理，要求模拟信号的最高频率 f_c 不能超过 $F_s/2$；如果不满足抽样定理，则会在 $\omega=\pi$ 附近或 $F_s/2$ 附近出现频谱混叠现象。

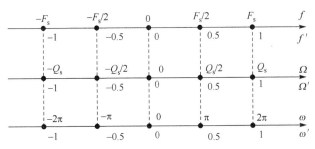

图 3.4.1　模拟频率与数字频率之间的对应关系

3.5　序列的 Z 变换

对于不满足傅里叶变换存在条件的序列，我们仍然需要分析其频谱特性，能有一种包括更为广泛信号的傅里叶变换的推广形式是非常有必要的，为此引入序列的另一种频域分析工具——Z 变换（Z-Transform，ZT），从而对序列进行复频域分析。

3.5.1　Z 变换的定义

正变换：序列 $x(n)$ 的 Z 变换定义为

$$X(z) \overset{\text{def}}{=} \text{ZT}[x(n)] = \sum_{n=-\infty}^{\infty} x(n)z^{-n} \tag{3.5.1}$$

式中，z 是一个复变量，它所在的复平面称为 z 平面。一般式（3.5.1）是一个无穷项和或双边幂级数（洛朗级数），有时将式（3.5.1）看作一个算子是有好处的，它把一个序列 $x(n)$ 映射成一个函数 $X(z)$，称为 Z 变换算子，记作 $\mathbb{Z}[x(n)]$

$$\mathbb{Z}[x(n)] = \sum_{n=-\infty}^{\infty} x(n)z^{-n} = X(z) \tag{3.5.2}$$

按式（3.5.1）定义的 Z 变换称为**双边 Z 变换**，而与此相对应的**单边 Z 变换**则定义为

$$\mathcal{Z}[x(n)] = \sum_{n=0}^{\infty} x(n)z^{-n} \tag{3.5.3}$$

显然，当序列满足 $n<0$ 时，$x(n) \equiv 0$，即当 $x(n)$ 为因果序列时，双边 Z 变换与单边 Z 变换相同。本书中如不另外说明，Z 变换就是指双边 Z 变换。

式（3.5.1）中 $X(z)$ 存在的条件就是等号右边的幂级数收敛，该级数是否收敛取决于 z，也就是说，要使 $|X(z)|<\infty$，只要 z 的值满足

$$\sum_{n=-\infty}^{\infty} \left| x(n)z^{-n} \right| < \infty \tag{3.5.4}$$

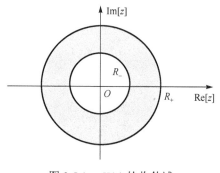

图 3.5.1　$X(z)$ 的收敛域

该级数就收敛。使该级数收敛的 z 取值全体称为 $X(z)$ 的**收敛域**（缩写为 ROC）。由复变函数的知识可知，$X(z)$ 的收敛域是一个圆环 $R_- < |z| < R_+$，其中 R_+ 可以取 ∞，R_- 可以取 0。收敛域的示意图如图 3.5.1 所示。

常用的 Z 变换是一个有理函数，可以表示成两个多项式之比的形式，即

$$X(z) = \frac{P(z)}{Q(z)} \tag{3.5.5}$$

分子多项式 $P(z)$ 的根是 $X(z)$ 的零点，分母多项式 $Q(z)$ 的根是 $X(z)$ 的极点。$X(z)$ 的收敛域内没有极点，收敛域总是以极点为界的。

对比式（3.5.1）与式（3.2.1），很容易得到序列的傅里叶变换与 Z 变换的关系，用下式表示

$$X(z)\Big|_{z=e^{j\omega}} = X(e^{j\omega}) \qquad \omega \in R \tag{3.5.6}$$

式中，$z = e^{j\omega}$ 表示 z 平面上的单位圆，式（3.5.6）表明单位圆上的 Z 变换就是该序列的傅里叶变换。由傅里叶变换的存在条件知，只有 Z 变换在单位圆上收敛，序列的傅里叶变换才存在。

【**例 3.5.1**】　设序列 $x(n) = u(n)$，求其 Z 变换。

解： $X(z) = \sum_{n=-\infty}^{\infty} u(n)z^{-n} = \sum_{n=0}^{\infty} z^{-n}$。

$X(z)$ 存在的条件是 $|z^{-1}| < 1$，因此 ROC 为 $|z| > 1$。

说明： 序列 $u(n)$ 的 Z 变换的收敛域不包含单位圆，也可以验证该序列不满足傅里叶变换的存在条件，因此其傅里叶变换不存在，更不能用式（3.2.1）计算傅里叶变换。但引入奇异函数后可以把其傅里叶变换表示出来。例 3.5.1 也说明了一个序列的傅里叶变换不存在，但在一定收敛域内，Z 变换可以存在。

3.5.2　序列特性对收敛域的影响

不同形式的序列，其收敛域是不同的，下面说明 4 种不同序列收敛域的特点。

1. 有限长序列

设序列 $x(n)$ 满足

$$x(n) = \begin{cases} 不全为零, & n_1 \le n \le n_2 \\ 0, & 其他 \end{cases}$$

称该序列为有限长序列。

其 Z 变换为

$$X(z) = \sum_{n=-\infty}^{\infty} x(n)z^{-n} = \sum_{n=n_1}^{n_2} x(n)z^{-n}$$

由于 $X(z)$ 是有限项求和，因此除 0 和 ∞ 两个特殊值外，在 z 平面上其他所有点处均收敛。从 $X(z)$ 的结果可看出，在 0 和 ∞ 处是否收敛与 n_1、n_2 的取值有关，为此分以下三种情况讨论收敛域。

（1）当 $n_1 < 0$，$n_2 \le 0$ 时，ROC：$0 \le |z| < \infty$。

（2）当 $n_1 < 0$，$n_2 > 0$ 时，ROC：$0 < |z| < \infty$。

（3）当 $n_1 \ge 0$，$n_2 > 0$ 时，ROC：$0 < |z| \le \infty$。

【例 3.5.2】　求 $x(n) = R_N(n)$ 的 Z 变换及其 ROC。

解：$X(z) = \sum\limits_{n=-\infty}^{\infty} R_N(n) z^{-n} = \sum\limits_{n=0}^{N-1} z^{-n} = \dfrac{1 - z^{-N}}{1 - z^{-1}}$。

由于 $n_1 \ge 0$，因此 ROC 为 $0 < |z| \le \infty$。

这是一个因果有限长序列，其收敛域除 0 外，在其他点处均收敛。$X(z)$ 的结果中有一个极点 $z = 1$，但同时有一个零点 $z = 1$，此时零、极点对消，所以 $X(z)$ 在 $z = 1$ 处收敛。

2. 右序列

设序列 $x(n)$ 满足

$$x(n) = \begin{cases} 不全为零, & n \ge n_1 \\ 0, & n < n_1 \end{cases}$$

称该序列为右序列。

其 Z 变换为

$$X(z) = \sum_{n=-\infty}^{\infty} x(n) z^{-n} = \sum_{n=n_1}^{+\infty} x(n) z^{-n}$$

当 $n_1 \ge 0$ 时，右序列的 ROC 为 $R_- < |z| \le \infty$。

当 $n_1 < 0$ 时，$X(z)$ 又可以表示为

$$X(z) = \sum_{n=n_1}^{-1} x(n) z^{-n} + \sum_{n=0}^{\infty} x(n) z^{-n}$$

上式的第一项为有限项和，其 ROC 为 $0 \le |z| < \infty$，第二项的 ROC 为 $R_- < |z| \le \infty$，结合两项收敛域，右序列的 ROC 为 $R_- < |z| < \infty$，如图 3.5.2 所示，ROC 为某圆外部延伸至无穷远处，通常 R_- 取 $X(z)$ 极点中模值最大者。

【例 3.5.3】　求 $x(n) = a^n u(n)$ 的 Z 变换及其 ROC。

解：$X(z) = \sum\limits_{n=-\infty}^{\infty} a^n u(n) z^{-n} = \sum\limits_{n=0}^{\infty} a^n z^{-n} = \dfrac{1}{1 - az^{-1}}$。

本例中 $X(z)$ 仅有一个极点 $z = a$，序列的特点是右序列，所以 ROC 应该是某圆外部并延伸至 $z = \infty$，即 $|z| > |a|$。由级数理论知，上面级数收敛的条件是 $|az^{-1}| < 1$，即 $|z| > |a|$。

3. 左序列

设序列 $x(n)$ 满足

$$x(n) = \begin{cases} 不全为零, & n \le n_2 \\ 0, & n > n_2 \end{cases}$$

称该序列为左序列。

其 Z 变换为

$$X(z) = \sum_{n=-\infty}^{\infty} x(n)z^{-n} = \sum_{n=-\infty}^{n_2} x(n)z^{-n}$$

当 $n_2 \leqslant 0$ 时，左序列的 ROC 为 $0 \leqslant |z| < R_+$，当 $n_2 > 0$ 时，$X(z)$ 又可以表示为

$$X(z) = \sum_{n=0}^{n_2} x(n)z^{-n} + \sum_{n=-\infty}^{-1} x(n)z^{-n}$$

上式的第一项为有限项和，其 ROC 为 $0 < |z| \leqslant \infty$，第二项的 ROC 为 $0 \leqslant |z| < R_+$，结合两项收敛域，左序列的 ROC 为 $0 < |z| < R_+$，如图 3.5.3 所示。通常 R_+ 取 $X(z)$ 极点中模值最小者。

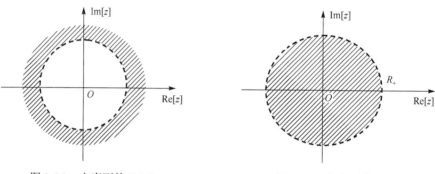

图 3.5.2　右序列的 ROC　　　　　　　　图 3.5.3　左序列的 ROC

【例 3.5.4】　求 $x(n) = -a^n u(-n-1)$ 的 Z 变换及其 ROC。

解：$X(z) = -\sum_{n=-\infty}^{\infty} a^n u(-n-1)z^{-n} = -\sum_{n=-\infty}^{-1} a^n z^{-n} = -\sum_{n=1}^{\infty} a^{-n}z^{n} = \dfrac{1}{1-az^{-1}}$。

本例中 $X(z)$ 仅有一个极点 $z = a$，序列的特点是左序列，所以以收敛域应该是某圆内部并延伸至 $z = 0$，即 $|z| < |a|$。由级数理论知，上面级数收敛的条件是 $|a^{-1}z| < 1$，即 $|z| < |a|$。

4. 双边序列

序列 $x(n)$ 在 n 取全体整数时皆有值，该序列称为双边序列。双边序列可以视为一个左序列与右序列之和。

其 Z 变换为

$$X(z) = \sum_{n=-\infty}^{\infty} x(n)z^{-n}$$

$$= \sum_{n=0}^{\infty} x(n)z^{-n} + \sum_{n=-\infty}^{-1} x(n)z^{-n}$$

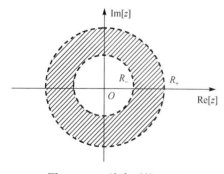

图 3.5.4　双边序列的 ROC

式中第一项的 ROC 为 $R_- < |z| \leqslant \infty$，第二项的 ROC 为 $0 \leqslant |z| < R_+$。当 $R_+ \leqslant R_-$ 时，双边序列的 $X(z)$ 没有收敛域，所以 $X(z)$ 不存在；当 $R_+ > R_-$ 时，双边序列的 ROC 是一个圆环：$R_- < |z| < R_+$，如图 3.5.4 所示。

显然当 $R_- = 0$ 时，对应的序列为左序列，当 $R_+ = \infty$ 时，对应的序列为右序列。

【例 3.5.5】　求 $x(n) = a^{|n|}$（a 为实数）的 Z 变换及其 ROC。

解：$X(z) = \sum_{n=-\infty}^{\infty} a^{|n|} z^{-n} = \sum_{n=-\infty}^{-1} a^{-n} z^{-n} + \sum_{n=0}^{\infty} a^n z^{-n} = \sum_{n=1}^{\infty} a^n z^n + \sum_{n=0}^{\infty} a^n z^{-n}$。

式中第一项的 ROC 为 $|z| < |a|^{-1}$，第二项的 ROC 为 $|z| > |a|$。当 $|a| \geqslant 1$ 时，$X(z)$ 没有收敛域，所以 $X(z)$ 不存在；当 $|a| < 1$ 时，$X(z)$ 的 ROC 为 $|a| < |z| < |a|^{-1}$，$X(z)$ 可以表示为

$$X(z) = \frac{az}{1-az} + \frac{1}{1-az^{-1}} = \frac{1-a^2}{(1-az)(1-az^{-1})}$$

本例中当 $0 < |a| < 1$ 时，$x(n)$ 的波形及 $X(z)$ 的收敛域与极点分布图如图 3.5.5 所示。

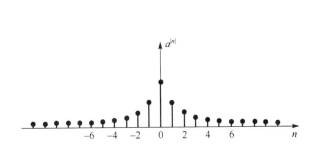
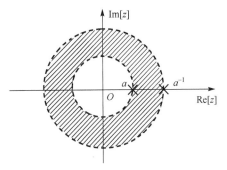

（a）序列 $a^{|n|}$（$0 < |a| < 1$）的波形　　　　（b）$X(z)$ 的收敛域及极点分布(图中×表示极点位置)

图 3.5.5　例 3.5.5 序列 $x(n)$ 的波形及 $X(z)$ 的收敛域与极点分布图

结论：注意到例 3.5.4 与例 3.5.3 的序列是不同的，但其 Z 变换的函数表示式相同，ROC 不同。即同一个 Z 变换函数表达式，ROC 不同，对应的序列也是不相同的。所以，Z 变换函数表达式与 ROC 是一个整体，计算 Z 变换包括计算其 ROC。另外，因为 ROC 内不包含极点且以极点为界，因此可以先找出所有极点，再利用序列的特性更方便地确定其 ROC。

3.5.3　Z 反变换（IZT）

由序列的 Z 变换 $X(z)$ 及其 ROC，来求对应序列 $x(n)$ 的过程称为 Z 反变换。若 $X(z)$ 的 ROC 为 $R_- < |z| < R_+$，则 Z 反变换可以表示为

$$x(n) = \mathbb{Z}^{-1}[X(z)] = \frac{1}{2\pi \mathrm{j}} \oint_c X(z) z^{n-1} \mathrm{d}z \qquad R_- < |z| < R_+ \qquad (3.5.7)$$

其中，c 是 z 平面上 $X(z)$ 的 ROC 中一条包围原点的逆时针的闭合围线，如图 3.5.6 所示。

计算 Z 反变换的方法有：观察法、留数法、部分分式展开法和幂级数展开法。

1. 观察法

这种方法适用于有限长序列或解析表达式易写出来的序列。下面通过实例演示该方法的使用。

【例 3.5.6】　已知 $X(z) = 2z + 1 + 4z^{-1} + z^{-3}$，求其 Z 反变换 $x(n)$。

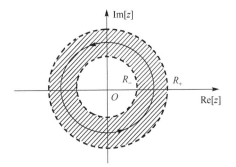

图 3.5.6　闭合围线 c

解：对照 Z 变换的定义式（3.5.1）可知：z^{-n} 对应的系数为 $x(n)$，因此由已知的 $X(z)$ 可得出

$$x(n) = \{2, \underline{1}, \quad 4, \quad 0, \quad 1\}$$

【例 3.5.7】 已知 $X(z) = \cdots + 2z + 1 + 0.5z^{-1} + 0.25z^{-2} + \cdots$，求其 Z 反变换 $x(n)$。

解：由于 z^{-n} 对应的系数为 $x(n)$，因此

$$x(-1) = 2, \quad x(0) = 1, \quad x(1) = 0.5, \quad x(2) = 0.25$$

通过递推可得到 $x(n) = 0.5^n$。

2. 留数法

留数法用于计算 Z 反变换更为广泛，基本思想是利用留数定理（或留数辅助定理）[1] 求解式（3.5.7）。为了表示简单，将式（3.5.7）中的被积函数记为 $F(z)$，即

$$F(z) = X(z)z^{n-1}$$

如果 $F(z)$ 在围线 c 内的极点记为 z_{1k}，在围线外的极点记为 z_{2k}，则由留数定理，式（3.5.7）可以表示为

$$\frac{1}{2\pi \mathrm{j}} \oint_c X(z)z^{n-1}\mathrm{d}z = \sum_k \mathrm{Res}[F(z), z_{1k}] \tag{3.5.8}$$

其中 Res 表示求留数，即将围线积分转换为被积函数在围线内极点留数之和。

根据留数辅助定理：如果 $X(z)$ 为有理函数，即 $X(z) = \dfrac{P(z)}{Q(z)}$，而

$$F(z) = \frac{P(z)z^{n-1}}{Q(z)}$$

$P(z)$ 和 $Q(z)$ 分别是 M 阶与 N 阶多项式，且

$$N - M - n + 1 \geqslant 2 \tag{3.5.9}$$

也就是被积函数的分母阶次比分子阶次高 2 阶以上，则式（3.5.7）又可以表示为

$$\frac{1}{2\pi \mathrm{j}} \oint_c X(z)z^{n-1}\mathrm{d}z = -\sum_k \mathrm{Res}[F(z), z_{2k}] \tag{3.5.10}$$

即当围线积分满足条件式（3.5.9）时，等于被积函数在围线外极点留数之和的负数。

下面再来考虑式（3.5.8）与式（3.5.10）中留数的计算。

（1）如果 z_k 是 $F(z)$ 的单阶极点，则有

$$\mathrm{Res}[F(z), z_k] = (z - z_k) \cdot F(z)\big|_{z=z_k} \tag{3.5.11}$$

（2）如果 z_k 是 $F(z)$ 的 m 阶极点，则有

$$\mathrm{Res}[F(z), z_k] = \frac{1}{(m-1)!} \frac{\mathrm{d}^{m-1}}{\mathrm{d}z^{m-1}}[(z-z_k)^m F(z)]\big|_{z=z_k} \tag{3.5.12}$$

---

[1] 参考附录 B 留数定理及留数辅助定理。

说明：通常当被积函数在围线内仅有 1 阶极点时，采用式（3.5.8）计算 Z 反变换，如果还存在高阶极点，同时满足条件式（3.5.9），则采用式（3.5.10）计算 Z 反变换。

【**例 3.5.8**】 已知 $X(z) = (1 - az^{-1})^{-1}$，$|z| > a$，求其 Z 反变换 $x(n)$。

解：
$$x(n) = \frac{1}{2\pi j} \oint_c X(z) z^{n-1} dz$$

$$F(z) = \frac{1}{1 - az^{-1}} z^{n-1} = \frac{z^n}{z - a}$$

为了利用式（3.5.8）求解，首先确定 $F(z)$ 的极点，显然极点与 n 的取值有关。为此对 n 分以下两种情况来讨论。

当 $n \geq 0$ 时，$F(z)$ 在围线内有一个 1 阶极点 $z_1 = a$，所以由式（3.5.8）和式（3.5.11）得

$$x(n) = \text{Res}[F(z), a] = (z - a) \frac{z^n}{z - a} \bigg|_{z=a} = a^n$$

当 $n < 0$ 时，$F(z)$ 在围线内的极点为 $z_1 = a$（1 阶）、$z_2 = 0$（n 阶），如图 3.5.7 所示，同时满足条件式（3.5.9），又因为 $F(z)$ 在围线外没有极点，则由式（3.5.10）得

$$x(n) = 0$$

事实上根据题中条件，$X(z)$ 的 ROC 是 $|z| > a$，由 3.5.2 节知识知，对应的序列为因果序列，对于 $n < 0$ 时，无须再求 $x(n)$ 的值。

【**例 3.5.9**】 已知 $X(z) = \dfrac{1 - a^2}{(1 - az)(1 - az^{-1})}$，$|a| < 1$，求其 Z 反变换 $x(n)$。

解：该例题没有给定收敛域，为求出唯一的原序列 $x(n)$，必须先确定收敛域。根据收敛域以极点为界的原则，先分析 $X(z)$ 的极点分布情况，如图 3.5.8 所示，因此 $X(z)$ 的 ROC 有以下三种情形。

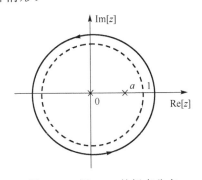
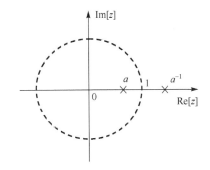

图 3.5.7　例 3.5.8 的极点分布　　　　图 3.5.8　例 3.5.9 的极点分布

（1）$|z| > |a|^{-1}$，对应的序列应是因果序列；

（2）$|z| < |a|$，对应的序列应是左序列；

（3）$|a| < |z| < |a|^{-1}$，对应的序列应是双边序列。

下面按照不同的收敛域求其 $x(n)$。

令　　　　　　　　$F(z) = X(z) z^{n-1} = \dfrac{1 - a^2}{(1 - az)(1 - az^{-1})} z^{n-1}$

$$= \frac{1-a^2}{(1-az)(a-z)} z^n$$

（1）$|z| > |a|^{-1}$

这种情形的序列是因果序列，无须求 $n < 0$ 时 $x(n)$ 的值。

当 $n \ge 0$ 时，$F(z)$ 在围线 c 内的极点为 $z_1 = a$、$z_2 = a^{-1}$，如图 3.5.9 所示，所以由式（3.5.8）和式（3.5.11）得

$$x(n) = \mathrm{Res}[F(z), a] + \mathrm{Res}[F(z), a^{-1}]$$

$$= \frac{1-a^2}{(1-az)(a-z)} z^n (z-a) \Big|_{z=a} + \frac{1-a^2}{(1-az)(a-z)} z^n (z-a^{-1}) \Big|_{z=a^{-1}} = a^n - a^{-n}$$

因此，序列 $x(n)$ 表示为 $x(n) = (a^n - a^{-n})u(n)$。

（2）$|z| < |a|$

当 $n \ge 0$ 时，$F(z)$ 在围线 c 内没有极点

$$x(n) = 0$$

事实上，这种情形对应的序列是左序列，无须计算 $n \ge 0$ 时 $x(n)$ 的值。

当 $n < 0$ 时，$F(z)$ 在围线 c 内一个高阶极点：$z_1 = 0$（n 阶），在围线 c 外有两个极点：$z_1 = a$、$z_2 = a^{-1}$，如图 3.5.10 所示，则由式（3.5.10）得

$$x(n) = -\mathrm{Res}[F(z), a] - \mathrm{Res}[F(z), a^{-1}]$$

$$= -\frac{1-a^2}{(1-az)(a-z)} z^n (z-a) \Big|_{z=a} -$$

$$\frac{1-a^2}{(1-az)(a-z)} z^n (z-a^{-1}) \Big|_{z=a^{-1}}$$

$$= a^{-n} - a^n$$

因此，序列 $x(n)$ 表示为 $x(n) = (a^{-n} - a^n)u(-n-1)$。

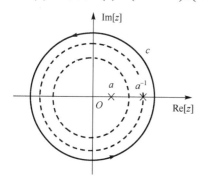

图 3.5.9　$|z| > |a|^{-1}$ 时的围线 c

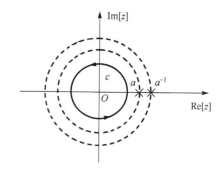

图 3.5.10　$|z| < |a|$ 时的围线 c

（3）$|a| < |z| < |a|^{-1}$

当 $n \ge 0$ 时，$F(z)$ 在围线 c 内有一个极点：$z_1 = a$，如图 3.5.11 所示，所以由式（3.5.8）和式（3.5.11）得

$$x(n) = \mathrm{Res}[F(z), a]$$

$$= \frac{1-a^2}{(1-az)(a-z)} z^n (z-a) \Big|_{z=a} = a^n$$

当 $n<0$ 时，$F(z)$ 在围线 c 内有两个极点：$z_1=a$，$z_2=0$（n 阶），在围线 c 外有一个极点：$z=a^{-1}$，如图 3.5.11 所示，易验证满足条件式（3.5.9），所以由式（3.5.10）得

$$x(n) = -\text{Res}[F(z), a^{-1}]$$

$$= -\frac{1-a^2}{(1-az)(a-z)} z^n (z-a^{-1}) \Big|_{z=a^{-1}} = a^{-n}$$

因此，序列 $x(n)$ 表示为

$$x(n) = \begin{cases} a^n, & n \geqslant 0 \\ a^{-n}, & n < 0 \end{cases}$$

即 $x(n) = a^{|n|}$。

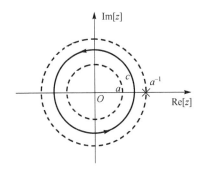

图 3.5.11　$|a| < |z| < |a|^{-1}$ 时的围线 c

3．部分分式展开法

对于 $X(z)$ 为有理函数且仅有 1 阶极点的情形，常用该方法来求 Z 反变换 $x(n)$。

设 $X(z)$ 可以表示成 z^{-1} 的互质多项式（没有公因式）之比，即

$$X(z) = \frac{\displaystyle\sum_{k=0}^{M} b_k z^{-k}}{\displaystyle\sum_{k=0}^{N} a_k z^{-k}} \tag{3.5.13}$$

这样的 Z 变换在线性时不变系统的研究中常常出现，式（3.5.13）可等效表示为

$$X(z) = \frac{b_0 \displaystyle\prod_{k=1}^{M} (1 - c_k z^{-1})}{a_0 \displaystyle\prod_{k=1}^{N} (1 - d_k z^{-1})} \tag{3.5.14}$$

式中，c_k 是 $X(z)$ 的非零值零点，d_k 是 $X(z)$ 的非零值极点。若 $M \leqslant N$ 且极点都是一阶的，则 $X(z)$ 还可以表示成

$$X(z) = A_0 + \sum_{k=1}^{N} \frac{A_k}{1 - d_k z^{-1}} \tag{3.5.15}$$

式中，A_0、A_k 为待定常系数。观察式（3.5.15），可发现系数 A_0 是 $\dfrac{X(z)}{z}$ 在 $z=0$ 的留数，A_k 是 $\dfrac{X(z)}{z}$ 在 $z=d_k$ 的留数，即

$$A_0 = \text{Res}\left[\frac{X(z)}{z}, 0\right] \tag{3.5.16}$$

$$A_k = \text{Res}\left[\frac{X(z)}{z}, d_k\right] \tag{3.5.17}$$

式（3.5.15）中的每一部分分式 $X_k(z) = \dfrac{A_k}{1 - d_k z^{-1}}$ 及常数 A_0 的 Z 反变换可利用表 3.5.1 的

基本序列的 Z 变换对的公式来求，然后将各个 Z 反变换相加，就可得到所求的 $x(n)$，即

$$x(n) = \mathbb{Z}^{-1}[A_0] + \sum_{k=1}^{N} \mathbb{Z}^{-1}[X_k(z)] \tag{3.5.18}$$

表 3.5.1　基本序列的 Z 变换对

序　　列	Z　变　换	收　敛　域
$\delta(n)$	1	整体 z 平面
$u(n)$	$\dfrac{1}{1 - z^{-1}}$	$\|z\| > 1$
$a^n u(n)$	$\dfrac{1}{1 - az^{-1}}$	$\|z\| > \|a\|$
$-a^n u(-n-1)$	$\dfrac{1}{1 - az^{-1}}$	$\|z\| < \|a\|$
$R_N(n)$	$\dfrac{1 - z^{-N}}{1 - z^{-1}}$	$\|z\| > 0$
$nu(n)$	$\dfrac{z^{-1}}{(1 - z^{-1})^2}$	$\|z\| > 1$
$na^n u(n)$	$\dfrac{az^{-1}}{(1 - az^{-1})^2}$	$\|z\| > \|a\|$
$e^{j\omega_0 n} u(n)$	$\dfrac{1}{1 - e^{j\omega_0} z^{-1}}$	$\|z\| > 1$
$\sin(\omega_0 n) u(n)$	$\dfrac{z^{-1} \sin \omega_0}{1 - 2z^{-1} \cos \omega_0 + z^{-2}}$	$\|z\| > 1$
$\cos(\omega_0 n) u(n)$	$\dfrac{1 - z^{-1} \cos \omega_0}{1 - 2z^{-1} \cos \omega_0 + z^{-2}}$	$\|z\| > 1$

【例 3.5.10】 已知 $X(z) = \dfrac{2 + \dfrac{1}{3}z^{-1} + z^{-2}}{1 + 2z^{-1} - 3z^{-2}}$，$1 < |z| < 3$，试求 Z 反变换 $x(n)$。

解：为了把 $X(z)$ 表示成式（3.5.15）的形式，先对 $X(z)$ 的分母多项式进行因式分解

$$X(z) = \frac{2 + \dfrac{1}{3}z^{-1} + z^{-2}}{1 + 2z^{-1} - 3z^{-2}} = \frac{2 + \dfrac{1}{3}z^{-1} + z^{-2}}{(1 + 3z^{-1})(1 - z^{-1})}$$

将 $X(z)$ 展成式（3.5.15）的形式

$$X(z) = A_0 + \frac{A_1}{1 + 3z^{-1}} + \frac{A_2}{1 - z^{-1}}$$

其中

$$A_0 = \mathrm{Res}\left[\frac{X(z)}{z}, 0\right] = -\frac{1}{3}$$

$$A_1 = \mathrm{Res}\left[\frac{X(z)}{z}, -3\right] = \frac{3}{2}$$

$$A_2 = \text{Res}\left[\frac{X(z)}{z}, 1\right] = \frac{5}{6}$$

所以

$$X(z) = -\frac{1}{3} + \frac{\dfrac{3}{2}}{1 + 3z^{-1}} + \frac{\dfrac{5}{6}}{1 - z^{-1}}$$

利用表 3.5.1 的基本序列的 Z 变换对可得到

$$x(n) = -\frac{1}{3}\delta(n) - \frac{3}{2}(-3)^n u(-n-1) + \frac{5}{6}u(n)$$

4．幂级数展开法

Z 变换的定义式是一个幂级数，序列 $x(n)$ 值是 z^{-n} 的系数，因此当 $X(z)$ 是由如下的幂级数形式给出时

$$X(z) = \sum_{n=-\infty}^{\infty} x(n)z^{-n} \tag{3.5.19}$$
$$= \cdots + x(-2)z^2 + x(-1)z + x(0) + x(1)z^{-1} + x(2)z^{-2} + \cdots$$

就可以用求 z^{-n} 系数的办法确定该序列的任何特定值。下面通过例子来说明该方法的应用。

【例 3.5.11】　有限长序列：设 $X(z)$ 为

$$X(z) = z^2(1 - 2z^{-1})(1 + z^{-1})(1 + 2z^{-1})$$

试求 Z 反变换 $x(n)$。

解：$X(z) = z^2(1 - 2z^{-1})(1 + z^{-1})(1 + 2z^{-1})$
$$= z^2 + z - 4 - 4z^{-1}$$

利用观察法，可以得到

$$x(n) = \begin{cases} 1 & n = -2 \\ 1 & n = -1 \\ -4 & n = 0 \\ -4 & n = 1 \end{cases}$$

【例 3.5.12】　设 $X(z) = \ln(1 + 2z^{-1})$，$|z| > 2$，试求 Z 反变换 $x(n)$。

解：该题对于前面求 Z 反变换的方法都不适用，下面利用幂级数展开法求对 $\ln(1 + x)$ 用麦克劳林公式展开，当 $|x| < 1$ 时，可得

$$\ln(1 + x) = \sum_{n=1}^{\infty} \frac{(-1)^{n+1}}{n} x^n$$

式中，取 $x = 2z^{-1}$，得

$$X(z) = \ln(1 + 2z^{-1}) = \sum_{n=1}^{\infty} \frac{(-1)^{n+1}}{n}(2z^{-1})^n$$

因此

$$x(n) = \begin{cases} \dfrac{(-1)^{n+1}}{n} 2^n, & n \geqslant 1 \\ 0, & n < 1 \end{cases}$$

【例 3.5.13】 设 $X(z) = \dfrac{1}{1 - 2z^{-1}}$ ， $|z| > 2$ ，试求 Z 反变换 $x(n)$ 。

解： 本例题如果直接应用幂级数展开法相对麻烦，可以用长除法进行幂级数展开。由收敛域的特性知，所求序列为因果序列， $n < 0$ ， $x(n) = 0$

$$
\begin{array}{r}
1 + 2z^{-1} + 2^2 z^{-2} + \cdots \\
1 - 2z^{-1} \overline{)\,1} \\
\underline{1 - 2z^{-1}} \\
2z^{-1} \\
\underline{2z^{-1} - 2^2 z^{-2}} \\
2^2 z^{-2} \\
\underline{2^2 z^{-2} - 2^3 z^{-3}} \\
2^3 z^{-3} \cdots
\end{array}
$$

所以 $n \geqslant 0$ ， $x(n) = 2^n$ 。

3.6 Z 变换的性质

在研究离散时间信号与系统时，Z 变换的许多性质是特别有用的，这些性质可以用来求得更为复杂表示式的 Z 反变换。下面这些性质是双边 Z 变换满足的性质。

1. 线性性质

设 $m(n) = ax(n) + by(n)$ a 、 b 为常数

              $\mathbb{Z}[x(n)] = X(z)$ ROC： $R_{x-} < |z| < R_{x+}$

              $\mathbb{Z}[y(n)] = Y(z)$ ROC： $R_{y-} < |z| < R_{y+}$

则 $M(z) = \mathbb{Z}[m(n)] = aX(z) + bY(z)$ ROC： $R_{m-} < |z| < R_{m+}$

其中 $R_{m-} = \max[R_{x-}, R_{y-}]$

                      $R_{m+} = \min[R_{x+}, R_{y+}]$

反之，如果 $R_{x-} > R_{y+}$ 或者 $R_{x+} < R_{y-}$ ，则 $M(z)$ 不存在。

在前面讨论利用部分分式展开法求 Z 反变换时已经用过这一性质，即 $X(z)$ 展开成一些简单项之和，Z 反变换等于每一项 Z 反变换的和，见式（3.5.18）。

2. 时移性质

设 $X(z) = \mathbb{Z}[x(n)]$ ROC： $R_{x-} < |z| < R_{x+}$

则 $\mathbb{Z}[x(n - n_0)] = z^{-n_0} X(z)$ ROC： $R_{x-} < |z| < R_{x+}$

【例 3.6.1】 设 $X(z) = \dfrac{1}{z - 0.25}$ ， $|z| > 0.25$ ，试求 Z 反变换 $x(n)$ 。

解：从 ROC 就能判定 Z 反变换 $x(n)$ 是一个右边序列，且

$$X(z) = \frac{z^{-1}}{1 - 0.25z^{-1}}$$

由表 3.5.1 的基本 Z 变换对知 $\frac{1}{1 - 0.25z^{-1}} = \mathbb{Z}[0.25^n u(n)]$，应用时移性质可直接得到 $x(n) = 0.25^{n-1} u(n-1)$。

3．与指数序列相乘的性质

设　　　　$X(z) = \mathbb{Z}[x(n)]$　　　　ROC：　　$R_{x-} < |z| < R_{x+}$

则　　$\mathbb{Z}[a^n x(n)] = X(a^{-1}z)$（$a$ 为常数）　　ROC：　$|a|R_{x-} < |z| < |a|R_{x+}$

证明：由 Z 变换的定义

$$\mathbb{Z}[a^n x(n)] = \sum_{n=-\infty}^{\infty} a^n x(n) z^{-n}$$

$$= \sum_{n=-\infty}^{\infty} x(n)(a^{-1}z)^{-n} = X(a^{-1}z)$$

【例 3.6.2】　设 $x(n) = r^n \cos(\omega_0 n) u(n)$（$r > 0$），求其 Z 变换 $X(z)$。

解：利用欧拉公式，序列可以表示成

$$x(n) = \frac{1}{2} r^n [\mathrm{e}^{j\omega_0 n} + \mathrm{e}^{-j\omega_0 n}] u(n)$$

$$= \frac{1}{2}(r\mathrm{e}^{j\omega_0})^n u(n) + \frac{1}{2}(r\mathrm{e}^{-j\omega_0})^n u(n)$$

又因为　　　　$\mathbb{Z}[u(n)] = \frac{1}{1 - z^{-1}}$

由 Z 变换的性质 1 及性质 3 可得

$$X(z) = \mathbb{Z}\left[\frac{1}{2}(r\mathrm{e}^{j\omega_0})^n u(n) + \frac{1}{2}(r\mathrm{e}^{-j\omega_0})^n u(n)\right]$$

$$= \frac{1}{2}\left[\frac{1}{1 - r\mathrm{e}^{j\omega_0}z^{-1}} + \frac{1}{1 - r\mathrm{e}^{-j\omega_0}z^{-1}}\right] \qquad \text{ROC：} \quad |z| > r$$

$$= \frac{1 - r\cos\omega_0 z^{-1}}{1 - 2r\cos\omega_0 z^{-1} + r^2 z^{-2}}$$

4．$X(z)$ 的微分性质

设　　　　$X(z) = \mathbb{Z}[x(n)]$　　　　ROC：　　　$R_{x-} < |z| < R_{x+}$

则　　$\mathbb{Z}[nx(n)] = -z\frac{\mathrm{d}X(z)}{\mathrm{d}z}$　　ROC：　　$R_{x-} < |z| < R_{x+}$

证明：由 Z 变换的定义

$$X(z) = \mathbb{Z}[x(n)] = \sum_{n=-\infty}^{\infty} x(n) z^{-n}$$

在 $R_{x-} < |z| < R_{x+}$ 内两边同时对 z 求导

$$-z\frac{\mathrm{d}X(z)}{\mathrm{d}z} = -z\sum_{n=-\infty}^{\infty} -nx(n)z^{-n-1}$$

$$= \sum_{n=-\infty}^{\infty} nx(n)z^{-n} = \mathbb{Z}[nx(n)]$$

Z 变换的微分性质在求解一些表示式较复杂的 Z 反变换中有非常重要的作用，通过下面两个例子来说明该性质的应用。

【例 3.6.3】 设 $X(z) = \ln(1+2z^{-1})$，$|z|>2$，试求 Z 反变换 $x(n)$。

解：该题在例 3.5.12 中运用幂级数展开法求 Z 反变换 $x(n)$，本例利用 Z 变换的微分性质来求解更为方便。

因为
$$-z\frac{\mathrm{d}X(z)}{\mathrm{d}z} = \frac{2z^{-1}}{1+2z^{-1}} \qquad |z|>2$$

通过查表 3.5.1，结合线性性质和时移性质知

$$-z\frac{\mathrm{d}X(z)}{\mathrm{d}z} = \mathbb{Z}[2(-2)^{n-1}u(n-1)]$$

又因为 $\mathbb{Z}[nx(n)] = -z\dfrac{\mathrm{d}X(z)}{\mathrm{d}z}$，即

$$nx(n) = 2(-2)^{n-1}u(n-1)$$

$$x(n) = \frac{(-1)^{n+1}}{n}2^n u(n-1)$$

【例 3.6.4】 设 $X(z) = \dfrac{az^{-1}}{(1-az^{-1})^2}$，$|z|>|a|$，试求 Z 反变换 $x(n)$。

解：
$$X(z) = -z\frac{\mathrm{d}}{\mathrm{d}z}\left(\frac{1}{1-az^{-1}}\right)$$

$$= \frac{az^{-1}}{(1-az^{-1})^2} \qquad |z|>|a|$$

又因为
$$\frac{1}{1-az^{-1}} = \mathbb{Z}[a^n u(n)] \qquad |z|>|a|$$

所以
$$X(z) = -z\frac{\mathrm{d}}{\mathrm{d}z}\left(\frac{1}{1-az^{-1}}\right) = \mathbb{Z}[na^n u(n)]$$

$$x(n) = na^n u(n)$$

5. 复共轭序列的性质

设 $\qquad X(z) = \mathbb{Z}[x(n)] \qquad$ ROC: $\qquad R_{x-}<|z|<R_{x+}$

则 $\qquad \mathbb{Z}[x^*(n)] = X^*(z^*) \qquad$ ROC: $\qquad R_{x-}<|z|<R_{x+}$

证明：由 Z 变换的定义

$$\mathbb{Z}[x^*(n)] = \sum_{n=-\infty}^{\infty} x^*(n)z^{-n}$$

$$\left[\sum_{n=-\infty}^{\infty} x(n)(z^*)^{-n} \right]^* = X^*(z^*)$$

6．共轭翻转序列性质

设 $\quad\quad X(z) = \mathbb{Z}[x(n)]$ $\quad\quad$ ROC： $\quad R_{x-} < |z| < R_{x+}$

则 $\quad\quad \mathbb{Z}[x^*(-n)] = X^*\left(\dfrac{1}{z^*}\right)$ $\quad\quad$ ROC： $\quad \dfrac{1}{R_{x+}} < |z| < \dfrac{1}{R_{x-}}$

这一性质的证明与性质 5 同理，详细证明留作练习（见课后习题 14）。

若 $x(n)$ 为实序列，则 $\mathbb{Z}[x(-n)] = X\left(\dfrac{1}{z}\right)$。

【例 3.6.5】 设 $X(z) = \dfrac{1}{1-az}$，$|z| < |a|^{-1}$，试求 Z 反变换 $x(n)$。

解：因为

$$X(z) = \frac{-a^{-1}z^{-1}}{1-a^{-1}z^{-1}} \quad\quad\quad\quad |z| < |a|^{-1}$$

$$X\left(\frac{1}{z}\right) = \frac{1}{1-az^{-1}} = \mathbb{Z}[a^n u(n)] \quad\quad |z| > |a|$$

由性质 6 得 $\quad\quad\quad\quad x(n) = a^{-n}u(-n)$

7．初值定理

如果 $x(n)$ 是因果序列，$X(z) = \mathbb{Z}[x(n)]$，则 $x(0) = \lim\limits_{z\to\infty} X(z)$。

对因果序列的 Z 变换定义式中的每一项取极限，就可以证明该定理（见课后习题 15）。

8．终值定理

如果 $x(n)$ 是因果序列，$X(z) = \mathbb{Z}[x(n)]$，$X(z)$ 除在单位圆上有一个 1 阶极点 $z=1$ 外，其他极点均在单位圆内，则

$$\lim_{n\to\infty} x(n) = \lim_{z\to 1}(z-1)X(z)$$

证明：由 Z 变换的定义

$$X(z) = \mathbb{Z}[x(n)] = \sum_{n=0}^{\infty} x(n)z^{-n}$$

两边同乘以 $(z-1)$，即

$$(z-1)X(z) = (z-1)\sum_{n=0}^{\infty} x(n)z^{-n}$$

$$= \sum_{n=0}^{\infty} x(n)z^{-n+1} - \sum_{n=0}^{\infty} x(n)z^{-n}$$

$$= \lim_{m\to\infty}\left[\sum_{k=-1}^{m} x(k+1)z^{-k} - \sum_{k=0}^{m} x(k)z^{-k} \right]$$

式中取 $z=1$，因为 $X(z)$ 除 1 阶极点 $z=1$ 外，其他极点均在单位圆内，所以

$$
\begin{aligned}
\lim_{z \to 1}(z-1)X(z) &= \lim_{m \to \infty}\left[\sum_{k=-1}^{m} x(k+1)z^{-k} - \sum_{k=0}^{m} x(k)z^{-k}\right] \\
&= \lim_{m \to \infty}[x(0)+x(1)+\cdots+x(m+1)-x(0)-x(1)-\cdots-x(m)] \\
&= \lim_{m \to \infty} x(m+1) = \lim_{n \to \infty} x(n)
\end{aligned}
$$

终值定理也可以表示为

$$
\lim_{n \to \infty} x(n) = \mathrm{Res}[X(z),1]
$$

9．时域卷积定理

设　　　　　　　$w(n) = x(n) * y(n)$

$$X(z) = \mathbb{Z}[x(n)] \qquad \text{ROC：} \qquad R_{x-} < |z| < R_{x+}$$

$$Y(z) = \mathbb{Z}[y(n)] \qquad \text{ROC：} \qquad R_{y-} < |z| < R_{y+}$$

则

$$W(z) = \mathbb{Z}[w(n)] = X(z)Y(z) \qquad \text{ROC：} \qquad R_{w-} < |z| < R_{w+}$$

$$\left(R_{w-} = \max\{R_{x-}, R_{y-}\}, \ R_{w+} = \min\{R_{x+}, R_{y+}\} \right) \tag{3.6.1}$$

证明：
$$
\begin{aligned}
W(z) = \mathbb{Z}[w(n)] &= \mathbb{Z}[x(n) * y(n)] \\
&= \sum_{n=-\infty}^{\infty}\left[\sum_{m=-\infty}^{\infty} x(m)y(n-m)\right]z^{-n} \\
&= \sum_{m=-\infty}^{\infty} x(m)\left[\sum_{n=-\infty}^{\infty} y(n-m)z^{-n}\right] \\
&= \sum_{m=-\infty}^{\infty} x(m)z^{-m}\sum_{n=-\infty}^{\infty} y(n-m)z^{-(n-m)} \\
&= X(z)Y(z)
\end{aligned}
$$

$W(z)$ 的收敛域就是 $X(z)$ 和 $Y(z)$ 的公共收敛域。

【例 3.6.6】 已知 LTI 系统的单位脉冲响应 $h(n) = a^n u(n)$，$|a| < 1$，若输入序列 $x(n) = u(n)$，求该系统的输出序列 $y(n)$。

解： LTI 系统的输出为输入与单位脉冲响应的卷积和，因此本例可以利用性质 9 来计算，先计算 $X(z)$、$Y(z)$。

$$X(z) = \mathbb{Z}[x(n)] = \frac{1}{1-z^{-1}} \qquad \text{ROC：} \qquad |z| > 1$$

$$H(z) = \mathbb{Z}[h(n)] = \frac{1}{1-az^{-1}} \qquad \text{ROC：} \qquad |z| > |a|$$

$$Y(z) = X(z)H(z) = \frac{1}{(1-az^{-1})(1-z^{-1})} \qquad \text{ROC：} \qquad |z| > 1$$

由收敛域判定序列 $y(n)$ 是因果序列，所以

$$n < 0, \quad y(n) = 0$$

$$n \geqslant 0, \quad y(n) = \text{Res}[Y(z)z^{n-1}, 1] + \text{Res}[Y(z)z^{n-1}, a]$$

$$= \frac{1}{1-a} + \frac{a^{n+1}}{a-1} = \frac{1-a^{n+1}}{1-a}$$

将 $y(n)$ 表示为

$$y(n) = \frac{1-a^{n+1}}{1-a} u(n)$$

10. 复卷积定理

如果
$$X(z) = \mathbb{Z}[x(n)] \qquad\qquad R_{x-} < |z| < R_{x+}$$

$$Y(z) = \mathbb{Z}[y(n)] \qquad\qquad R_{y-} < |z| < R_{y+}$$

$$w(n) = x(n)y(n)$$

则

$$W(z) = \mathbb{Z}[w(n)] = \frac{1}{2\pi\mathrm{j}} \oint_c X(v) Y\left(\frac{z}{v}\right) \frac{\mathrm{d}v}{v} \tag{3.6.2}$$

由复变函数的知识可知，式（3.6.2）中的围线 c 是 v 平面上 $X(v)$ 与 $Y\left(\dfrac{z}{v}\right)$ 公共收敛域中的一条包围原点的逆时针闭合单围线，$X(v)$ 与 $Y\left(\dfrac{z}{v}\right)$ 的公共收敛域同时满足

$$\begin{cases} R_{x-} < |v| < R_{x+} \\[2mm] \dfrac{|z|}{R_{y+}} < |v| < \dfrac{|z|}{R_{y-}} \end{cases} \tag{3.6.3}$$

即
$$\text{ROC：} \quad \max\left(R_{x-}, \frac{|z|}{R_{y+}}\right) < |v| < \min\left(R_{x+}, \frac{|z|}{R_{y-}}\right) \tag{3.6.4}$$

由式（3.6.3）得到 $W(z)$ 的 ROC 为

$$R_{x-}R_{y-} < |z| < R_{x+}R_{y+} \tag{3.6.5}$$

证明：
$$W(z) = \mathbb{Z}[w(n)] = \sum_{n=-\infty}^{\infty} x(n)y(n)z^{-n}$$

$$= \sum_{n=-\infty}^{\infty} y(n) \left[\frac{1}{2\pi\mathrm{j}} \oint_c X(v)v^{n-1}\mathrm{d}v\right] z^{-n}$$

$$= \frac{1}{2\pi\mathrm{j}} \oint_c X(v) \sum_{n=-\infty}^{\infty} y(n)\left(\frac{z}{v}\right)^{-n} \frac{\mathrm{d}v}{v}$$

$$= \frac{1}{2\pi\mathrm{j}} \oint_c X(v) Y\left(\frac{z}{v}\right) \frac{\mathrm{d}v}{v}$$

$$\text{ROC：} \quad R_{x-}R_{y-} < |z| < R_{x+}R_{y+}$$

说明：应用复卷积定理的过程中，利用留数定理求解积分时，注意围线 c 在 v 平面上 $X(v)$

与 $Y\left(\dfrac{z}{v}\right)$ 的公共收敛域内，所以关键在于正确地确定公共收敛域。

【例 3.6.7】　设 $x(n)=a^{n}u(n)$ ，　$y(n)=b^{n-1}u(n-1)$ ，求 $\mathbb{Z}[x(n)y(n)]$ 。

解：

$$X(z)=\mathbb{Z}[x(n)]=\frac{1}{1-az^{-1}} \qquad \text{ROC:} \quad |z|>|a|$$

$$Y(z)=\mathbb{Z}[y(n)]=\frac{z^{-1}}{1-bz^{-1}} \qquad \text{ROC:} \quad |z|>|b|$$

利用复卷积定理[式（3.6.2）]

$$W(z)=\mathbb{Z}[x(n)y(n)]=\frac{1}{2\pi j}\oint_{c}X(v)Y\left(\frac{z}{v}\right)\frac{\mathrm{d}v}{v}$$

$$=\frac{1}{2\pi j}\oint_{c}\frac{1}{1-av^{-1}}\cdot\frac{vz^{-1}}{1-bvz^{-1}}\frac{\mathrm{d}v}{v}$$

$$=\frac{1}{2\pi j}\oint_{c}\frac{v}{(v-a)(z-bv)}\mathrm{d}v$$

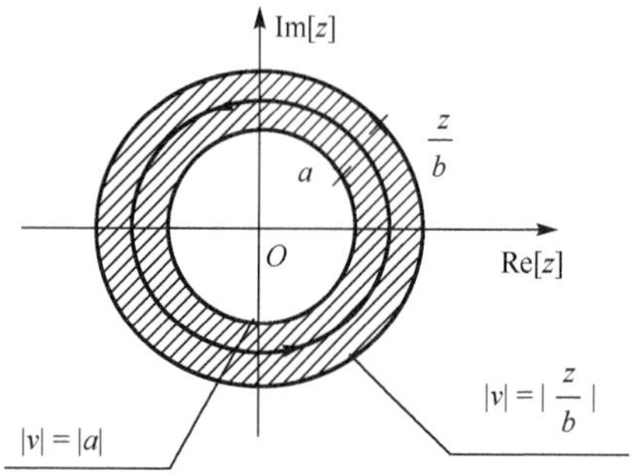

图 3.6.1　$X(v)Y\left(\dfrac{z}{v}\right)$ 收敛域及围线 c

由式（3.6.5）可得 ROC： $|z|>|ab|$ ，围线 c 如图 3.6.1 所示，由式（3.6.4）可得被积函数的 ROC： $|a|<|v|<\left|\dfrac{z}{b}\right|$ ，如图 3.6.1 所示，显然在围线内仅有一个极点 $v=a$

$$W(z)=\mathbb{Z}[x(n)y(n)]=\operatorname{Res}\left[\frac{v}{(v-a)(z-bv)},a\right]=\frac{a}{(z-ab)}$$

$$\text{ROC:} \quad |z|>|ab|$$

11. 帕斯瓦（Parseval）定理

复卷积定理中将 $y(n)$ 换成其复共轭序列 $y^{*}(n)$ ，且取 $z=1$ ，即可得重要的帕斯瓦定理。

如果

$$X(z)=\mathbb{Z}[x(n)] \qquad\qquad R_{x-}<|z|<R_{x+}$$
$$Y(z)=\mathbb{Z}[y(n)] \qquad\qquad R_{y-}<|z|<R_{y+}$$

$$R_{x-}R_{y-}<1<R_{x+}R_{y+}$$

则

$$\sum_{n=-\infty}^{\infty}x(n)y^{*}(n)=\frac{1}{2\pi j}\oint_{c}X(v)Y^{*}\left(\frac{1}{v^{*}}\right)\frac{\mathrm{d}v}{v} \qquad (3.6.6)$$

式（3.6.6）中的"*"表示复共轭，围线 c 在 $X(v)$ 与 $Y^{*}\left(\dfrac{1}{v^{*}}\right)$ 的公共收敛域内，即

$$\text{ROC:} \quad \max\left(R_{x-},\frac{1}{R_{y+}}\right)<|v|<\min\left(R_{x+},\frac{1}{R_{y-}}\right) \qquad (3.6.7)$$

证明： 令

$$w(n)=x(n)y^{*}(n)$$

由于

$$\mathbb{Z}[y^*(n)] = Y^*(z^*)$$

利用复卷积公式可得

$$W(z) = \mathbb{Z}[w(n)] = \sum_{n=-\infty}^{\infty} x(n)y^*(n)z^{-n}$$

$$= \frac{1}{2\pi j} \oint_c X(v)Y^*\left(\frac{z^*}{v^*}\right)\frac{\mathrm{d}v}{v} \tag{3.6.8}$$

$$\text{ROC：} \quad R_{x-}R_{y-} < |z| < R_{x+}R_{y+}$$

且

$$R_{x-}R_{y-} < 1 < R_{x+}R_{y+}$$

所以 $W(z)$ 的 ROC 包含单位圆，式（3.6.8）中取 $z=1$，则有

$$W(1) = \sum_{n=-\infty}^{\infty} x(n)y^*(n) = \frac{1}{2\pi j} \oint_c X(v)Y^*\left(\frac{1}{v^*}\right)\frac{\mathrm{d}v}{v}$$

当 $\max\left(R_{x-}, \dfrac{1}{R_{y+}}\right) < 1 < \min\left(R_{x+}, \dfrac{1}{R_{y-}}\right)$ 时，式（3.6.6）中令 $v = \mathrm{e}^{\mathrm{j}\omega}$，得到

$$\sum_{n=-\infty}^{\infty} x(n)y^*(n) = \frac{1}{2\pi} \int_{-\pi}^{\pi} X(\mathrm{e}^{\mathrm{j}\omega})Y^*(\mathrm{e}^{\mathrm{j}\omega})\mathrm{d}\omega$$

此式与 3.2 节中傅里叶变换的帕斯瓦定理［式（3.2.14）］是相同的。

在复卷积定理中令 $v = \mathrm{e}^{\mathrm{j}\omega}$，且 $z=1$，又可得

$$\sum_{n=-\infty}^{\infty} x(n)y(n) = \frac{1}{2\pi} \int_{-\pi}^{\pi} X(\mathrm{e}^{\mathrm{j}\omega})Y(\mathrm{e}^{-\mathrm{j}\omega})\mathrm{d}\omega \tag{3.6.9}$$

当 $x(n) = y(n)$ 时，得到

$$\sum_{n=-\infty}^{\infty} |x(n)|^2 = \frac{1}{2\pi} \int_{-\pi}^{\pi} \left|X(\mathrm{e}^{\mathrm{j}\omega})\right|^2 \mathrm{d}\omega \tag{3.6.10}$$

$$\sum_{n=-\infty}^{\infty} x^2(n) = \frac{1}{2\pi} \int_{-\pi}^{\pi} X(\mathrm{e}^{\mathrm{j}\omega})X(\mathrm{e}^{-\mathrm{j}\omega})\mathrm{d}\omega \tag{3.6.11}$$

式（3.6.11）还可以表示成

$$\sum_{n=-\infty}^{\infty} x^2(n) = \frac{1}{2\pi j} \oint_c X(z)X(z^{-1})\frac{\mathrm{d}z}{z} \tag{3.6.12}$$

$$\text{ROC：} \quad \max\left(R_{x-}, \frac{1}{R_{y+}}\right) < |z| < \min\left(R_{x+}, \frac{1}{R_{y-}}\right)$$

实序列 $x(n)$ 的 $X(\mathrm{e}^{\mathrm{j}\omega})$ 满足共轭对称性 $X(\mathrm{e}^{-\mathrm{j}\omega}) = X^*(\mathrm{e}^{\mathrm{j}\omega})$，所以对于实序列，有

$$\sum_{n=-\infty}^{\infty} x^2(n) = \sum_{n=-\infty}^{\infty} |x(n)|^2 = \frac{1}{2\pi} \int_{-\pi}^{\pi} \left|X(\mathrm{e}^{\mathrm{j}\omega})\right|^2 \mathrm{d}\omega \tag{3.6.13}$$

【例 3.6.8】 设 $x(n) = r^n \cos(\omega_0 n) u(n)$ （ $0 < r < 1$ ）， 求 $\displaystyle\sum_{n=-\infty}^{\infty} x^2(n)$ 。

解：直接计算 $\displaystyle\sum_{n=-\infty}^{\infty} x^2(n)$ 是很麻烦的，利用式（3.6.12）计算就方便多了。

由例 3.6.2 的结果

$$X(z) = \frac{1 - r\cos\omega_0 z^{-1}}{1 - 2r\cos\omega_0 z^{-1} + r^2 z^{-2}}$$

$$\text{ROC：} |z| > r$$

所以

$$\sum_{n=-\infty}^{\infty} x^2(n) = \frac{1}{2\pi\mathrm{j}} \oint_c X(z) X(z^{-1}) \frac{\mathrm{d}z}{z}$$

$$= \frac{1}{2\pi\mathrm{j}} \oint_c \frac{1 - r\cos\omega_0 z^{-1}}{1 - 2r\cos\omega_0 z^{-1} + r^2 z^{-2}} \cdot \frac{1 - r\cos\omega_0 z}{1 - 2r\cos\omega_0 z + r^2 z^2} \frac{\mathrm{d}z}{z}$$

$$= \frac{1}{2\pi\mathrm{j}} \oint_c \frac{z - r\cos\omega_0}{(z - re^{\mathrm{j}\omega_0})(z - re^{-\mathrm{j}\omega_0})} \cdot \frac{1 - r\cos\omega_0 z}{(1 - re^{\mathrm{j}\omega_0} z)(1 - re^{-\mathrm{j}\omega_0} z)} \mathrm{d}z$$

$X(z) X(z^{-1})$ 的公共收敛域为 $r < |z| < \dfrac{1}{r}$，围线 c 为此环状域内的一条逆时针闭合围线，如图 3.6.2 所示，可见围线内被积函数只有 $X(z)$ 的极点，即 $z = re^{\mathrm{j}\omega_0}$， $z = re^{-\mathrm{j}\omega_0}$ 。

$$\sum_{n=-\infty}^{\infty} x^2(n) = \mathrm{Res}[X(z)X(z^{-1})z^{-1}, re^{\mathrm{j}\omega_0}] + \mathrm{Res}[X(z)X(z^{-1})z^{-1}, re^{-\mathrm{j}\omega_0}]$$

$$= \frac{1 - r^2\cos\omega_0 e^{\mathrm{j}\omega_0}}{2(1 - r^2 e^{2\mathrm{j}\omega_0})(1 - r^2)} + \frac{1 - r^2\cos\omega_0 e^{-\mathrm{j}\omega_0}}{2(1 - r^2 e^{-2\mathrm{j}\omega_0})(1 - r^2)}$$

$$= \frac{(1 - r^2\cos\omega_0 e^{\mathrm{j}\omega_0})(1 - r^2 e^{-2\mathrm{j}\omega_0}) + (1 - r^2\cos\omega_0 e^{-\mathrm{j}\omega_0})(1 - r^2 e^{2\mathrm{j}\omega_0})}{2(1 - r^2 e^{2\mathrm{j}\omega_0})(1 - r^2 e^{-2\mathrm{j}\omega_0})(1 - r^2)}$$

$$= \frac{1 - r^2\cos(2\omega_0) + r^2(r^2 - 1)\cos^2\omega_0}{(1 - 2r^2\cos(2\omega_0) + r^4)(1 - r^2)}$$

Z 变换的主要性质或定理如表 3.6.1 所示。

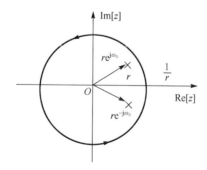

图 3.6.2　例 3.6.8 中的围线 c

表 3.6.1　Z 变换的主要性质或定理

性质（或定理）	序　列	Z　变　换	收　敛　域
	$x(n)$	$X(z)$	$R_{x-} < |z| < R_{x+}$
	$y(n)$	$Y(z)$	$R_{y-} < |z| < R_{y+}$
线性	$ax(n) + by(n)$	$aX(z) + bY(z)$	$\max[R_{x-}, R_{y-}] < |z| < \min[R_{x+}, R_{y+}]$
时移性质	$x(n - n_0)$	$z^{-n_0} X(z)$	$R_{x-} < |z| < R_{x+}$
乘指数序列	$a^n x(n)$	$X(a^{-1}z)$	$|a|R_{x-} < |z| < |a|R_{x+}$
微分性质	$nx(n)$	$-z \dfrac{\mathrm{d}X(z)}{\mathrm{d}z}$	$R_{x-} < |z| < R_{x+}$
序列取复共轭	$x^*(n)$	$X^*(z^*)$	$R_{x-} < |z| < R_{x+}$
序列翻转	$x(-n)$	$X\left(\dfrac{1}{z}\right)$	$\dfrac{1}{R_{x+}} < |z| < \dfrac{1}{R_{x-}}$
序列共轭翻转	$x^*(-n)$	$X^*\left(\dfrac{1}{z^*}\right)$	$\dfrac{1}{R_{x+}} < |z| < \dfrac{1}{R_{x-}}$
序列的实部	$\mathrm{Re}[x(n)]$	$\dfrac{1}{2}[X(z) + X^*(z^*)]$	$R_{x-} < |z| < R_{x+}$
序列的虚部乘 j	$\mathrm{j\,Im}[x(n)]$	$\dfrac{1}{2}[X(z) - X^*(z^*)]$	$R_{x-} < |z| < R_{x+}$
初值定理	$x(n)$ 是因果序列 $x(0) = \lim\limits_{z\to\infty} X(z)$		$R_{x-} < |z|$
终值定理	$x(n)$ 是因果序列 $\lim\limits_{n\to\infty} x(n) = \lim\limits_{z\to 1}(z-1)X(z)$		$X(z)$ 的极点在单位圆内，最多在 $z = 1$ 处有 1 阶极点
时域卷积定理	$x(n) * y(n)$	$X(z)Y(z)$	$\max[R_{x-}, R_{y-}] < |z| < \min[R_{x+}, R_{y+}]$
复卷积定理	$x(n)y(n)$	$\dfrac{1}{2\pi\mathrm{j}} \oint_c X(v)Y\left(\dfrac{z}{v}\right)\dfrac{\mathrm{d}v}{v}$	$R_{x-}R_{y-} < |z| < R_{x+}R_{y+}$
帕斯瓦定理	$\sum\limits_{n=-\infty}^{\infty} x(n)y^*(n) = \dfrac{1}{2\pi\mathrm{j}} \oint_c X(v)Y^*\left(\dfrac{1}{v^*}\right)\dfrac{\mathrm{d}v}{v}$		$R_{x-}R_{y-} < 1 < R_{x+}R_{y+}$ $\max\left(R_{x-}, \dfrac{|z|}{R_{y+}}\right) < |v| < \min\left(R_{x+}, \dfrac{|z|}{R_{y-}}\right)$

3.7　利用 Z 变换解差分方程

LTI 系统用线性常系数差分方程来描述或研究输出与输入之间的关系，第 2 章介绍了差分方程的递推解法，本节介绍 Z 变换解法，这种方法将差分方程变成代数方程，求解过程简单。

3.7.1　离散时间系统的输出（响应）

在离散系统分析中，输入（激励）用 $x(n)$ 表示，输出（响应）用 $y(n)$ 表示。对于一个 LTI 系统，可以用一个 N 阶线性常系数差分方程描述

$$\sum_{k=0}^{N} a_k y(n-k) = \sum_{m=0}^{M} b_m x(n-m) \tag{3.7.1}$$

为了方便下面讨论，令 $a_0 = 1$。若已知输入序列 $x(n)$ 及初始状态

$$y(-1) = y_{-1}, \quad y(-2) = y_{-2}, \quad \cdots, \quad y(-N) = y_{-N} \tag{3.7.2}$$

式中，$y_{-1}, y_{-2}, \cdots, y_{-N}$ 不同时取零，则方程式（3.7.1）可以确定唯一解 $y(n)$。

令方程式（3.7.1）中的右端项为零，即

$$\sum_{k=0}^{N} a_k y(n-k) = 0 \tag{3.7.3}$$

则

$$y_i(n) = -\sum_{k=1}^{N} a_k y(n-k) \tag{3.7.4}$$

式（3.7.4）中的输出（响应）是由初始状态[式（3.7.2）]引起的，称为系统的零输入响应，记作 $y_i(n)$。

当 $y(-1)=0$，$y(-2)=0$，$\cdots$，$y(-N)=0$ 时，称为零初始状态。由方程式（3.7.1）解出的输出（响应）是由输入序列 $x(n)$ 引起的，称为系统的零状态响应，记作 $y_s(n)$。

方程式（3.7.1）描述的 LTI 系统的输出（响应）$y(n)$ 可以分为零输入响应 $y_i(n)$ 与零状态响应 $y_s(n)$，即

$$y(n) = y_i(n) + y_s(n) \tag{3.7.5}$$

因此方程式（3.7.1）的求解，可以通过分别求零输入响应 $y_i(n)$ 与零状态响应 $y_s(n)$，然后把两部分响应相加，从而得到方程的解。

3.7.2 Z 变换求解差分方程

1. 零状态响应 $y_s(n)$

对方程式（3.7.1）两边同时求单边 Z 变换，得到

$$\sum_{k=0}^{N} a_k Y_s(z) z^{-k} = \sum_{m=0}^{M} b_m z^{-m} \left[X(z) + \sum_{l=-m}^{-1} x(l) z^{-l} \right] \tag{3.7.6}$$

$$Y_s(z) = \frac{\sum_{m=0}^{M} b_m z^{-m} \left[X(z) + \sum_{l=-m}^{-1} x(l) z^{-l} \right]}{\sum_{k=0}^{N} a_k z^{-k}} \tag{3.7.7}$$

其中

$$\mathcal{Z}[x(n)] = X(z) = \sum_{n=0}^{\infty} x(n) z^{-n} \tag{3.7.8}$$

$$\mathcal{Z}[y_s(n)] = Y_s(z) = \sum_{n=0}^{\infty} y_s(n) z^{-n} \tag{3.7.9}$$

方程式（3.7.1）的零状态解 $y_s(n) = \mathcal{Z}^{-1}[Y_s(z)]$，$\mathcal{Z}^{-1}$ 表示单边 Z 变换的反变换。

2. 零输入响应 $y_i(n)$

若 $Y_i(z) = \sum\limits_{n=0}^{\infty} y(n)z^{-n}$，对式（3.7.4）两边同时求单边 Z 变换，得到

$$\mathcal{Z}[y_i(n)] = \mathcal{Z}\left[-\sum_{k=1}^{N} a_k y(n-k)\right]$$

$$Y_i(z) = -\sum_{n=0}^{\infty}\sum_{k=1}^{N} a_k y(n-k)z^{-n}$$

$$= -\sum_{k=1}^{N} a_k \sum_{n=0}^{\infty} y(n-k)z^{-n}$$

$$= -\sum_{k=1}^{N} a_k z^{-k}\left[\sum_{n=0}^{\infty} y(n)z^{-n} + \sum_{n=-k}^{-1} y(n)z^{-n}\right]$$

$$Y_i(z) = -\frac{\sum\limits_{k=1}^{N} a_k z^{-k} \sum\limits_{n=-k}^{-1} y(n)z^{-n}}{\sum\limits_{k=0}^{N} a_k z^{-k}}$$

方程式（3.7.1）的零输入解 $y_i(n) = \mathcal{Z}^{-1}[Y_i(z)]$。

因此当初始状态不为零状态时，方程式（3.7.1）的解为 $y(n) = y_i(n) + y_s(n)$。特别地，当输入序列 $x(n)$ 为因果序列时，也可以直接对方程式（3.7.1）两边求单边 Z 变换，得到

$$Y(z) = \frac{\sum\limits_{m=0}^{M} b_m z^{-m}}{\sum\limits_{k=0}^{N} a_k z^{-k}} X(z) - \frac{\sum\limits_{k=1}^{N} a_k z^{-k} \sum\limits_{n=-k}^{-1} y(n)z^{-n}}{\sum\limits_{k=0}^{N} a_k z^{-k}} = Y_s(z) + Y_i(z)$$

其中 $X(z)$ 既可以按照式（3.7.8）计算，也可以用双边 Z 变换求解。方程的解为 $y(n) = \mathcal{Z}^{-1}[Y(z)]$。

【例 3.7.1】 已知差分方程 $y(n) = by(n-1) + x(n)$，式中，$x(n) = a^n u(n)$，$y(-1) = 2$，求 $y(n)$（其中 $|a| > |b|$）。

解： 输入序列 $x(n)$ 为因果序列且为非零初始状态，对已知方程两边求单边 Z 变换。

$$Y(z) = bz^{-1}Y(z) + by(-1) + X(z)$$

$$Y(z) = \frac{2b + X(z)}{1 - bz^{-1}}$$

式中

$$X(z) = \sum_{n=0}^{\infty} x(n)z^{-n} = \frac{1}{1-az^{-1}} \qquad \text{ROC：} \quad |z| > |a|$$

因此

$$Y(z) = \frac{2b}{1-bz^{-1}} + \frac{1}{(1-bz^{-1})(1-az^{-1})}$$

上式的 ROC 应该是两部分公式的公共 ROC：$|z| > \max\{|a|, |b|\}$，即 $|z| > |a|$，由基本序列 Z 变换对（见表 3.5.1）知

$$y(n) = \left[2b^{n+1} + \frac{1}{a-b}(a^{n+1} - b^{n+1}) \right] u(n)$$

式中，第一项为零输入解 $y_i(n)$，第二项为零状态解 $y_s(n)$。

3.8　利用 Z 变换分析信号和系统的频率响应特性

离散时间信号和系统的频率特性一般用傅里叶变换和 Z 变换进行分析，本节用 Z 变换方法进行分析讨论。

3.8.1　频率响应函数与系统函数

设系统的初始状态为零，系统对输入为单位脉冲序列 $\delta(n)$ 的响应（输出）称为系统的单位脉冲响应 $h(n)$，对 $h(n)$ 进行傅里叶变换

$$H(e^{j\omega}) = \sum_{n=-\infty}^{\infty} h(n) e^{-j\omega} = \left| H(e^{j\omega}) \right| e^{j\varphi(\omega)} \tag{3.8.1}$$

称 $H(e^{j\omega})$ 为系统的频率响应函数（或称系统的传输函数），它表征系统的频率响应特性。$\left| H(e^{j\omega}) \right|$ 称为幅频特性函数，$\varphi(\omega)$ 称为相频特性函数。

对 $h(n)$ 进行 Z 变换得到 $H(z)$，称 $H(z)$ 为系统函数，它表征系统的复频率特性。若 N 阶差分方程式（3.7.1）表示一个 N 阶 LTI 系统，对方程进行（双边）Z 变换，得到

$$Y(z) = \frac{\sum\limits_{m=0}^{M} b_m z^{-m}}{\sum\limits_{k=0}^{N} a_k z^{-k}} X(z) \tag{3.8.2}$$

由 LTI 系统的输入/输出关系 $Y(z) = H(z)X(z)$，则该系统的系统函数为

$$H(z) = \frac{\sum\limits_{m=0}^{M} b_m z^{-m}}{\sum\limits_{k=0}^{N} a_k z^{-k}} \tag{3.8.3}$$

显然由式（3.8.3）可以看出，差分方程与系统函数相应的代数表达式之间有直接的关系。具体地说，式（3.8.3）的分子多项式与方程式（3.7.1）右端项的系数对应，分母多项式与方程式（3.7.1）左端项的系数对应。因此给定式（3.8.3）表示的系统函数或方程式（3.7.1）所示的差分方程中的任何一个，都可以直接求得另一个。

【例 3.8.1】　设 2 阶 LTI 系统的系统函数为

$$H(z) = \frac{(1 + 2z^{-1})^2}{\left(1 + \frac{1}{5} z^{-1}\right)\left(1 - \frac{1}{4} z^{-1}\right)}$$

求表示该系统的差分方程。

解：为了求得满足该系统输入/输出的差分方程，可以将 $H(z)$ 的分子与分母进行因式展开

$$H(z) = \frac{1 + 4z^{-1} + 4z^{-2}}{1 - \dfrac{1}{20}z^{-1} - \dfrac{1}{20}z^{-2}}$$

对照式（3.8.3）与方程式（3.7.1）的系数关系，其差分方程为

$$y(n) - \frac{1}{20}y(n-1) - \frac{1}{20}y(n-2) = x(n) + 4x(n-1) + 4x(n-2)$$

3.8.2　频率响应函数的物理意义

一个 LTI 系统的单位脉冲响应为 $h(n)$，输入信号为 $x(n) = \mathrm{e}^{\mathrm{j}\omega n}$，输出信号为

$$
\begin{aligned}
y(n) = h(n) * x(n) &= \sum_{m=-\infty}^{\infty} h(m)x(n-m) \\
&= \sum_{m=-\infty}^{\infty} h(m)\mathrm{e}^{\mathrm{j}\omega(n-m)} = \mathrm{e}^{\mathrm{j}\omega n}\sum_{m=-\infty}^{\infty} h(m)\mathrm{e}^{-\mathrm{j}\omega m} \qquad (3.8.4) \\
&= H(\mathrm{e}^{\mathrm{j}\omega})\mathrm{e}^{\mathrm{j}\omega n} = \left|H(\mathrm{e}^{\mathrm{j}\omega})\right|\mathrm{e}^{\mathrm{j}[\varphi(\omega)+\omega n]}
\end{aligned}
$$

式（3.8.4）表明，数字频率为 ω 的复指数序列 $\mathrm{e}^{\mathrm{j}\omega n}$ 通过频率响应函数为 $H(\mathrm{e}^{\mathrm{j}\omega})$ 的系统后，输出仍为同频复指数序列，其幅度放大为原来的 $\left|H(\mathrm{e}^{\mathrm{j}\omega})\right|$ 倍，相移 $\varphi(\omega)$。

特别地，当输入信号为 $x(n) = \cos(\omega n)$ 且 $h(n)$ 为实序列时，因为

$$x(n) = \frac{1}{2}[\mathrm{e}^{\mathrm{j}\omega n} + \mathrm{e}^{-\mathrm{j}\omega n}] \qquad (3.8.5)$$

所以由式（3.8.4）的结果及系统的线性性质可得到输出序列为

$$y(n) = \frac{1}{2}\left[\left|H(\mathrm{e}^{\mathrm{j}\omega})\right|\mathrm{e}^{\mathrm{j}[\varphi(\omega)+\omega n]} + \left|H(\mathrm{e}^{\mathrm{j}(-\omega)})\right|\mathrm{e}^{\mathrm{j}[\varphi(-\omega)-\omega n]}\right] \qquad (3.8.6)$$

由傅里叶变换的对称性知，实序列 $\left|H(\mathrm{e}^{\mathrm{j}\omega})\right| = \left|H(\mathrm{e}^{-\mathrm{j}\omega})\right|$，$\varphi(-\omega) = \varphi(\omega)$，所以式（3.8.6）可以化简为

$$
\begin{aligned}
y(n) &= \frac{1}{2}\left|H(\mathrm{e}^{\mathrm{j}\omega})\right|\left[\mathrm{e}^{\mathrm{j}[\varphi(\omega)+\omega n]} + \mathrm{e}^{\mathrm{j}[-\varphi(\omega)-\omega n]}\right] \\
&= \left|H(\mathrm{e}^{\mathrm{j}\omega})\right|\cos[\omega n + \varphi(\omega)]
\end{aligned}
\qquad (3.8.7)
$$

由此可见，线性时不变系统对单频正弦信号的响应仍然为同频正弦信号，其幅度放大为原来的 $\left|H(\mathrm{e}^{\mathrm{j}\omega})\right|$ 倍，相移增大 $\varphi(\omega)$，这也是"频率响应函数""幅频响应""相频响应"的物理意义。频率响应函数的另一个重要的含义是：如果 $\left|H(\mathrm{e}^{\mathrm{j}\omega})\right|$ 在某些频率上是很小的，那么输出中输入的这些频率分量就受到抑制，在实际中这种抑制是好还是不好，取决于具体的问题。

【例 3.8.2】 离散 LTI 系统具有以下的频率响应函数

$$H_{\mathrm{lp}}(\mathrm{e}^{\mathrm{j}\omega}) = \begin{cases} 1 & |\omega| \leqslant \omega_{\mathrm{c}} \\ 0 & \omega_{\mathrm{c}} < |\omega| \leqslant \pi \end{cases} \qquad 0 < \omega_{\mathrm{c}} < \pi$$

具有这个频率响应函数的系统称为理想低通滤波器（在本书的第 7 章详细研究）。

当然它是以 2π 为周期的，该系统选取信号频率在 $|\omega| \leqslant \omega_c$ 范围内的低频分量，而对高频分量进行抑制。对 $H_{lp}(e^{j\omega})$ 做傅里叶反变换，可得到相应的单位脉冲响应为

$$h_{lp}(n) = \frac{\sin \omega_c n}{\pi n}$$

【例 3.8.3】 理想高通滤波器的频率响应函数定义为

$$H_{hp}(e^{j\omega}) = \begin{cases} 0 & |\omega| < \omega_c \\ 1 & \omega_c \leqslant |\omega| \leqslant \pi \end{cases} \qquad 0 < \omega_c < \pi$$

对照例 3.8.2 和例 3.8.3 可以发现

$$H_{hp}(e^{j\omega}) = 1 - H_{lp}(e^{j\omega})$$

由傅里叶变换的性质可以求出该系统的单位脉冲响应为

$$h_{hp}(n) = \delta(n) - \frac{\sin \omega_c n}{\pi n}$$

该系统选取信号频率在 $\omega_c \leqslant |\omega| \leqslant \pi$ 范围内的高频分量，而对低频范围 $|\omega| < \omega_c$ 内的分量进行抑制，这样就可以实现输入信号的理想高通滤波处理。

3.8.3　用系统函数的极点分布分析系统的因果性和稳定性

根据第 2 章知识，一个 LTI 系统具有因果性、稳定性的充要条件分别如下：

LTI 系统是因果的 $\Longleftrightarrow$ $h(n) \equiv 0$，$n < 0$（$h(n)$ 为因果序列）；

LTI 系统是稳定的 $\Longleftrightarrow$ $\sum\limits_{n=-\infty}^{\infty} |h(n)| < \infty$（$h(n)$ 满足傅里叶变换的条件）。

因此若 LTI 系统是因果的，则 $h(n)$ 为因果序列，系统函数 $H(z)$ 的收敛域应包含 ∞；若 LTI 系统是稳定的，$h(n)$ 的傅里叶变换存在，系统函数 $H(z)$ 的收敛域应包含单位圆，此时 $H(z)$ 的极点集中在单位圆的内部。如果 LTI 系统既具有因果性又具有稳定性，则系统函数 $H(z)$ 的收敛域应包含 ∞ 且包含单位圆。

【例 3.8.4】 考虑一输入/输出通过下述差分方程描述的 LTI 系统

$$y(n) - \frac{5}{2}y(n-1) + y(n-2) = x(n)$$

能否选择合适的收敛域使得该系统是因果稳定的？

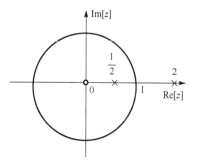

图 3.8.1　例 3.8.4 的零、极点分布图

解： 根据已知的差分方程可得到系统函数为

$$H(z) = \frac{1}{1 - \dfrac{5}{2}z^{-1} + z^{-2}} = \frac{1}{\left(1 - \dfrac{1}{2}z^{-1}\right)\left(1 - 2z^{-1}\right)}$$

$H(z)$ 的零、极点分布图如图 3.8.1 所示，"○" 表示零点，"×" 表示极点。$H(z)$ 的 ROC 有以下 3 种情形：

（1）$|z| > 2$，系统因果非稳定；

（2）$|z| < \dfrac{1}{2}$，系统非因果非稳定；

（3）$\dfrac{1}{2}<|z|<2$，系统稳定非因果。

如果 LTI 系统既具有因果性又具有稳定性，$H(z)$ 的收敛域应包含 ∞ 且包含单位圆，所以该系统不可能是因果稳定系统。

正如从例 3.8.4 中看出的，因果性和稳定性不一定是互为兼容的要求。要使输入/输出满足方程式（3.7.1）的 LTI 系统既因果又稳定，对应的系统函数的 ROC 必须位于模最大极点的外面，且必须包含单位圆，即极点的模值最大不超过 1。

另外，例 3.8.4 中的系统可实现性分析如下。由于稳定系统是系统正常工作的先决条件，因此例 3.8.4 中（1）与（2）两种情形不能选用；第（3）种情形系统是稳定的但非因果，$h(n)$ 是无限长序列，还是无法具体实现的。因此严格地说，该系统是物理不可实现系统。但利用数字系统或者计算机的存储性，可以近似实现第（3）种情形的系统。具体做法是：对 $h(n)$ 截取 $n=[-N,N]$ 一段，再向右移 N 位，来近似一个物理可实现系统（因果系统）。显然，N 越大，近似程度越高，这种非因果且稳定系统的近似实现也是数字信号处理技术优于模拟信号处理技术的地方。

3.8.4　有理系统函数的频率响应特性

设系统函数为有理函数，即 $H(z)$ 可以表示成式（3.5.5）的形式，对 $H(z)$ 的分子、分母分别进行因式分解，得到

$$H(z)=A\dfrac{\prod\limits_{r=1}^{M}(1-c_rz^{-1})}{\prod\limits_{r=1}^{N}(1-d_rz^{-1})}=Az^{N-M}\dfrac{\prod\limits_{r=1}^{M}(z-c_r)}{\prod\limits_{r=1}^{N}(z-d_r)} \tag{3.8.8}$$

式中，A 是常数，c_r 是 $H(z)$ 的零点，d_r 是 $H(z)$ 的极点。A 影响频率响应函数的幅度大小，而影响系统特性的是零点和极点。若 $H(z)$ 的 ROC 包含单位圆，则频率响应函数又可以表示为

$$H(\mathrm{e}^{\mathrm{j}\omega})=H(z)\Big|_{z=\mathrm{e}^{\mathrm{j}\omega}}=A\mathrm{e}^{\mathrm{j}\omega(N-M)}\dfrac{\prod\limits_{r=1}^{M}(\mathrm{e}^{\mathrm{j}\omega}-c_r)}{\prod\limits_{r=1}^{N}(\mathrm{e}^{\mathrm{j}\omega}-d_r)} \tag{3.8.9}$$

由式（3.8.9）可得幅频特性函数 $\left|H(\mathrm{e}^{\mathrm{j}\omega})\right|$ 为

$$\left|H(\mathrm{e}^{\mathrm{j}\omega})\right|=|A|\dfrac{\prod\limits_{r=1}^{M}\left|(\mathrm{e}^{\mathrm{j}\omega}-c_r)\right|}{\prod\limits_{r=1}^{N}\left|(\mathrm{e}^{\mathrm{j}\omega}-d_r)\right|} \tag{3.8.10}$$

有时考虑幅度平方函数 $\left|H(\mathrm{e}^{\mathrm{j}\omega})\right|^2$ 而不是幅度 $\left|H(\mathrm{e}^{\mathrm{j}\omega})\right|$ 会更方便一些，$\left|H(\mathrm{e}^{\mathrm{j}\omega})\right|^2$ 表示为

$$\left|H(\mathrm{e}^{\mathrm{j}\omega})\right|^2=H(\mathrm{e}^{\mathrm{j}\omega})H^*(\mathrm{e}^{\mathrm{j}\omega})$$

$$= |A|^2 \frac{\prod\limits_{r=1}^{M}(e^{j\omega} - c_r)(e^{-j\omega} - c_r^*)}{\prod\limits_{r=1}^{N}(e^{j\omega} - d_r)(e^{-j\omega} - d_r^*)} \qquad (3.8.11)$$

为了实际应用的方便，通常对式（3.8.10）两边取对数（如 $\log_{10}$，即 $\lg$），把式子中的乘积项转换为相应项的和，这里用 $20\lg\left|H(e^{j\omega})\right|$ 代替 $\left|H(e^{j\omega})\right|$，即

$$20\lg\left|H(e^{j\omega})\right| = 20\lg|A| + \sum_{r-1}^{M} 20\lg\left|e^{j\omega} - c_r\right| + \sum_{r-1}^{M} 20\lg\left|e^{j\omega} - d_r\right| \qquad (3.8.12)$$

把 $20\lg\left|H(e^{j\omega})\right|$ 称为 $\left|H(e^{j\omega})\right|$ 的对数幅度，以 dB[①] 表示，有时也称增益为 $20\lg\left|H(e^{j\omega})\right| \text{dB}$。

与增益相对的衰减定义如下

$$衰减（dB）= -20\lg\left|H(e^{j\omega})\right| dB = -增益 （dB）$$

注意到当 $\left|H(e^{j\omega})\right| < 1$ 时，$20\lg\left|H(e^{j\omega})\right| < 0$，因此当 $\left|H(e^{j\omega})\right| < 1$ 时，衰减就是一个正数。

例如：在某一频率 ω，增益为 60dB，指的是在该频率处 $\left|H(e^{j\omega})\right| = 1000$；在某一频率 ω，衰减为 60dB，指的是在该频率处 $\left|H(e^{j\omega})\right| = 0.001$。

下面利用简单的几何图形研究零点和极点对系统特性的影响。

在 z 平面上，$e^{j\omega} - c_r$ 表示由 c_r 指向单位圆上的点 $B = e^{j\omega}$ 的一个向量，记作 $\vec{c_r B}$；$e^{j\omega} - d_r$ 表示由 d_r 指向单位圆上的点 $B = e^{j\omega}$ 的一个向量，记作 $\vec{d_r B}$。

$\vec{c_r B}$、$\vec{d_r B}$ 用极坐标表示为

$$\vec{c_r B} = \left|\vec{c_r B}\right| e^{j\alpha_r} \qquad (3.8.13)$$

$$\vec{d_r B} = \left|\vec{d_r B}\right| e^{j\beta_r} \qquad (3.8.14)$$

把式（3.8.13）与式（3.8.14）代入式（3.8.9），得到

$$H(e^{j\omega}) = Ae^{j\omega(N-M)} \frac{\prod\limits_{r=1}^{M}\vec{c_r B}}{\prod\limits_{r=1}^{N}\vec{d_r B}} = \left|H(e^{j\omega})\right| e^{j\varphi(\omega)} \qquad (3.8.15)$$

$$\left|H(e^{j\omega})\right| = |A| \frac{\prod\limits_{r=1}^{M}\left|\vec{c_r B}\right|}{\prod\limits_{r=1}^{N}\left|\vec{d_r B}\right|} \qquad (3.8.16)$$

$$\varphi(\omega) = \omega(N - M) + \sum_{r=1}^{M}\alpha_r - \sum_{r=1}^{N}\beta_r \qquad (3.8.17)$$

---

① 0dB 相应于 $\left|H(e^{j\omega})\right| = 1$，3dB 相应于 $\left|H(e^{j\omega})\right| = 10^{3/20}$。

系统的频率响应特性由式（3.8.16）与式（3.8.17）确定。

【例 3.8.5】 若一阶系统的系统函数为 $H(z) = \dfrac{z - re^{j\omega_0}}{z}$ （ $r < 1$ ），分析其频率响应特性。

解： $H(z) = \dfrac{z - re^{j\omega_0}}{z}$ 有一个零点 $z = re^{j\omega_0}$ 和一个极点 $z = 0$，如图 3.8.2（c）所示，只有一个极点和一个零点，当频率 ω 从 0 变化到 2π 时，向量 $\overrightarrow{c_r B}$ 与 $\overrightarrow{d_r B}$ 的终点沿着单位圆周逆时针旋转一周，按照式（3.8.16）与式（3.8.17），可分别估算出系统的幅频特性和相频特性，如图 3.8.2（a）、（b）所示。

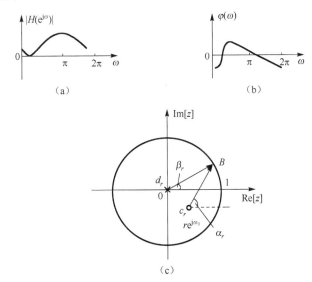

图 3.8.2　例 3.8.5 频率响应的几何表示、幅频响应和相频响应

根据式（3.8.16），当 B 点转到离零点 c_r 最近的地方时，$\left|\overrightarrow{c_r B}\right|$ 的值最小，$\left|H(e^{j\omega})\right|$ 出现谷值，当 $c_r \to 1$ 时，$\left|H(e^{j\omega})\right| \to 0$，如果零点在单位圆上，$\left|H(e^{j\omega})\right| = 0$；当 B 点转到离极点 d_r 最近的地方时，$\left|\overrightarrow{d_r B}\right|$ 的值最小，$\left|H(e^{j\omega})\right|$ 出现峰值，当 $d_r \to 1$ 时，$\left|H(e^{j\omega})\right| \to \infty$，峰值越来越尖锐。如果极点在单位圆上，系统不稳定。总而言之，极点的位置会影响幅频响应的峰值位置、尖锐程度及系统的稳定性；零点的位置会影响幅频响应的谷值位置及形状。

这种通过零点位置分布分析系统频率响应的几何方法为我们提供了对系统特性的直观理解，对分析和设计系统是十分有用的。

3.8.5　利用 MATLAB 计算系统的零、极点

下面介绍用 MATLAB 工具箱中的两个函数 zplane 和 freqz 计算系统的零、极点及频率响应曲线。

zplane 用于绘制系统函数 $H(z)$ 的零、极点分布图。

（1）zplane(z, p) 可绘制出零点向量和极点向量分别为 z、p 的分布图（零点用"〇"表示，极点用"×"表示），同时画出参考单位圆，并在多阶零点和极点的右上角标出其阶数。如果 z、p 为矩阵，则 zplane 以不同的颜色分别绘出 z、p 各列中的零点和极点。

（2）zplane(B, A)可绘制出系统函数 $H(z)$ 的零、极点图。其中 B 和 A 为系统函数 $H(z)=$ $B(z)/A(z)$ 的分子与分母多项式的系数向量。如果 $H(z)$ 为

$$H(z) = \frac{B(z)}{A(z)} = \frac{B(1) + B(2)z^{-1} + \cdots + B(M)z^{-(M-1)} + B(M+1)z^{-M}}{A(1) + A(2)z^{-1} + \cdots + A(N)z^{-(N-1)} + A(N+1)z^{-N}}$$

则

$$B = [B(1) \quad B(2) \quad B(3) \quad \cdots \quad B(M+1)]$$

$$A = [A(1) \quad A(2) \quad A(3) \quad \cdots \quad A(N+1)]$$

freqz 用于计算数字滤波器 $H(z)$ 的频率响应。

（1）H = freqz(B, A, w)可计算由向量 w 指定的数字频率点上数字滤波器 $H(z)$ 的频率响应 $H(e^{j\omega})$，结果存于 H 向量中。B、A 为 $H(z)$ 的分子与分母多项式的系数向量。

（2）[H, w]= freqz(B, A, M)可计算 M 个频率点上的频率响应，结果存放在 H 向量中。M 个频率存放在向量 w 中。freqz 函数自动将这 M 个频率点均匀地设置在频率范围[0, π]中。

（3）[H, w]= freqz(B, A, M, 'whole')自动将 M 个频率点均匀地设置在频率范围[0, 2π]中，得到频率响应函数 H，可以利用 MATLAB 函数 abs 和 angle 得到信号的幅度特性函数和相位特性函数，即

$$|H(e^{j\omega})| = abs(H)$$

$$\varphi(\omega) = angle(H)$$

freqz(B, A)自动选取 512 个频率点计算。不带输出向量的 freqz 函数将自动绘出固定格式的幅频响应和相频响应曲线。固定格式是指在频率范围[0, π]内，频率和相位是线性坐标，幅频响应与频率是对数关系。其他的调用格式可以利用 help 查阅。

【例 3.8.6】　若一阶系统的系统函数 $H(z) = \dfrac{1}{z}$，利用 MATLAB 分析其频率响应特性。

解：利用函数 freqz、abs 和 angle 计算函数的幅度特性函数和相位特性函数。

```
%例 3.8.6 的程序 ep386.m
B=[0 1];
A=[1 0];
subplot(2, 2, 1); zplane(B, A);                    %绘制零、极点图
[H, w]=freqz(B, A);                                %计算频率响应，默认 M 为 52
subplot(2, 2, 2); plot(w/pi, abs(H));              %绘制幅频响应曲线
axis([0, 1 0 max(abs(H))]);
xlabel('\fontname{Times New Roman}\it\omega/\rm\pi');
ylabel('\fontname{Times New Roman}|\itH\rm(e^{j\rm\omega}\rm)|');
subplot(2, 2, 3); plot(w/pi, angle(H));            %绘制相频响应曲线
xlabel('\fontname{Times New Roman}\rm\omega/\rm\pi');
ylabel('\fontname{Times New Roman}\rm\phi\rm(\rm\omega\rm)');
```

例 3.8.6 的零、极点分布图，以及幅度特性函数（幅频响应）和相位特性函数（相频响应）如图 3.8.3 所示，由几何方法也容易确定，当 ω 从 0 变化到 π 时，极点向量的长度始终为 1。在原点处的零点或极点，由于零点向量长度或极点向量长度始终为 1，因此不影响系统的幅频响应特性，但对相频响应特性有贡献。

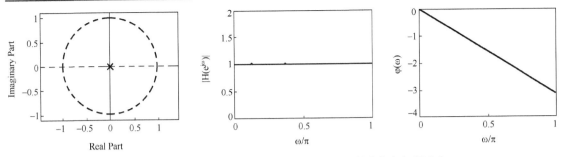

图 3.8.3　例 3.8.6 的零、极点分布图，以及幅频响应和相频响应

【例 3.8.7】 已知系统的系统函数 $H(z) = 1 - z^{-N}$，利用 MATLAB 画出其幅频响应和相频响应。

解： 不妨取 $N=8$，程序见文件 ep387.m。

```
%例3.8.7的程序ep387.m
B=[1 0 0 0 0 0 0 0 -1];
A=1;
subplot(2, 2, 1); zplane(B, A);                    %绘制零、极点图
[H, w]=freqz(B, A);                                %计算频率响应
subplot(2, 2, 2); plot(w/pi, abs(H));              %绘制幅频响应曲线
axis([0, 1 0 max(abs(H))]);
xlabel('\fontname{Times New Roman}\it\omega/\rm\pi');
ylabel('\fontname{Times New Roman}|\itH\rm(e^{j\rm\omega}\rm)|');
subplot(2, 2, 3); plot(w/pi, angle(H));            %绘制相频响应曲线
xlabel('\fontname{Times New Roman}\it\omega/\rm\pi');
ylabel('\fontname{Times New Roman}\it\phi\rm(\it\omega\rm)');
```

由图 3.8.4 可知，系统有 N 个零点和一个 N 阶极点，图中给出的是 $N=8$ 阶滤波器，根据幅频响应的曲线形状和特点，该滤波器取名为梳状滤波器。从图中可以看出：当 ω 从 0 变化到 π 时，每遇到一个零点，幅度为零，在两个零点的中间幅度最大，形成峰值。形成谷值的频率点为 $\omega_k = (2\pi / N) / k$，$k = 0,1,2,\cdots,N-1$。

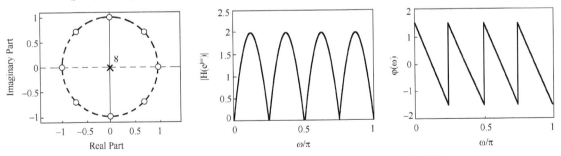

图 3.8.4　例 3.8.7 的零、极点分布图，以及幅频响应和相频响应

3.8.6　几种特殊系统的系统函数及其特点

下面介绍三种特殊的系统，即全通滤波器、梳状滤波器和最小相位系统。

1．全通滤波器

如果系统的幅频响应函数为

$$\left| H(\mathrm{e}^{\mathrm{j}\omega}) \right| = 1 \qquad\qquad \omega \in [0, 2\pi] \qquad\qquad (3.8.18)$$

则该系统对所有频率的幅值均等于 1，称为全通滤波器（或称为全通系统或全通网络）。该系统的频率响应函数可表示为

$$H(\mathrm{e}^{\mathrm{j}\omega}) = \mathrm{e}^{\mathrm{j}\varphi(\omega)} \qquad\qquad (3.8.19)$$

式（3.8.19）表明信号通过全通滤波器后，幅度谱保持不变，仅相位谱随 $\varphi(\omega)$ 改变，起纯相位滤波作用。

全通滤波器的系统函数记作 $H_{\mathrm{ap}}(z)$，一般形式为

$$H_{\mathrm{ap}}(z) = \frac{\displaystyle\sum_{k=0}^{N} a_k z^{-N+k}}{\displaystyle\sum_{k=0}^{N} a_k z^{-k}} \qquad\qquad (3.8.20)$$

不妨取 $a_0 = 1$，则

$$H_{\mathrm{ap}}(z) = \frac{z^{-N} + a_1 z^{-N+1} + a_2 z^{-N+2} + \cdots + a_N}{1 + a_1 z^{-1} + a_2 z^{-2} + \cdots + a_N z^{-N}} \qquad\qquad (3.8.21)$$

或者写成二阶滤波器级联的形式

$$H_{\mathrm{ap}}(z) = \prod_{i=1}^{L} \frac{z^{-2} + a_{1i} z^{-1} + a_{2i}}{a_{2i} z^{-2} + a_{1i} z^{-1} + 1} \qquad\qquad (3.8.22)$$

式中的系数均为实数。显然全通滤波器系统函数的分子与分母多项式系数相同，但排列顺序相反。下面证明式（3.8.21）所表示的滤波器满足式（3.8.18）。

$$H_{\mathrm{ap}}(z) = \frac{\displaystyle\sum_{k=0}^{N} a_k z^{-N+k}}{\displaystyle\sum_{k=0}^{N} a_k z^{-k}} = z^{-N} \frac{\displaystyle\sum_{k=0}^{N} a_k z^{k}}{\displaystyle\sum_{k=0}^{N} a_k z^{-k}} = z^{-N} \frac{D(z)}{D(z^{-1})} \qquad (3.8.23)$$

式中，$D(z) = \displaystyle\sum_{k=0}^{N} a_k z^{k}$，$a_k$ 为实系数。因此

$$D(\mathrm{e}^{-\mathrm{j}\omega}) = D^{*}(\mathrm{e}^{\mathrm{j}\omega})$$

$$\left| H(\mathrm{e}^{\mathrm{j}\omega}) \right| = 1$$

说明式（3.8.21）表示的 $H(z)$ 具有全通滤波器特性。

下面分析全通滤波器的零、极点的分布规律。由式（3.8.23）和系统函数的分子与分母多项式系数均为实数，可得出全通滤波器的零、极点的分布规律。

（1）实数零点和极点必然以两个一组出现，即 z_k 为零点，z_k^{-1} 为极点。

（2）复数零点和极点必然以四个一组出现，即 z_k 为零点，z_k^{*} 为零点，z_k^{-1} 为极点，$(z_k^{-1})^{*}$ 为极点。

因此全通滤波器的系统函数还可表示成如下的形式

$$H_{\mathrm{ap}}(z)=\prod_{k=1}^{N}\frac{z^{-1}-z_k}{1-z_k^*z^{-1}} \tag{3.8.24}$$

显然式（3.8.24）具有全通滤波的零、极点分布规律，其全通特性的证明留给读者。当 $N=1$ 时，零点和极点互为倒数且为实数。

全通滤波器是一种纯相位滤波器，经常用于相位均衡。如果要求设计一个线性相位滤波器，可以设计一个具有线性相位的 FIR 滤波器，也可以设计一个满足幅频特性要求的 IIR 滤波器，再级联一个全通滤波器进行相位校正，使总的相位是线性的。IIR 滤波器和 FIR 滤波器将在本书的第 7 章和第 8 章介绍。

2．梳状滤波器

例 3.8.7 中如图 3.8.4 所示的滤波器称为梳状滤波器，显然它的名字源于其幅度特性的形状。下面介绍一般梳状滤波器的构成方法。

设滤波器的系统函数为 $H(z)$，其频率响应函数 $H(\mathrm{e}^{j\omega})$ 以 2π 为周期，如果令 $H(z)$ 中的 $z=z^N$，即 $H(z^N)$，则对应的频率响应函数 $H(\mathrm{e}^{jN\omega})$ 以 $2\pi/N$ 为周期，用这一特性可以构造各种梳状滤波器。

如例 3.8.7 中的梳状滤波器可以视为将一阶系统 $H(z)=1-z^{-1}$ 的 z 换成 z^N 得到的，再如下例。

【**例 3.8.8**】　一阶 IIR 网络 $H(z)=\dfrac{1-z^{-1}}{1-az^{-1}}$，其中 $0<a<1$，构造一个梳状滤波器，并画出其零、极点分布图和幅频特性。

解：将一阶 IIR 网络系统函数中的 z 换成 z^N，得到

$$H(z^N)=\frac{1-z^{-N}}{1-az^{-N}}$$

为了便于讨论，取 $N=8$ 时，零点为 $z_k=\mathrm{e}^{j2\pi k/8}$，$k=0,1,2,\cdots,7$；极点为 $p_k=\sqrt[8]{a}\,\mathrm{e}^{j2\pi k/8}$，$k=0,1,2,\cdots,7$。$H(z^N)$ 的零、极点分布图和幅频特性绘制程序为 ep388.m。

```
%例3.8.8的程序ep388.m  a=0.8  零、极点分布图及幅频特性
a=0.8; B=[1 0 0 0 0 0 0 0 -1];
A=[1 0 0 0 0 0 0 0 -a];
subplot(2, 2, 1); zplane(B, A);                    %绘制零、极点图
title('(a) 零、极点分布(a=0.8, N=8)');
[H, w]=freqz(B, A, 1024);                          %计算频率响应特性
subplot(2, 2, 2); plot(w/pi, abs(H)/max(abs(H)));  %绘制幅频响应曲线
axis([0, 1 0 1.5]);
xlabel('\fontname{Times New Roman}\it\omega/\rm\pi');
ylabel('\fontname{Times New Roman}|\itH\rm(e^{j\rm\omega}\rm)|');
titile('(b) 幅频特性(a=0.8, N=8)');
%a=0.1 零、极点分布图及幅频特性
a=0.1; B=[1 0 0 0 0 0 0 0 -1];
A=[1 0 0 0 0 0 0 0 -a];
```

　　$a = 0.1$ 时与 $a = 0.8$ 时的程序相同（省略）。运行以上程序，得到零、极点分布图和幅频特性如图 3.8.5 所示。

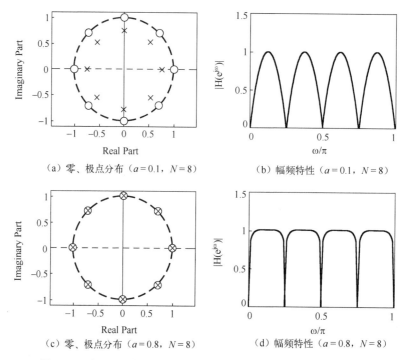

（a）零、极点分布（$a = 0.1$，$N = 8$）　　　　（b）幅频特性（$a = 0.1$，$N = 8$）

（c）零、极点分布（$a = 0.8$，$N = 8$）　　　　（d）幅频特性（$a = 0.8$，$N = 8$）

图 3.8.5　例 3.8.8 梳状滤波器的零、极点分布图和幅频响应特性

　　梳状滤波器可滤除信号中 $\omega = 2\pi k / N$（$k = 0, 1, 2, \cdots, N-1$）的频率分量，这种滤波器可用于消除信号中的电网谐波干扰和其他频谱等间隔分布的干扰。

　　由图 3.8.5 可见，a 取值越接近 1，幅频特性越平坦。将图 3.8.5 与图 3.8.4 比较，形状相似，不同的是每个梳状周期的形状不同。用于消除电网谐波干扰时，图 3.8.4 所示的梳状滤波器不如图 3.8.5 所示的梳状滤波器的滤波性能好。但图 3.8.4 对应的梳状滤波器适用于分离两路频谱等间隔交错分布的信号，如彩色电视机中用于进行亮色分离和色分离等。

3．最小相位系统

　　如果一个因果稳定系统 $H(z)$ 的所有零点都在单位圆内，则称该系统为最小相位系统，记为 $H_{\min}(z)$；反之，如果一个因果稳定系统 $H(z)$ 的所有零点都在单位圆外，则称该系统为最大相位系统，记为 $H_{\max}(z)$；若在单位圆内、外都有零点，则称该系统为混合相位系统。

　　最小相位系统在工程理论中较为重要，下面给出最小相位系统的几个重要特点。

　　（1）任何一个非最小相位系统的系统函数 $H(z)$ 都可以由一个最小相位系统 $H_{\min}(z)$ 和一个全通系统 $H_{\text{ap}}(z)$ 级联而成，即

$$H(z) = H_{\min}(z) H_{\text{ap}}(z) \tag{3.8.25}$$

　　证明：假设因果稳定系统 $H(z)$ 除仅有一个零点在单位圆外，如果还有零点，则均在单位圆内，令该零点为 $1/z_0$，$|z_0| < 1$，则 $H(z)$ 可表示为

$$H(z) = H_1(z)(z^{-1} - z_0) = H_1(z)(1 - z_0^* z^{-1})\frac{z^{-1} - z_0}{1 - z_0^* z^{-1}}$$

式中，$H_1(z)$ 为最小相位，所以 $H_1(z)(1 - z_0^* z^{-1})$ 也是最小相位，而 $\dfrac{z^{-1} - z_0}{1 - z_0^* z^{-1}}$ 为全通系统，所以 $H(z) = H_{\min}(z)H_{ap}(z)$。

该结论为我们提供了一种用非最小相位系统构造幅频特性相同的最小相位系统的方法：将非最小相位系统 $H(z)$ 位于单位圆外的零点 z_{0k} 用 $1/z_{0k}^*$ 代替（$k = 1, 2, \cdots, m_0$，m_0 为单位圆外零点的数目），即最小相位系统 $H_{\min}(z)$，且 $H_{\min}(z)$ 与 $H(z)$ 的幅频响应特性相同。

（2）在幅频响应特性相同的所有因果稳定系统中，最小相位系统的相位延迟（负的相位值）最小。

由式（3.8.25）可知，任何一个非最小相位系统 $H(z)$ 的相频响应，是一个幅频特性与 $H(z)$ 相同的最小相位系统 $H_{\min}(z)$ 的相频函数加一个全通系统 $H_{ap}(z)$ 的相频函数。文献[1]中已经证明了全通系统的相频函数是非正的，因此任意系统比最小相位系统都多了一个负相位，这样最小相位系统具有最小相位延迟的性质，或者说在时域，最小相位系统的时域响应波形延迟和能力延迟最小。

（3）最小相位系统保证其逆系统存在。设一个因果稳定系统 $H(z) = \dfrac{B(z)}{A(z)}$，定义其逆系统为

$$H_{inv}(z) = \frac{1}{H(z)} = \frac{A(z)}{B(z)}$$

当且仅当 $H(z)$ 为最小相位系统时，$H_{inv}(z)$ 才是因果稳定的。逆滤波在信号检测及求解卷积中有重要的应用。

习题与上机题

1．选择题。

（1）序列 $x(n) = -a^n u(-n-1)$，则 $X(z)$ 的收敛域为（　　　）。

　　A．$|z| < |a|$　　　　　　B．$|z| \leqslant |a|$　　　　　　C．$|z| > |a|$　　　　　　D．$|z| \geqslant |a|$

（2）序列 $x(n) = \left(\dfrac{1}{3}\right)^n u(n) - \left(\dfrac{1}{2}\right)^n u(-n-1)$，则 $X(z)$ 的收敛域为（　　　）。

　　A．$|z| < \dfrac{1}{2}$　　　　　B．$|z| > \dfrac{1}{3}$　　　　　C．$|z| > \dfrac{1}{2}$　　　　　D．$\dfrac{1}{3} < |z| < \dfrac{1}{2}$

（3）因果稳定系统 $H(z)$ 的收敛域有可能是（　　　）。

　　A．$|z| < 0.9$　　　　　B．$|z| < 1.1$　　　　　C．$|z| > 1.1$　　　　　D．$|z| > 0.9$

（4）若序列为 $x(n) = -2^n u(-n-1)$，则序列的 ZT 和收敛域为（　　　）。

　　A．$H(z) = \dfrac{1}{1 - 2z^{-1}}$，$|z| > 2$　　　　　　B．$H(z) = \dfrac{1}{1 - 2^{-1}z^{-1}}$，$|z| < \dfrac{1}{2}$

　　C．$H(z) = \dfrac{1}{1 - 2z^{-1}}$，$|z| < 2$　　　　　　D．$H(z) = \dfrac{1}{1 - 2^{-1}z^{-1}}$，$|z| > \dfrac{1}{2}$

（5）序列的 DTFT 是序列 ZT 在（ ）的值。

A．虚轴   B．$[0,2\pi]$ 上 N 点等间隔抽样

C．单位圆上   D．∞ 点

（6）设 $h(n)$ 是实序列，且 $X(\mathrm{e}^{\mathrm{j}\omega}) = \mathrm{DTFT}[x(n)]$，则关于 $X(\mathrm{e}^{\mathrm{j}\omega})$，以下叙述正确的是（ ）。

A．$X(\mathrm{e}^{\mathrm{j}\omega})$ 是共轭对称函数   B．$X(\mathrm{e}^{\mathrm{j}\omega})$ 是共轭反对称函数

C．$X(\mathrm{e}^{\mathrm{j}\omega})$ 是实函数   D．$X(\mathrm{e}^{\mathrm{j}\omega})$ 是纯虚函数

（7）设 $h(n)$ 是纯虚序列，且 $X(\mathrm{e}^{\mathrm{j}\omega}) = \mathrm{DTFT}[x(n)]$，$k = 0,1,\cdots,N-1$，则 $X(\mathrm{e}^{\mathrm{j}\omega})$（ ）。

A．是共轭对称函数   B．是共轭反对称函数

C．是实函数   D．是纯虚函数

（8）时域离散线性时不变系统的系统函数为 $H(z) = \dfrac{1}{(z-a)(z-b)}$，$a$ 和 b 为常数，若要求系统因果稳定，则 a 和 b 的取值域为（ ）。

A．$0 \leqslant |a| < 1, 0 \leqslant |b| < 1$ B．$0 < |a| \leqslant 1, 0 \leqslant |b| < 1$

C．$0 < |a| \leqslant 1, 0 < |b| \leqslant 1$ D．$0 \leqslant |a| \leqslant 1, 0 \leqslant |b| \leqslant 1$

（9）离散时间信号傅里叶变换存在的充分条件是（ ）。

A．序列绝对可和   B．序列为有限长序列

C．序列为因果序列   D．序列为周期序列

（10）关于序列 $x(n)$ 的 $\mathrm{DTFT}[X(\mathrm{e}^{\mathrm{j}\omega})]$，下列说法正确的是（ ）。

A．非周期连续函数   B．非周期离散函数

C．周期连续函数，周期为 2π D．周期离散函数，周期为 2π

2．填空题。

（1）若序列为 $x(n) = u(n-10)$，则该序列的 Z 变换为_____，收敛域为_____。

（2）设 $X(\mathrm{e}^{\mathrm{j}\omega}) = \mathrm{DTFT}[x(n)] = 1 + 2\mathrm{e}^{-\mathrm{j}\omega} + 2\mathrm{e}^{-3\mathrm{j}\omega}$，那么该序列 $x(n) = $_____。

（3）设系统的系统函数 $H(z) = \dfrac{2 + 2z^{-1}}{1 + 2z^{-1} - 3z^{-2}}$，极点为_____，描述该系统的差分方程为_____。

（4）设 $x(n)$ 是因果序列，$X(z) = \mathrm{ZT}[x(n)]$，则 $x(0) = $_____。

（5）设 $x(n) = \left(\dfrac{1}{2}\right)^n u(n)$，则 $x(n)$ 的共轭反对称分量 $x_{\mathrm{o}}(n) = $_____。

（6）设 $X(\mathrm{e}^{\mathrm{j}\omega}) = \mathrm{DTFT}[x(n)] = 1$，那么该序列 $x(n) = $_____。

（7）若序列为 $x(n) = u(n) - u(n-10)$，则该序列的 Z 变换为_____，收敛域为_____。

3．已知 $X(\mathrm{e}^{\mathrm{j}\omega}) = \begin{cases} 1, & |\omega| < \omega_0 \\ 0, & \omega_0 < |\omega| \leqslant \pi \end{cases}$，求 $X(\mathrm{e}^{\mathrm{j}\omega})$ 的傅里叶反变换 $x(n)$。

4．设 $x(n) = \begin{cases} 1, & n = 0,1 \\ 0, & 其他 \end{cases}$，将 $x(n)$ 以 4 为周期进行周期延拓形成周期序列 $\tilde{x}(n)$，画出 $x(n)$ 和 $\tilde{x}(n)$ 的波形，求出 $\tilde{x}(n)$ 的离散傅里叶级数 $\tilde{X}(k)$ 和傅里叶变换。

5．设如题 5 图所示的序列 $x(n)$ 的 DTFT 用 $X(\mathrm{e}^{\mathrm{j}\omega})$ 表示，不直接求出 $X(\mathrm{e}^{\mathrm{j}\omega})$，完成下列运算：

（1）$X(\mathrm{e}^{\mathrm{j}0})$；

（2）$\int_{-\pi}^{\pi} X(\mathrm{e}^{\mathrm{j}\omega})\mathrm{d}\omega$；

（3）$\int_{-\pi}^{\pi} \left|X(\mathrm{e}^{\mathrm{j}\omega})\right|^2 \mathrm{d}\omega$。

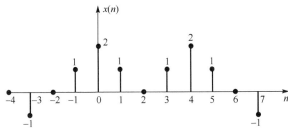

题 5 图

6．设系统的单位抽样响应 $h(n)=a^n u(n)$，$0<a<1$，输入序列为 $x(n)=\delta(n)+2\delta(n-2)$，完成下面各题：

（1）求出系统的输出序列 $y(n)$；

（2）分别求出 $x(n)$、$h(n)$ 和 $y(n)$ 的傅里叶变换。

7．已知 $x(n)=a^n u(n)$，$0<a<1$，分别求：

（1）$x(n)$ 的 Z 变换；

（2）$nx(n)$ 的 Z 变换；

（3）$a^{-n}u(-n)$ 的 Z 变换。

8．已知

$$X(z)=\frac{3}{1-\dfrac{1}{2}z^{-1}}+\frac{2}{1-2z^{-1}}$$

求出对应 $X(z)$ 的各种可能的序列表达式。

9．已知 $X(z)=\dfrac{-3z^{-1}}{2-5z^{-1}+2z^{-2}}$，分别求：

（1）收敛域 $0.5<|z|<2$ 对应的原序列 $x(n)$；

（2）收敛域 $|z|>2$ 对应的原序列 $x(n)$。

10．用 Z 变换法解下列差分方程。

（1）$y(n)-0.9y(n-1)=0.05u(n)$ 　　　$y(n)=0,\ n\leqslant-1$

（2）$y(n)-0.9y(n-1)=0.05u(n)$ 　　　$y(-1)=1,\ y(n)=0,\ n<-1$

11．设系统由下面的差分方程描述

$$y(n)=y(n-1)+y(n-2)+x(n-1)$$

（1）求系统的系统函数 $H(z)$，并画出零、极点分布图；

（2）限定系统是因果的，写出 $H(z)$ 的收敛域，并求出其单位抽样响应 $h(n)$；

（3）限定系统是稳定的，写出 $H(z)$ 的收敛域，并求出其单位抽样响应 $h(n)$。

12．若序列 $h(n)$ 是因果序列，其傅里叶变换的实部如下

$$H_{\mathrm{R}}(\mathrm{e}^{\mathrm{j}\omega})=\frac{1-a\cos\omega}{1+a^2-2a\cos\omega},\quad |a|<1$$

求序列 $h(n)$ 及其傅里叶变换 $H(\mathrm{e}^{\mathrm{j}\omega})$ 。

13．若序列 $h(n)$ 是因果序列， $h(0)=1$ ，其傅里叶变换的虚部如下

$$H_{\mathrm{I}}(\mathrm{e}^{\mathrm{j}\omega})=\frac{-a\sin\omega}{1+a^2-2a\cos\omega}, \quad |a|<1$$

求序列 $h(n)$ 及其傅里叶变换 $H(\mathrm{e}^{\mathrm{j}\omega})$ 。

14．证明：若 $X(z)=\mathbb{Z}[x(n)]$ ，ROC： $R_{x-}<|z|<R_{x+}$ ，则

$$\mathbb{Z}[x^*(-n)]=X^*\left(\frac{1}{z^*}\right), \quad \mathrm{ROC}： \frac{1}{R_{x+}}<|z|<\frac{1}{R_{x-}}$$

15．证明：如果 $x(n)$ 是因果序列， $X(z)=\mathbb{Z}[x(n)]$ ，则 $x(0)=\lim\limits_{z\to\infty}X(z)$ 。

16．已知网络的输入和单位脉冲响应分别为

$$x(n)=a^n u(n), \ h(n)=b^n u(n), \ 0<a<1, \ 0<b<1$$

（1）用卷积和求网络输出 $y(n)$ ；

（2）用 Z 变换解法求网络输出 $y(n)$ 。

17*．假设系统函数如下

$$H(z)=\frac{(z+9)(z-3)}{3z^4-3.98z^3+1.17z^2+2.3418z-1.5147}$$

试用 MATLAB 绘制其零、极点分布图，并判断系统是否稳定。

18*．假设系统函数如下

$$H(z)=\frac{z^2+5z-50}{2z^4-2.98z^3+1.17z^2+2.3418z-1.5147}$$

试用 MATLAB 绘制其零、极点分布图及系统函数的幅频响应。

第4章 离散傅里叶变换（DFT）

4.1 引　　言

第 3 章中分别讨论了利用傅里叶变换和 Z 变换来表示序列和 LTI 系统的方法。对于有限长序列，还可以得出另一种傅里叶表示，即本章将讨论的离散傅里叶变换（Discrete Fourier Transform，DFT）。DFT 本身也是一个序列，而不是一个连续变量的函数，它相应于对序列的傅里叶变换（DTFT）进行频率的等间隔抽样，从而实现了频域离散化，使数字信号处理可以在频域采用数值计算的方法进行，这样大大提高了数字信号处理的灵活性。更重要的是，DFT 存在很多种高效算法，统称为快速傅里叶变换（Fast Fourier Transform，FFT），我们将在第 5 章讨论这些算法。因此作为序列的傅里叶表示，DFT 不仅在理论上有非常重要的意义，而且在实现各种数字信号处理过程中起着核心作用。

本章主要讨论 DFT 的定义，DFT 与 DTFT、ZT、DFS 之间的关系，基本性质及频域抽样定理和 DFT 应用算例等内容。

4.2　有限长序列的傅里叶表示

4.2.1　DFT 的定义

正变换：设 $x(n)$ 为一个长度为 M 的序列，即只有 M 个样本值，且满足

$$x(n) = \begin{cases} \text{不全为零} & 0 \leqslant n \leqslant M-1 \\ 0 & \text{其他} \end{cases} \qquad (4.2.1)$$

则定义 $x(n)$ 的 N 点离散傅里叶变换（DFT）为

$$X(k) = \text{DFT}[x(n)]_N = \sum_{n=0}^{N-1} x(n) W_N^{kn} \qquad k = 0, 1, \cdots, N-1 \qquad (4.2.2)$$

式中，$W_N = \mathrm{e}^{-\mathrm{j}\frac{2\pi}{N}}$，$N$ 称为 DFT 的变换区间长度，$N \geqslant M$。

对式（4.2.1）两边同乘以 W_N^{-mk} 并对 k 在区间 $[0, N-1]$ 求和，得

$$
\begin{aligned}
\sum_{k=0}^{N-1} X(k) W_N^{-mk} &= \sum_{k=0}^{N-1} \sum_{n=0}^{N-1} x(n) W_N^{kn} W_N^{-mk} \\
&= \sum_{n=0}^{N-1} x(n) \sum_{k=0}^{N-1} W_N^{k(n-m)}
\end{aligned}
\qquad (4.2.3)
$$

其中 $m = 0, 1, \cdots, N-1$，因为

$$\sum_{k=0}^{N-1} W_N^{k(n-m)} = \begin{cases} N & n=m \\ 0 & n \neq m \end{cases} \tag{4.2.4}$$

把式（4.2.4）代入式（4.2.3）得

$$x(n) = \mathrm{IDFT}[X(k)]_N = \frac{1}{N}\sum_{k=0}^{N-1} X(k)W_N^{-nk} \qquad n = 0,1,\cdots,N-1 \tag{4.2.5}$$

称式（4.2.5）为 $X(k)$ 的离散傅里叶反变换（Inverse Discrete Fourier Transform，IDFT）。

式（4.2.2）与式（4.2.5）组成离散傅里叶变换对，其中 $X(k)$ 是有限长的复值序列，可以表示为

$$\begin{aligned} X(k) &= \mathrm{Re}[X(k)] + \mathrm{j}\mathrm{Im}[X(k)] \\ &= |X(k)|\mathrm{e}^{\mathrm{j}\arg[X(k)]} \end{aligned} \tag{4.2.6}$$

$|X(k)|$ 称为序列的幅度特性，$\arg[X(k)]$ 称为序列的相位特性。

【例 4.2.1】 设 $x(n) = R_4(n)$，求 $x(n)$ 的 4 点和 8 点 DFT。

解：变换区间长度 $N = 4$，则

$$\begin{aligned} X(k) &= \sum_{n=0}^{3} R_4(n)W_4^{kn} = \sum_{n=0}^{3} \mathrm{e}^{-\mathrm{j}\frac{2\pi}{4}kn} \\ &= \frac{1-\mathrm{e}^{-\mathrm{j}2\pi k}}{1-\mathrm{e}^{-\mathrm{j}\frac{\pi}{2}k}} = \begin{cases} 4 & k=0 \\ 0 & k=1,2,3 \end{cases} \end{aligned}$$

变换区间长度 $N = 8$，则

$$\begin{aligned} X(k) &= \sum_{n=0}^{7} R_4(n)W_8^{kn} = \sum_{n=0}^{7} \mathrm{e}^{-\mathrm{j}\frac{2\pi}{8}kn} \\ &= \frac{1-\mathrm{e}^{-\mathrm{j}2\pi k}}{1-\mathrm{e}^{-\mathrm{j}\frac{\pi}{4}k}} = \begin{cases} 4 & k=0 \\ \mathrm{e}^{-\mathrm{j}\frac{3}{8}\pi k}\dfrac{\sin\left(\dfrac{\pi}{2}k\right)}{\sin\left(\dfrac{\pi}{8}k\right)} & k=1,2,\cdots,7 \end{cases} \end{aligned}$$

4.2.2 DFT 与傅里叶变换和 Z 变换的关系

设序列 $x(n)$ 满足式（4.2.1），其 ZT、DTFT 及 N 点 DFT 为

$$X(z) = \mathbb{Z}[x(n)] = \sum_{n=0}^{M-1} x(n)z^{-n} \tag{4.2.7}$$

$$X(\mathrm{e}^{\mathrm{j}\omega}) = \mathrm{DTFT}[x(n)] = \sum_{n=0}^{M-1} x(n)\mathrm{e}^{-\mathrm{j}\omega} \tag{4.2.8}$$

$$X(k) = \mathrm{DFT}[x(n)] = \sum_{n=0}^{N-1} x(n)W_N^{kn} \tag{4.2.9}$$

比较以上三个公式，可得关系式

$$X(k) = X(e^{j\omega})\Big|_{\omega=\frac{2\pi}{N}k} \qquad k = 0,1,\cdots,N-1 \qquad (4.2.10)$$

$$X(k) = X(z)\Big|_{z=e^{j\frac{2\pi}{N}k}} \qquad k = 0,1,\cdots,N-1 \qquad (4.2.11)$$

式（4.2.10）则说明 $X(k)$ 是 $x(n)$ 的傅里叶变换 $X(e^{j\omega})$ 在区间 $[0,2\pi]$ 上的 N 点等间隔抽样；式（4.2.11）表明序列 $x(n)$ 的 N 点 DFT 是 $x(n)$ 的 ZT 在单位圆上的 N 点等间隔抽样。

因此对于不同的变换区间长度 N，$X(e^{j\omega})$ 在区间 $[0,2\pi]$ 上的抽样间隔和抽样点数不同，所以 DFT 的变换结果不同。如例 4.2.1 中，$x(n) = R_4(n)$ 的 4 点、8 点和 16 点 DFT 的幅度特性曲线如图 4.2.1 所示。

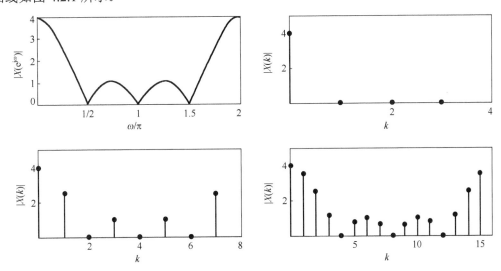

图 4.2.1　$R_4(n)$ 的 FT 和 4 点、8 点和 16 点 DFT 的幅度特性曲线

4.2.3　DFT 的隐含周期性

$x(n)$ 与其 DFT $X(k)$ 均为有限长序列，但由于 W_N^{kn} 具有周期性，即

$$W_N^{kn} = W_N^{(k+mN)n}$$

$$W_N^{kn} = W_N^{k(n+mN)} \qquad m \text{ 为任意整数}$$

因此式（4.2.2）与式（4.2.5）满足

$$X(k) = X(k+mN) \qquad k = 0,1,\cdots,N-1 \qquad (4.2.12)$$

$$x(n) = x(n+mN) \qquad n = 0,1,\cdots,N-1 \qquad (4.2.13)$$

称 $x(n)$ 和 $X(k)$ 具有隐含周期性。

下面讨论 N 点 DFT 与 DFS 的关系。

任意以 N 为周期的周期序列 $\tilde{x}(n)$ 都可以视为将一个长度为 N 的有限长序列 $x(n)$ 以 N 为周期进行周期延拓得到的，即

$$\tilde{x}(n) = \sum_{m=-\infty}^{\infty} x(n+mN) \qquad (4.2.14)$$

$$x(n) = \tilde{x}(n) R_N(n) \tag{4.2.15}$$

把 $\tilde{x}(n)$ 中的区间 $[0, N-1]$ 称为 $\tilde{x}(n)$ 的**主值区间**。主值区间上的序列称为 $\tilde{x}(n)$ 的**主值序列**，由式（4.2.15）确定。

【例4.2.2】 设长度为 6 的序列 $x(n)$，波形如图 4.2.2（a）所示，对 $x(n)$ 分别以 $N=4,6,8$ 为周期进行周期延拓，并画出波形图。

解： 如图 4.2.2（a）所示，$x(n) = \{\underline{1} \quad 2 \quad 3 \quad 4 \quad 5 \quad 6\}$，对 $x(n)$ 按照式（4.2.14）分别以 $N=4,6,8$ 为周期进行周期延拓得到周期序列 $\tilde{x}(n)$，如图 4.2.2（b）、（c）、（d）所示。

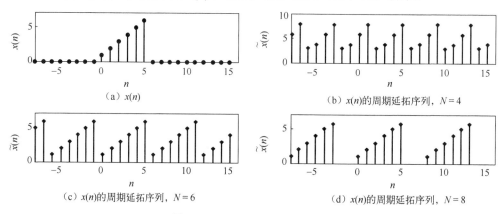

图 4.2.2 $x(n)$ 及周期延拓序列

从图 4.2.2 可以看到长度为 6 的序列 $x(n)$ 以小于 6 为周期进行周期延拓时，式（4.2.14）成立，但延拓后的周期序列 $\tilde{x}(n)$ 不满足式（4.2.15），无法恢复 $x(n)$。因此只有当延拓周期不小于序列长度时，$\tilde{x}(n)$ 才可以按照式（4.2.15）恢复 $x(n)$。

对于一个长度为 M 且满足式（4.2.1）的序列 $x(n)$，以 N 为周期进行延拓，其中当 $N \geq M$ 时，式（4.2.14）还可以表示为

$$\tilde{x}(n) = x((n))_N \tag{4.2.16}$$

式中，$x((n))_N$ 表示 $x(n)$ 以 N 为周期进行延拓，$((n))_N$ 表示模为 N 的求余运算，即如果 $n = mN + n_1$，$n_1 = 0,1,\cdots,N-1$，m 为任意整数，则

$$((mN + n_1))_N = (n_1)$$

【例4.2.3】 若 $\tilde{x}(n) = x((n))_8$，$n_1 = 0,1,\cdots,7$，则有

$$\tilde{x}(8) = x((8))_8 = x(0)$$

$$\tilde{x}(-2) = x((-2))_8 = x(6)$$

$\tilde{x}(n) = x((n))_N$ 的一对 DFS 表示为

$$\tilde{X}(k) = \text{DFS}[\tilde{x}(n)] = \sum_{n=0}^{N-1} \tilde{x}(n) e^{-j\frac{2\pi}{N}kn} = \sum_{n=0}^{N-1} x(n) W_N^{kn} \tag{4.2.17}$$

$$\tilde{x}(n) = \text{IDFS}[\tilde{X}(k)] = \frac{1}{N} \sum_{k=0}^{N-1} \tilde{X}(k) e^{j\frac{2\pi}{N}kn} = \frac{1}{N} \sum_{k=0}^{N-1} X(k) W_N^{-nk} \tag{4.2.18}$$

上面两式中 $-\infty < k < \infty$，$-\infty < n < \infty$，$X(k) = \tilde{X}(k)R_N(n)$。

分别对照式（4.2.17）与式（4.2.2），以及式（4.2.18）与式（4.2.5），容易看出：有限长序列 $x(n)$ 的 N 点 DFT 正好是 $x(n)$ 的周期延拓序列 $x((n))_N$ 的离散傅里叶级数的系数 $\tilde{X}(k)$ 的主值序列，即 $X(k) = \tilde{X}(k)R_N(n)$。周期序列可以用其系数 $\tilde{X}(k)$ 表示它的频谱分布规律，因此 $X(k)$ 实质上是 $x(n)$ 的周期延拓序列 $x((n))_N$ 的频谱特性，这也是 N 点 DFT 的第二种物理解释。

4.2.4　DFT 与 IDFT 的矩阵形式

由式（4.2.2）与式（4.2.5）定义的 DFT 与 IDFT 也可以用矩阵表示

$$X = W_N x \tag{4.2.19}$$

$$x = W_N^{-1} X \tag{4.2.20}$$

式中，x 是序列 $x(n)$ 的序列值构成的 N 维列向量（当 $x(n)$ 的长度 $M < N$ 时，对 $x(n)$ 后面补 $N-M$ 个零），W_N 是旋转因子 W_N 生成的矩阵，X 是 N 点 DFT 构成的列向量。x、X、W_N 分别如下

$$x = [x(0)\quad x(1)\quad \cdots\quad x(N-2)\quad x(N-1)]^T \tag{4.2.21}$$

$$X = [X(0)\quad X(1)\quad \cdots\quad X(N-2)\quad X(N-1)]^T \tag{4.2.22}$$

$$W_N = \begin{bmatrix} 1 & 1 & 1 & 1 & 1 \\ 1 & W_N^1 & W_N^2 & \cdots & W_N^{N-1} \\ 1 & W_N^2 & W_N^4 & \cdots & W_N^{2(N-1)} \\ 1 & \vdots & \vdots & & \vdots \\ 1 & W_N^{N-1} & W_N^{2(N-1)} & \cdots & W_N^{(N-1)(N-1)} \end{bmatrix} \tag{4.2.23}$$

$$W_N^{-1} = \frac{1}{N}\begin{bmatrix} 1 & 1 & 1 & 1 & 1 \\ 1 & W_N^{-1} & W_N^{-2} & \cdots & W_N^{-(N-1)} \\ 1 & W_N^{-2} & W_N^{-4} & \cdots & W_N^{-2(N-1)} \\ 1 & \vdots & \vdots & & \vdots \\ 1 & W_N^{-(N-1)} & W_N^{-2(N-1)} & \cdots & W_N^{-(N-1)(N-1)} \end{bmatrix} \tag{4.2.24}$$

矩阵 W_N 与 W_N^{-1} 为 $N \times N$ 维范德蒙德（Vandermonde）矩阵且满足

$$W_N^{-1} = \frac{1}{N}W_N^* \tag{4.2.25}$$

W_N^* 表示对 W_N 取共轭。

4.2.5　用 MATLAB 计算 DFT

将 DFT 的矩阵形式在 MATLAB 环境中实现，即

```
%DFT 的 MATLAB 计算
N=input("DFT 变换区间长度 N=");
```

```
xn=[x(0), x(1),···, x(N-2), x(N-1)];
WN= Vander_matrix(N);
Xk= WN* xn;
function W=Vander_matrix(N)
        %N 表示 DFT 的变换区间长度
        W=ones(N,N);
        for k=1:N
                W(2,k)=exp(-j*2*pi*(k-1)/N);
        end
        for k=3: N
                W(k,:) = W(2,:).^(k-1);
        end
```

用以上程序可直接计算 DFT，但是这样做运算速度慢，实际应用中可利用 MATLAB 提供的函数 fft 来实现快速傅里叶变换（FFT）（见第 5 章）。其调用格式如下

$$Xk = fft(xn, N)$$

调用参数 xn 为序列，N 是 DFT 变换区间长度。当 N 大于 xn 的长度时，fft 函数自动在 xn 后补零；当 N 小于 xn 的长度时，fft 函数计算 xn 的前面 N 个元素构成的序列（即对 xn 进行截断处理）的 N 点 DFT，忽略 xn 后面的元素。

【例 4.2.4】 设 $x(n) = R_4(n)$，利用 MATLAB 分别计算其 DTFT（$X(e^{j\omega})$）在频率区间 $[0, 2\pi]$ 上的 16 点和 32 点等间隔抽样，并分别绘制 $X(e^{j\omega})$ 的幅频特性图和相频特性图。

解： 由 DFT 与 FT 的关系知，$X(e^{j\omega})$ 在频率区间 $[0, 2\pi]$ 上的 16 点和 32 点等间隔抽样，分别是 $x(n)$ 的 16 点和 32 点 DFT，如图 4.2.3 所示。调用 fft 函数求解本题的程序 ep423.m 如下。

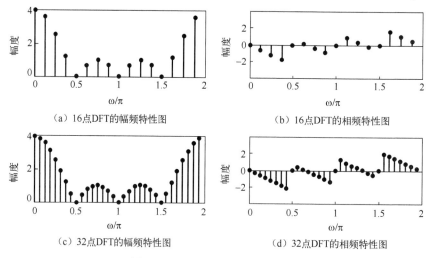

(a) 16点DFT的幅频特性图 　　　　　　(b) 16点DFT的相频特性图

(c) 32点DFT的幅频特性图 　　　　　　(d) 32点DFT的相频特性图

图 4.2.3 　程序 ep423.m 运行结果

```
%例 4.2.4 程序 ep423.m
clear; clc;
xn=ones(1,4);                      %输入行序列 xn=R₄(n)
Xk16=fft(xn,16);                   %计算 xn 的 16 点 DFT
Xk32=fft(xn,32);                   %计算 xn 的 32 点 DFT
X_mod16=abs(Xk16);                 %16 点 DFT 的幅频特性图
```

```
X_arg16=angle(Xk16);            %16 点 DFT 的相频特性图
X_mod32=abs(Xk32);              %32 点 DFT 的幅频特性图
X_arg32=angle(Xk32);            %32 点 DFT 的相频特性图
%绘图部分省略，参考例 2.1.14 画图程序
```

4.3　DFT 的基本性质

本节将研究 DFT 的一些主要性质，由于 DFT 是 FT 在频域上的等间隔抽样，二者有一些相似的性质，但序列和 DFT 的变换区间分别是 $n=[0, N-1]$、$k=[0, N-1]$，因此 DFT 的移位性质和对称性与 FT 的相应性质是有区别的，这些性质非常重要。

1. 线性性质

设 $x_1(n)$ 和 $x_2(n)$ 是两个有限长序列，长度分别为 M_1、M_2，且满足式（4.2.1）。如果取 $N \geqslant \max[M_1, M_2]$，对于任意常数 a、b，都有 $y(n) = ax_1(n) \pm bx_2(n)$，则 $y(n)$ 的 N 点 DFT 为

$$Y(k) = \mathrm{DFT}[ax_1(n) \pm bx_2(n)]_N = aX_1(k) \pm bX_2(k) \qquad k = 0, 1, \cdots, N-1 \qquad (4.3.1)$$

其中 $X_1(k)$ 和 $X_2(k)$ 分别为 $x_1(n)$ 和 $x_2(n)$ 的 N 点 DFT。

2. 循环移位性质

（1）序列的循环移位定义

设序列 $x(n)$ 为满足式（4.2.1）的有限长序列，长度为 M 且 $M \leqslant N$，则 $x(n)$ 的循环移位定义为

$$y(n) = x((n+m))_N R_N(n) \qquad (4.3.2)$$

式（4.3.2）表明，将 $x(n)$ 左移或右移 $|m|$ 位（是左移还是右移取决于 m 的正、负）后，以 N 为周期进行周期延拓得到 $x((n+m))_N$，最后取主值区间序列即可得 $x(n)$ 的循环移位序列 $y(n)$（这里移位和周期延拓是可以交换顺序的）。

【例 4.3.1】设序列 $x(n)$ 的波形图如图 4.3.1（a）所示，画图表示 $x((n))_7$、$x((n+2))_7 R_7(n)$、$x((n-2))_7 R_7(n)$。

解： $x((n))_7$、$x((n+2))_7 R_7(n)$、$x((n-2))_7 R_7(n)$ 如图 4.3.1（b）、（c）、（d）所示。

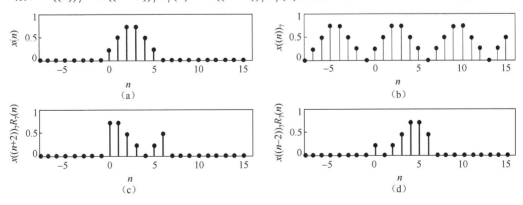

图 4.3.1　$x(n)$ 及其循环移位过程

观察图 4.3.1 可见，循环移位的实质是指序列 $x(n)$ 从左侧（或右侧）移位 $|m|$ 位后，而移出主值区间 $[0, N-1]$ 的序列值又依次从右侧（或左侧）进入主值区。循环移位也是这样得名的，这种运算相当于在圆周上移位，因此也称为圆周移位。

（2）时域循环移位定理

设序列 $x(n)$ 为满足式（4.2.1）的有限长序列，长度为 M 且 $M \le N$ ，$y(n)$ 为 $x(n)$ 的循环移位，即

$$y(n) = x((n+m))_N R_N(n)$$

则

$$Y(k) = \text{DFT}[y(n)]_N = W_N^{-km} X(k) \qquad (4.3.3)$$

其中

$$X(k) = \text{DFT}[x(n)]_N \qquad k = 0, 1, \cdots, N-1$$

证明：

$$Y(k) = \text{DFT}[y(n)]_N = \sum_{n=0}^{N-1} y(n) W_N^{kn}$$

$$= \sum_{n=0}^{N-1} x((n+m))_N R_N(n) W_N^{kn} = \sum_{n=0}^{N-1} x((n+m))_N W_N^{kn}$$

$$\overset{n'=n+m}{=} \sum_{n'=0}^{N-1} x((n'))_N W_N^{k(n'-m)} = W_N^{-km} \sum_{n'=0}^{N-1} x((n'))_N W_N^{kn'}$$

在主值区间 $[0, N-1]$ 上，$x((n))_N = x(n)$，则

$$Y(k) = W_N^{-km} \sum_{n'=0}^{N-1} x(n') W_N^{kn'} = W_N^{-km} X(k)$$

根据时域循环移位定理还可以得到一个有用的结论：若 $y(n)$ 为 $x(n)$ 的循环移位，即 $y(n) = x((n+m))_N R_N(n)$，则 $|Y(k)| = |X(k)|$。

（3）频域循环移位定理

如果

$$X(k) = \text{DFT}[x(n)]_N \qquad k = 0, 1, \cdots, N-1$$

$$Y(k) = X((k+l))_N R_N(k)$$

则

$$y(n) = \text{IDFT}[Y(k)]_N = W_N^{ln} x(n) \qquad (4.3.4)$$

式（4.3.4）的证明类似于时域循环移位定理，留给读者自行证明。

【例 4.3.2】 设序列 $x(n) = n R_9(n)$，求其 9 点 DFT。

解：直接利用 DFT 的定义式计算较难，本题可利用时域循环移位定理来求解 $X(k)$。不妨先画出 $x(n)$、$x((n-1))_9 R_9(n)$ 的波形图，如图 4.3.2 所示。通过观察图 4.3.2 可以得到两个序列满足以下关系

$$x(n) - x((n-1))_9 R_9(n) = R_9(n) - 9\delta(n)$$

利用 DFT 的线性性质和时域循环移位性质

$$X(k) - W_9^k X(k) = \text{DFT}[R_9(n)]_9 - 9 \qquad X(k) = \frac{-9}{1-W_9^k} \qquad k=1,2,\cdots,8$$

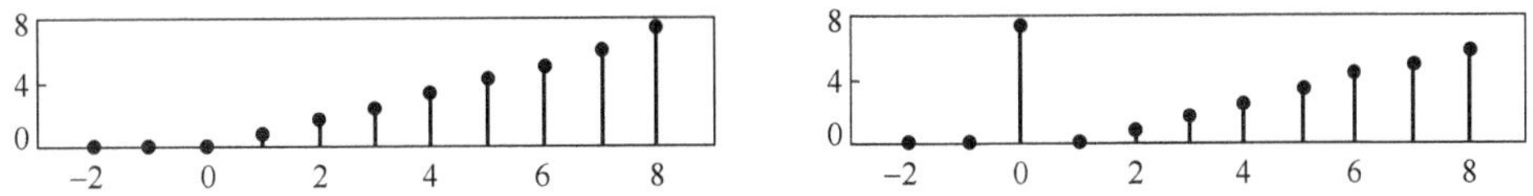

（a）$x(n)$ 的波形图　　　　　　　　　（b）$x((n-1))R_9(n)$ 的波形图

图 4.3.2　$x(n)$ 与 $x((n-1))R_9(n)$ 的波形

当 $k=0$ 时，可直接利用定义式计算

$$X(0) = \sum_{n=0}^{N-1} n = \frac{N(N-1)}{2}, \quad N=9$$

因此

$$X(k) = \begin{cases} \dfrac{-9}{1-W_9^k} & k=1,2,\cdots,8 \\[2mm] 36 & k=0 \end{cases}$$

3．循环卷积性质

循环卷积也称为圆周卷积，区别于卷积和运算，前者是两个满足式（4.2.1）的有限长序列的运算，后者是对于任何序列的运算。

（1）序列的循环卷积定义

设序列 $x(n)$ 和 $h(n)$ 的长度分别为 M、N 且满足式（4.2.1），如果 $L \geqslant \max\{M, N\}$，则 $x(n)$ 和 $h(n)$ 的 L 点循环卷积定义为

$$y(n) = \left[\sum_{m=0}^{L-1} x(m)h((n-m))_L \right] R_L(n) \tag{4.3.5}$$

式中，L 称为循环卷积区间长度。循环卷积记作 $\circledast$ 或 $Ⓛ$，即循环卷积可以表示为

$$y(n) = x(n) \circledast h(n) = x(n) \, Ⓛ \, h(n) \tag{4.3.6}$$

观察式（4.3.5）不难发现循环卷积由以下几个运算步骤组成：反转、循环移位、相乘、叠加并取主值序列，因此直接计算比较麻烦。实际计算中可采用矩阵相乘或 FFT 的方法计算循环卷积。下面介绍用矩阵计算循环卷积的方法。

首先对 $x(n)$ 和 $h(n)$ 的尾部补零，形成长度为 L 的序列。循环卷积定义[式（4.3.5）]中 $n=0,1,\cdots,L-1$，当 $n=0$ 时，求和变量 m 的变化范围为 $[0, L-1]$，$h((n-m))_L$ 可以表示成向量

$$\begin{bmatrix} h((0))_L & h((-1))_L & \cdots & h((2-L))_L & h((1-L))_L \end{bmatrix}$$

$$= \begin{bmatrix} h(0) & h(L-1) & \cdots & h(2) & h(1) \end{bmatrix}$$

当 $n=1$ 时，$h((n-m))_L$ 可以表示为

$$\begin{bmatrix} h((1))_L & h((0))_L & \cdots & h((3-L))_L & h((2-L))_L \end{bmatrix}$$
$$= \begin{bmatrix} h(1) & h(0) & \cdots & h(3) & h(2) \end{bmatrix}$$

把序列 $\{h(0), h(L-1), \cdots, h(2), h(1)\}$ 称为 $h(n)$ 的**循环翻转序列**，相当于 $h(n)$ 的第一个序列值 $h(0)$ 不动，其他序列值按 n 倒序排列，记作 $h(L-n)$。注意到当 $n=1$ 时，$[[h(1) \quad h(0) \cdots h(3) \quad h(2)]$ 相当于循环倒相序列向右循环移 1 位，依此类推，当 $n=2,3,\cdots,L-1$ 时，按照这个规律形成关于 $h(n)$ 的矩阵 $\boldsymbol{H}$ 为

$$\begin{bmatrix} h(0) & h(L-1) & \cdots & h(2) & h(1) \\ h(1) & h(0) & \cdots & h(3) & h(2) \\ \vdots & \vdots & & \vdots & \vdots \\ h(L-2) & h(L-3) & \cdots & h(0) & h(L-1) \\ h(L-1) & h(L-2) & \cdots & h(1) & h(0) \end{bmatrix} \triangleq \boldsymbol{H} \tag{4.3.7}$$

令
$$\boldsymbol{x} = [x(0) \quad x(1) \quad \cdots \quad x(L-2) \quad x(L-1)]^{\mathrm{T}}$$

$$\boldsymbol{y} = [y(0) \quad y(1) \quad \cdots \quad y(L-2) \quad y(L-1)]^{\mathrm{T}}$$

则 L 点循环卷积用矩阵可表示为 $\boldsymbol{y} = \boldsymbol{H}\boldsymbol{x}$，其中矩阵 $\boldsymbol{H}$ 称为 $h(n)$ 的 L 点循环卷积矩阵，其特点是：第一行是 $h(n)$ 的循环翻转序列，后面的各行均是前一行向右循环 1 位，矩阵的主对角线元素均为 $h(0)$，平行于主对角线的各元素均相等。

【例 4.3.3】 分别计算下面两序列的 4 点和 8 点循环卷积。

$$x(n) = \{\underline{1}, \quad 2, \quad 3, \quad 4\} \qquad h(n) = \{\underline{1}, \quad 0, \quad 2, \quad 4\}$$

解： $L=4$ 时，令

$$\boldsymbol{x} = [1 \quad 2 \quad 3 \quad 4]^{\mathrm{T}}, \qquad \boldsymbol{y} = [y(0) \quad y(1) \quad y(2) \quad y(3)]^{\mathrm{T}}$$

$$\boldsymbol{H} = \begin{bmatrix} 1 & 4 & 2 & 0 \\ 0 & 1 & 4 & 2 \\ 2 & 0 & 1 & 4 \\ 4 & 2 & 0 & 1 \end{bmatrix}$$

$$\boldsymbol{y} = \boldsymbol{H}\boldsymbol{x} = \begin{bmatrix} 1 & 4 & 2 & 0 \\ 0 & 1 & 4 & 2 \\ 2 & 0 & 1 & 4 \\ 4 & 2 & 0 & 1 \end{bmatrix} \begin{bmatrix} 1 \\ 2 \\ 3 \\ 4 \end{bmatrix} = \begin{bmatrix} 15 \\ 22 \\ 21 \\ 12 \end{bmatrix}$$

$L=8$ 时，

$$\boldsymbol{x} = [1 \quad 2 \quad 3 \quad 4 \quad 0 \quad 0 \quad 0 \quad 0]^{\mathrm{T}}, \quad \tilde{h}(n) = \{1 \quad 0 \quad 2 \quad 4 \quad 0 \quad 0 \quad 0 \quad 0\}$$

$$\boldsymbol{y} = [y(0) \quad y(1) \quad y(2) \quad y(3) \quad y(4) \quad y(5) \quad y(6) \quad y(7)]^{\mathrm{T}}$$

$$H = \begin{bmatrix} 1 & 0 & 0 & 0 & 0 & 4 & 2 & 0 \\ 0 & 1 & 0 & 0 & 0 & 0 & 4 & 2 \\ 2 & 0 & 1 & 0 & 0 & 0 & 0 & 4 \\ 4 & 2 & 0 & 1 & 0 & 0 & 0 & 0 \\ 0 & 4 & 2 & 0 & 1 & 0 & 0 & 0 \\ 0 & 0 & 4 & 2 & 0 & 1 & 0 & 0 \\ 0 & 0 & 0 & 4 & 2 & 0 & 1 & 0 \\ 0 & 0 & 0 & 0 & 4 & 2 & 0 & 1 \end{bmatrix}$$

$$y = Hx = \begin{bmatrix} 1 & 0 & 0 & 0 & 0 & 4 & 2 & 0 \\ 0 & 1 & 0 & 0 & 0 & 0 & 4 & 2 \\ 2 & 0 & 1 & 0 & 0 & 0 & 0 & 4 \\ 4 & 2 & 0 & 1 & 0 & 0 & 0 & 0 \\ 0 & 4 & 2 & 0 & 1 & 0 & 0 & 0 \\ 0 & 0 & 4 & 2 & 0 & 1 & 0 & 0 \\ 0 & 0 & 0 & 4 & 2 & 0 & 1 & 0 \\ 0 & 0 & 0 & 0 & 4 & 2 & 0 & 1 \end{bmatrix} \begin{bmatrix} 1 \\ 2 \\ 3 \\ 4 \\ 0 \\ 0 \\ 0 \\ 0 \end{bmatrix} = \begin{bmatrix} 1 \\ 2 \\ 5 \\ 12 \\ 14 \\ 20 \\ 16 \\ 0 \end{bmatrix}$$

$x(n)$ 和 $h(n)$ 及其 4 点和 8 点循环卷积结果分别如图 4.3.3 所示，观察图 4.3.3，请读者试着分析两序列的卷积和与循环卷积的关系。

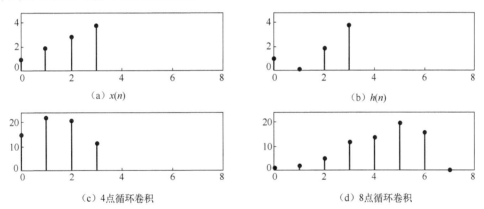

（a）$x(n)$　　　　　　　　　　（b）$h(n)$

（c）4点循环卷积　　　　　　　　（d）8点循环卷积

图 4.3.3　序列及其循环卷积

（2）时域循环卷积定理

设有限长序列 $x_1(n)$ 和 $x_2(n)$ 的长度分别为 N_1、N_2 且满足式（4.2.1），如果 $L \geqslant \max\{N_1, N_2\}$，$x_1(n)$ 和 $x_2(n)$ 的 L 点循环卷积为

$$x(n) = x_1(n) \textcircled{L} x_2(n) = \left[\sum_{m=0}^{L-1} x_1(m) x_2((n-m))_L\right] R_L(n) \tag{4.3.8}$$

则 $x(n)$ 的 L 点 DFT 为

$$X(k) = \text{DFT}[x(n)]_L = X_1(k) X_2(k) = X_2(k) X_1(k) \tag{4.3.9}$$

其中 $X_1(k) = \text{DFT}[x_1(n)]_L$，$X_2(k) = \text{DFT}[x_2(n)]_L$，$k = 0, 1, \cdots, L-1$。

证明：直接对式（4.3.8）两边进行 L 点 DFT，可得

$$X(k) = \text{DFT}[x(n)]_L$$

$$= \sum_{n=0}^{L-1} \left[\sum_{m=0}^{L-1} x_1(m) x_2((n-m))_L \right] R_L(n) W_L^{kn}$$

$$= \sum_{m=0}^{L-1} x_1(m) \sum_{n=0}^{L-1} x_2((n-m))_L W_L^{kn}$$

令 $n - m = n'$，则有

$$X(k) = \sum_{m=0}^{L-1} x_1(m) \sum_{n'=-m}^{L-1-m} x_2((n'))_L W_L^{k(n'+m)}$$

$$= \sum_{m=0}^{L-1} x_1(m) W_L^{km} \sum_{n'=-m}^{L-1-m} x_2((n'))_L W_L^{kn'}$$

其中 $x_2((n'))_L W_L^{kn'}$ 是以 L 为周期的，所以对其在任一周期上求和的结果都相同，因此

$$X(k) = \sum_{m=0}^{L-1} x_1(m) W_L^{km} \sum_{n'=0}^{L-1} x_2((n'))_L W_L^{kn'}$$

$$= X_1(k) X_2(k) \qquad k = 0, 1, \cdots, L-1$$

由于 $X(k) = X_1(k) X_2(k) = X_2(k) X_1(k)$，因此

$$x(n) = \text{IDFT}[X(k)]_L = x_1(n) \; \textcircled{L} \; x_2((n)) = x_2(n) \; \textcircled{L} \; x_1(n)$$

即循环卷积亦满足交换律。

根据时域循环卷积定理的结论知，利用 DFT 也可以计算循环卷积。

【例 4.3.4】 如果 $x_1(n) = x_2(n) = R_N(n)$，利用 DFT 计算两序列的 N 点循环卷积。

解：
$$X_1(k) = \text{DFT}[x_1(n)]_N = X_2(k) = \text{DFT}[x_2(n)]_N$$

$$= \begin{cases} N & k = 0 \\ 0 & k \neq 0 \end{cases}$$

根据时域循环卷积定理

$$\text{DFT}[x(n)]_N = \text{DFT}[x_1(n) \; \textcircled{N} \; x_2(n)]_N = X_1(k) X_2(k)$$

$$= \begin{cases} N^2 & k = 0 \\ 0 & k \neq 0 \end{cases}$$

由此可得

$$x_1(n) \; \textcircled{N} \; x_2(n) = N R_N(n)$$

（3）频域循环卷积定理

设有限长序列 $x_1(n)$ 和 $x_2(n)$ 的长度分别为 N_1、N_2 且满足式（4.2.1），如果 $L \geqslant \max\{N_1, N_2\}$，$x(n) = x_1(n) x_2(n)$，则 $x(n)$ 的 L 点 DFT 为

$$X(k) = \text{DFT}[x(n)]_L = \frac{1}{L} X_1(k) \; \textcircled{L} \; X_2(k) = \frac{1}{L} X_2(k) \; \textcircled{L} \; X_1(k)$$

$$= \frac{1}{L}\left[\sum_{l=0}^{L-1} X_1(l)X_2((k-l))_L\right]R_L(k) \tag{4.3.10}$$

其中 $X_1(k) = \text{DFT}[x_1(n)]_L$，$X_2(k) = \text{DFT}[x_2(n)]_L$，$k = 0,1,\cdots,L-1$。

该定理的证明类似于时域循环卷积定理的证明，留给读者自己证明。

4．共轭循环翻转序列的 DFT

设有限长序列 $x(n)$ 的长度为 N，且满足式（4.2.1），$x^*(n)$ 是 $x(n)$ 的共轭序列，$X(k) = \text{DFT}[x(n)]_N$，则

（1）$\text{DFT}[x^*(n)]_N = X^*(N-k)$ $\qquad k = 0,1,\cdots,N-1$ $\qquad$ （4.3.11）

（2）$\text{DFT}[x(N-n)]_N = X(-k)$ $\qquad k = 0,1,\cdots,N-1$ $\qquad$ （4.3.12）

（3）$\text{DFT}[x^*(N-n)]_N = X^*(k)$ $\qquad k = 0,1,\cdots,N-1$ $\qquad$ （4.3.13）

证明：这里仅对（1）证明，读者仿照证明过程自行证明（2）与（3）。

由 DFT 的定义式可得

$$\text{DFT}[x^*(n)]_N = \sum_{n=0}^{N-1} x^*(n)W_N^{kn} = \left[\sum_{n=0}^{N-1} x(n)W_N^{-kn}\right]^*$$

$$= \left[\sum_{n=0}^{N-1} x(n)W_N^{(N-k)n}\right]^* = X^*(N-k)$$

5．共轭对称性

如第 3 章所述，序列的傅里叶变换（DTFT）满足对称性（共轭对称或共轭反对称），其对称性的对称中心是原点。本章探讨的 DFT 也有类似的对称性，但本章讨论的序列是有限长序列，且定义区间为 $0\sim N-1$，所以这里的对称中心是 $\frac{N}{2}$。下面讨论 DFT 的对称性。

（1）有限长序列的共轭对称性和共轭反对称性

为了与第 3 章的共轭对称序列（或共轭反对称序列）区分，下面用 $x_{\text{ep}}(n)$ 和 $x_{\text{op}}(n)$ 分别表示有限长共轭对称序列和有限长共轭反对称序列，二者定义如下。

有限长共轭对称序列：$x_{\text{ep}}(n) = x_{\text{ep}}^*(N-n)$ $\qquad n = 0,1,\cdots,N-1$ $\qquad$ （4.3.14a）

有限长共轭反对称序列：$x_{\text{op}}(n) = -x_{\text{op}}^*(N-n)$ $\qquad n = 0,1,\cdots,N-1$ $\qquad$ （4.3.14b）

当 N 为偶数时，将上面两式中的 n 换成 $N/2-n$，可得到

$$x_{\text{ep}}\left(\frac{N}{2}-n\right) = x_{\text{ep}}^*\left(\frac{N}{2}+n\right) \qquad n = 0,1,\cdots,\frac{N}{2}-1$$

$$x_{\text{op}}\left(\frac{N}{2}-n\right) = -x_{\text{op}}^*\left(\frac{N}{2}+n\right) \qquad n = 0,1,\cdots,\frac{N}{2}-1$$

根据此式可更清楚地说明有限长序列的对称中心在 $\frac{N}{2}$ 点。容易证明，如第 3 章所述，任何序

列都可以分解成共轭对称序列和共轭反对称序列，任何长度为 N 的有限长序列 $x(n)$（$n = 0, 1, \cdots, N-1$）都可以分解成有限长共轭对称序列和有限长共轭反对称序列之和，即

$$x(n) = x_{ep}(n) + x_{op}(n) \qquad n = 0, 1, \cdots, N-1 \qquad (4.3.15)$$

令式（4.3.15）中的 $n = N - n$，并取共轭得

$$x^*(N-n) = x_{ep}^*(N-n) + x_{op}^*(N-n) \qquad n = 0, 1, \cdots, N-1 \qquad (4.3.16)$$

把式（4.3.15）与式（4.3.16）结合在一起，再加入定义式（4.3.14a）与式（4.3.14b）可得

$$x_{ep}(n) = \frac{1}{2}[x(n) + x^*(N-n)] \qquad (4.3.17a)$$

$$x_{op}(n) = \frac{1}{2}[x(n) - x^*(N-n)] \qquad (4.3.17b)$$

对于 $X(k) = \mathrm{DFT}[x(n)]_N$，$k = 0, 1, \cdots, N-1$，$X(k)$ 的共轭对称序列和共轭反对称序列分别记作 $X_{ep}(k)$、$X_{op}(k)$，与 $x(n)$ 有相似的定义和结论，定义如下

$$X_{ep}(k) = \frac{1}{2}[X(k) + X^*(N-k)] = X_{ep}^*(N-k) \qquad (4.3.18)$$

$$X_{op}(k) = \frac{1}{2}[X(k) - X^*(N-k)] = -X_{op}^*(N-k) \qquad (4.3.19)$$

且

$$X(k) = X_{ep}(k) + X_{op}(k)$$

（2）DFT 的对称性

① 设有限长序列 $x(n)$ 的 N 点 DFT 记作 $X(k)$，即 $X(k) = \mathrm{DFT}[x(n)]_N$，且

$$X(k) = \mathrm{Re}[X(k)] + j\mathrm{Im}[X(k)]$$

其中 $\mathrm{Re}[X(k)]$、$\mathrm{Im}[X(k)]$ 分别表示 $X(k)$ 的实部与虚部。

若将 $x(n)$ 分解成有限长共轭对称序列和有限长共轭反对称序列之和，即

$$x(n) = x_{ep}(n) + x_{op}(n)$$

式中，$x_{ep}(n)$、$x_{op}(n)$ 满足式（4.3.17a）与式（4.3.17b），则利用 DFT 的性质[式（4.3.13）]可以得到如表 4.3.1 所示的 DFT 对称性。

表 4.3.1　$x(n) = x_{ep}(n) + x_{op}(n)$ 的 DFT 对称性

$x(n) = x_{ep}(n) + x_{op}(n)$	$x(n)$	$x_{ep}(n)$	$x_{op}(n)$
DFT	$X(k)$	$\mathrm{DFT}[x_{ep}(n)]_N$	$\mathrm{DFT}[x_{op}(n)]_N$
三者 DFT 之间的关系	$X(k)$	$\mathrm{Re}[X(k)]$	$j\mathrm{Im}[X(k)]$

② 设有限长序列 $x(n)$ 的 N 点 DFT 记作 $X(k)$，即 $X(k) = \mathrm{DFT}[x(n)]_N$，且

$$X(k) = X_{ep}(k) + X_{op}(k)$$

若将 $x(n)$ 分解成实序列与 j 乘纯虚序列之和，即

$$x(n) = \text{Re}[x(n)] + j\text{Im}[x(n)]$$

其中

$$\text{Re}[x(n)] = \frac{1}{2}[x(n) + x^*(n)]$$

$$j\text{Im}[x(n)] = \frac{1}{2}[x(n) - x^*(n)]$$

利用 DFT 的性质式（4.3.11）可以得到如表 4.3.2 所示的 DFT 对称性。

表 4.3.2　$x(n) = \text{Re}[x(n)] + j\text{Im}[x(n)]$ 的 DFT 对称性

$x(n) = \text{Re}[x(n)] + j\text{Im}[x(n)]$	$x(n)$	$\text{Re}[x(n)] = x_r(n)$	$j\text{Im}[x(n)] = jx_i(n)$
N 点 DFT	$X(k)$	$\text{DFT}[x_r(n)]_N$	$\text{DFT}[jx_i(n)]_N$
三者 DFT 之间的关系	$X(k)$	$X_{ep}(k)$	$X_{op}(k)$

总结：时域 $x(n)$ 的实部序列及 j 乘纯虚序列的 N 点 DFT 分别等于频域序列 $X(k)$ 的共轭对称序列 $X_{ep}(k)$ 与共轭反对称序列 $X_{op}(k)$；时域 $x(n)$ 的共轭对称序列与共轭反对称序列的 N 点 DFT 分别等于频域序列 $X(k)$ 的实序列 $\text{Re}[X(k)]$ 与 j 乘纯虚序列 $j\text{Im}[X(k)]$。

③ 特殊序列 $x(n)$ 的 DFT 的对称性。下面针对 4 种特殊序列：实共轭对称序列、实共轭反对称序列、纯虚共轭对称序列和纯虚共轭反对称序列，利用①与②的结论得到如表 4.3.3 所示的 DFT 对称性。

表 4.3.3　特殊序列的 DFT 对称性

$x(n)$	实共轭对称序列	实共轭反对称序列	纯虚共轭对称序列	纯虚共轭反对称序列
序列特点	$x(n) = x(N-n)$	$x(n) = -x(N-n)$	$x(n) = -x(N-n)$	$x(n) = x(N-n)$
DFT 特点	$X(k) = X(N-k)$ $X(k)$ 为实共轭对称序列	$X(k) = -X(N-k)$ $X(k)$ 为纯虚共轭对称序列	$X(k) = -X(N-k)$ $X(k)$ 为实共轭反对称序列	$X(k) = X(N-k)$ $X(k)$ 为纯虚共轭反对称序列

利用 DFT 的对称性，可以减小序列 N 点 DFT 的运算量。只要得到一半数量（$N/2$）的 $X(k)$，利用对称性就可以得到另一半。根据一个复序列的 N 点 DFT，可以求得两个实序列的 N 点 DFT，或者利用一个复序列的 N 点 DFT，可以求得一个 $2N$ 点实序列的 DFT。

【**例 4.3.5**】 利用 DFT 的对称性设计一种高效算法，通过计算一个 N 点 DFT，就可以计算两个实序列 $x_1(n)$ 和 $x_2(n)$ 的 N 点 DFT。

解：首先构造一个复序列 $x(n) = x_1(n) + jx_2(n)$，对 $x(n)$ 进行 N 点 DFT，由表 4.3.2 的结论得

$$X(k) = \text{DFT}[x(n)]_N = X_{ep}(k) + X_{op}(k)$$

因此，根据式（4.3.18）与式（4.3.19）知：由 $X(k)$ 可以求得两个实序列 $x_1(n)$ 和 $x_2(n)$ 的 N 点 DFT，即

$$X_1(k) = \text{DFT}[x_1(n)]_N = X_{ep}(k) = \frac{1}{2}[X(k) + X^*(N-k)]$$

$$X_2(k) = \text{DFT}[x_2(n)]_N = -jX_{op}(k) = \frac{1}{2}[X(k) - X^*(N-k)]$$

4.4　频域抽样定理

前面研究了时域抽样定理，我们知道只有满足一定条件，才可以由时域离散抽样信号恢复得到原来的模拟信号。同样的道理，在频域抽样得到的信号也需要满足一定条件才可恢复得到原来的信号（频域连续的信号），本节将讨论频域抽样条件及恢复内插公式。

4.4.1　频域抽样与频域抽样定理

设任意一个满足绝对可和的非周期序列 $x(n)$，其 Z 变换为

$$X(z) = \sum_{n=-\infty}^{\infty} x(n)z^{-n}$$

由于序列满足绝对可和，因此其傅里叶变换存在，即 $X(z)$ 的 ROC 包含单位圆。在 z 平面的单位圆上对 $X(z)$ 进行 N 点等间隔抽样，得到

$$X(k) = X(z)\big|_{z=e^{j\frac{2\pi}{N}k}} = \sum_{n=-\infty}^{\infty} x(n)e^{-j\frac{2\pi}{N}k} = \sum_{n=-\infty}^{\infty} x(n)W_N^{kn} \qquad k = 0,1,\cdots,N-1 \qquad (4.4.1)$$

显然式（4.4.1）也表示在区间 $[0,2\pi]$ 上对 $x(n)$ 的傅里叶变换 $X(e^{j\omega})$ 进行 N 点等间隔抽样。把 $X(k)$ 看作长度为 N 的有限长序列 $x_N(n)$ 的 N 点 DFT，由式（4.2.5）得

$$x_N(n) = \mathrm{IDFT}[X(k)]_N = \frac{1}{N}\sum_{k=0}^{N-1} X(k)W_N^{-nk} \qquad n = 0,1,\cdots,N-1 \qquad (4.4.2)$$

下面通过推导 $x_N(n)$ 与 $x(n)$ 之间的关系，得到由 $x_N(n)$ 恢复 $x(n)$ 的条件，并导出频域抽样定理。

由前面所述，$x_N(n)$ 的 N 点 DFT $X(k)$ 与 DFS $\tilde{X}(k)$ 的关系为

$$\tilde{X}(k) = \sum_{l=-\infty}^{\infty} X(k+lN)$$

$$X(k) = \tilde{X}(k)R_N(n)$$

因此

$$\tilde{x}(n) = x_N((n))_N = \mathrm{IDFS}[\tilde{X}(k)] = \frac{1}{N}\sum_{k=0}^{N-1} \tilde{X}(k)e^{j\frac{2\pi}{N}kn} = \frac{1}{N}\sum_{k=0}^{N-1} X(k)e^{j\frac{2\pi}{N}kn}$$

把式（4.4.1）代入上式得

$$\tilde{x}(n) = \frac{1}{N}\sum_{k=0}^{N-1}\left[\sum_{m=-\infty}^{\infty} x(m)e^{-j\frac{2\pi}{N}km}\right]e^{j\frac{2\pi}{N}kn} = \sum_{m=-\infty}^{\infty} x(m)\frac{1}{N}\sum_{k=0}^{N-1}e^{j\frac{2\pi}{N}k(n-m)}$$

式中

$$\frac{1}{N}\sum_{k=0}^{N-1}e^{j\frac{2\pi}{N}k(n-m)}\begin{cases}1, & m = n+iN, \ i\text{为整数} \\ 0, & \text{其他}m\end{cases}$$

所以

$$\tilde{x}(n) = \sum_{i=-\infty}^{\infty} x(n+iN) = x_N((n))_N \tag{4.4.3}$$

即

$$x_N(n) = \tilde{x}(n)R_N(n) = \sum_{i=-\infty}^{\infty} x(n+iN)R_N(n) \tag{4.4.4}$$

式（4.4.4）表明，$X(z)$ 在单位圆上（或 $X(\mathrm{e}^{\mathrm{j}\omega})$ 在区间 $[0,2\pi]$）的 N 点等间隔抽样 $X(k)$ 的 N 点 IDFT $x_N(n)$ 是原序列 $x(n)$ 以 N 为周期进行周期延拓得到的主值序列。综上可以得到：频域抽样的序列 $x_N(n)$ 能够恢复原序列 $x(n)$ 的条件是：设 $x(n)$ 的长度为 M，满足 $M \le N$。因此频域抽样定理可以叙述如下。

　　频域抽样定理：如果序列 $x(n)$ 的长度为 M，且满足式（4.2.1），其 ZT 为 $X(z)$，频域抽样点数为 N，得到频域抽样值为 $X(k)$，$k = 0,1,\cdots,N-1$，则只有当 $N \ge M$ 时，才有

$$x_N(n) = \mathrm{IDFT}[X(k)]_N = x(n) \tag{4.4.5}$$

即可由频域抽样值 $X(k)$ 恢复原序列，否则会产生时域混叠现象。

4.4.2　频域内插公式与频域内插函数

　　如果序列 $x(n)$ 的长度为 M，且频域抽样点数 N 满足 $N \ge M$，频域抽样值为长度为 N 的序列 $X(k)$，下面推导如何由 $X(k)$ 恢复 $X(z)$ 与 $X(\mathrm{e}^{\mathrm{j}\omega})$。

　　由频域抽样定理可知，当频域抽样点数 N 满足 $N \ge M$ 时，就有式（4.4.5）成立

$$x_N(n) = \mathrm{IDFT}[X(k)]_N = x(n) = \frac{1}{N}\sum_{k=0}^{N-1} X(k)W_N^{-nk} \qquad n = 0,1,\cdots,N-1 \tag{4.4.6}$$

由 ZT 的定义式得

$$X(z) = \sum_{n=0}^{N-1} x(n)z^{-n}$$

把式（4.4.6）代入上式

$$\begin{aligned}
X(z) &= \sum_{n=0}^{N-1}\left[\frac{1}{N}\sum_{k=0}^{N-1} X(k)W_N^{-nk}\right]z^{-n} \\
&= \frac{1}{N}\sum_{k=0}^{N-1} X(k)\left[\sum_{n=0}^{N-1} W_N^{-nk}z^{-n}\right] \\
&= \frac{1}{N}\sum_{k=0}^{N-1} X(k)\frac{1-W_N^{-Nk}z^{-N}}{1-W_N^{-k}z^{-1}}
\end{aligned} \tag{4.4.7a}$$

式中 $W_N^{-Nk} = 1$，因此

$$X(z) = \frac{1}{N}\sum_{k=0}^{N-1} X(k)\frac{1-z^{-N}}{1-W_N^{-k}z^{-1}} \tag{4.4.7b}$$

令 $\varphi_k(z) = \dfrac{1-z^{-N}}{1-W_N^{-k}z^{-1}}$，则

$$X(z) = \frac{1}{N} \sum_{k=0}^{N-1} X(k) \varphi_k(z) \qquad （4.4.8）$$

把式（4.4.8）称为 $X(k)$ 恢复 $X(z)$ 的**内插公式**，$\varphi_k(z)$ 称为**内插函数**。又因为

$$X(e^{j\omega}) = X(z)\big|_{z=e^{j\omega}}$$

式（4.4.7b）又可以写成

$$X(e^{j\omega}) = \frac{1}{N} \sum_{k=0}^{N-1} X(k) \frac{1-e^{-jN\omega}}{1-e^{-j\left(\omega-\frac{2\pi}{N}k\right)}} \qquad （4.4.9）$$

令 $\varphi(\omega) = \dfrac{1}{N} \dfrac{1-e^{-jN\omega}}{1-e^{-j\omega}} = \dfrac{1}{N} \dfrac{\sin(\omega N/2)}{\sin(\omega/2)} e^{-j\omega\left(\frac{N-1}{2}\right)}$，式（4.4.9）又可以表示成

$$X(e^{j\omega}) = \sum_{k=0}^{N-1} X(k) \varphi\left(\omega - \frac{2\pi}{N}k\right) \qquad （4.4.10）$$

式（4.4.10）称为**频域内插公式**，$\varphi(\omega)$ 称为**频域内插函数**。频域抽样定理及有关公式为数字滤波器的设计提供一种有用的途径，式（4.4.10）有助于分析 FIR 滤波器频率抽样设计法的逼近性能。

【例 4.4.1】 长度为 30 的 $x(n) = nu(n)$ 如图 4.4.1（a）所示。编写 MATLAB 程序验证频域抽样定理。

解： 首先计算 $x(n)$ 的 FT 得到其频谱 $X(e^{j\omega})$，在 $[0,2\pi]$ 上对 $X(e^{j\omega})$ 分别以 32 点和 16 点进行抽样得到 $X_{32}(k)$ 和 $X_{16}(k)$，然后对 $X_{32}(k)$ 和 $X_{16}(k)$ 分别做 IDFT 得到

$$x_{32}(n) = \text{IDFT}[X_{32}(k)]_{32}$$

$$x_{16}(n) = \text{IDFT}[X_{16}(k)]_{16}$$

编写的 MATLAB 程序如下

```
%例 4.4.1 程序 ep441.m
M=30; N1=32; N2=16;
n=0:M-1;
xn=n;
Xk=fft(xn,512);
wk=0:2*pi/512:2*pi;
Xk32=fft(xn, N1);
Xk16=Xk32(1:2:N1);
xn32=ifft(Xk32);
xn16=ifft(Xk16);
```

绘图部分程序省略。

程序运行结果如图 4.4.1 所示。图 4.4.1(a)和(b)分别为序列 $x(n)$ 和其 $[0,\pi]$ 的频谱 $|X(e^{j\omega})|$ 的波形；图 4.4.1（d）和（f）分别为 $X(e^{j\omega})$ 的 32 点和 16 点抽样值 $|X_{32}(k)|$ 和 $|X_{16}(k)|$ 的波形图，图 4.4.1（c）和（e）分别为由 $X_{32}(k)$ 和 $X_{16}(k)$ 恢复的序列。本例中序列长度为 30，由图可知，当抽样点数 $N = 32 > 30$ 时，由抽样值 $X_{32}(k)$ 可完全恢复原序列；当抽样点数 $N = 16 < 30$ 时，由抽样值 $X_{16}(k)$ 无法恢复原序列，会造成时域混叠。

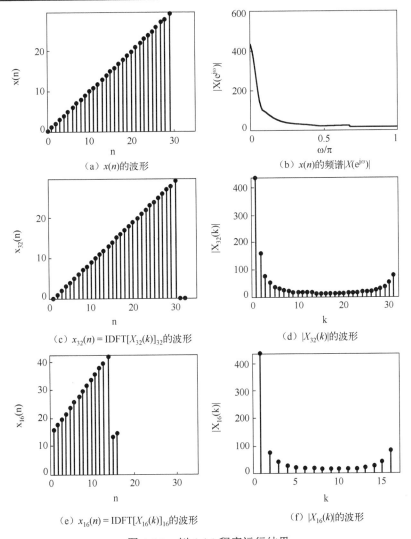

图 4.4.1　例 4.4.1 程序运行结果

4.5　DFT 的应用举例

　　DFT 的快速算法（FFT）的出现，使得 DFT 被广泛地应用于数字通信、语音信号处理、图像处理、功率谱估计、系统分析与仿真、雷达信号处理、光学、医学等各领域。然而各种应用一般都以卷积和与相关运算的具体计算为依据，或者以 DFT 作为连续傅里叶变换的近似为基础，所以本节主要介绍 DFT 计算卷积和的基本原理及用 DFT 对连续时间信号和序列进行谱分析等基本应用。

4.5.1　用 DFT 计算卷积和

　　设序列 $x(n)$ 和 $h(n)$ 的长度分别为 M、N，$L \geqslant \max\{M, N\}$，L 点循环卷积记为 $y_c(n)$，其形式为

$$y_c(n) = x(n) \,\textcircled{L}\, h(n) = \left[\sum_{m=0}^{L-1} h(m)x((n-m))_L \right] R_L(n) \qquad (4.5.1)$$

如果

$$\left. \begin{array}{l} X(k) = \mathrm{DFT}[x(n)]_L \\ H(k) = \mathrm{DFT}[h(n)]_L \end{array} \right\}, \quad k = 0,1,\cdots,L-1$$

则由时域循环卷积定理有

$$Y_c(k) = \mathrm{DFT}[y_c(n)]_L = X(k)H(k) \qquad k = 0,1,\cdots,L-1$$

由此可见循环卷积也可以按照如图 4.5.1 所示的计算框图进行计算，由于 DFT 有快速算法，当 L 很大时，用这种方法计算循环卷积的速度更快，因此常用 DFT 计算循环卷积。

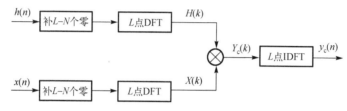

图 4.5.1　用 DFT 计算循环卷积的计算框图

在实际应用中，为了分析离散时间系统或者对信号进行滤波处理等，需要计算两个序列的卷积和（线性卷积）。为了提高运算速度，希望像计算循环卷积那样用 DFT 来计算卷积和。为此下面推导卷积和与循环卷积的关系。

设序列 $x(n)$ 和 $h(n)$ 的卷积和记为 $y_1(n)$，表示如下

$$y_1(n) = x(n) * h(n) = \sum_{m=0}^{N-1} h(m)x(n-m) \qquad (4.5.2)$$

由于 $x((n))_L = \displaystyle\sum_{i=-\infty}^{\infty} x(n+iL)$，循环卷积式（4.5.1）又可以表示为

$$\begin{aligned} y_c(n) &= \left[\sum_{m=0}^{L-1} h(m) \sum_{i=-\infty}^{\infty} x(n-m+iL) \right] R_L(n) \\ &= \left[\sum_{i=-\infty}^{\infty} \sum_{m=0}^{L-1} h(m)x(n-m+iL) \right] R_L(n) \end{aligned}$$

对照式（4.5.2）可以看出，上式中

$$\sum_{m=0}^{L-1} h(m)x(n-m+iL) = y_1(n+iL)$$

即

$$y_c(n) = \left[\sum_{i=-\infty}^{\infty} y_1(n+iL) \right] R_L(n) \qquad (4.5.3)$$

式（4.5.3）说明：L 点循环卷积 $y_c(n)$ 是卷积和 $y_1(n)$ 以 L 为周期延拓序列的主值序列。而 $y_1(n)$ 的长度为 $N+M-1$，所以只有当 $L \geqslant N+M-1$ 时，$y_1(n)$ 以 L 为周期进行周期延拓时才不会出现时域混叠现象，此时有

$$y_c(n) = y_1(n)$$

因此当 $L \geq N + M - 1$ 时， $y_1(n)$ 可以按照如图 4.5.1 所示的框图计算 $x(n)$ 和 $h(n)$ 的卷积和，这种计算方法称为**快速卷积法**。

图 4.5.2 画出了 $h(n)$、 $x(n)$、 $x(n)*h(n)$ 及 L 分别取 6、8、10 时 $x(n) ⓛ h(n)$ 的波形，从图中可以看出，只有当 $L \geq 8$ 时，才有 $y_c(n) = y_1(n)$。

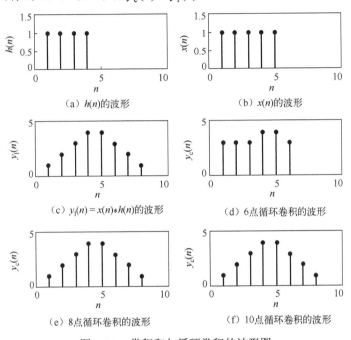

图 4.5.2　卷积和与循环卷积的波形图

在实际应用中经常会遇到两个序列的长度相差很大的情况，例如 $M \gg N$，如果选取 $L \geq M + N - 1$，利用快速卷积法计算卷积和，则在计算过程中需要补很多零，而且长序列必须全部输入后才能进行计算，因此需要占用很大内存，运算时间长，并使处理延时很大，不能实现实时处理。在要求实时处理时，上述方法是不可行的。解决这个问题的方法是将长序列分段计算，这种分段处理方法有重叠相加法和重叠保留法两种。可以参考文献[5]了解这两种方法。

4.5.2　用 DFT 对信号进行谱分析

所谓信号的谱分析，就是计算信号的傅里叶变换。而 DFT 是一种时域与频域均离散化的变换，适合进行数值运算，成为用计算机分析离散时间信号和系统的有力工具。连续时间信号与系统的傅里叶分析显然不便于直接用计算机进行计算，可以对其通过时域抽样，利用 DFT 进行近似谱分析，下面分别介绍用 DFT 对连续时间信号和离散时间信号进行谱分析的基本原理与方法。

1. 用 DFT 对连续时间信号进行谱分析

工程实际中获取的信号一般是模拟信号 $x_a(t)$，其频谱函数 $X_a(j\Omega)$ 也是连续函数，不便于直接用计算机进行计算。为了利用 DFT 进行谱分析，需要对 $x_a(t)$ 进行抽样得到离散时间

信号 $x(n)$，然后计算 $x(n)$ 的 DFT $X(k)$，这里的 $x(n)$ 和 $X(k)$ 均为有限长序列。然而为了满足抽样定理，$x_a(t)$ 应该是带限信号，由傅里叶变换理论知，如果是持续时间为有限长的序列，则其频谱无限宽（非带限信号）；如果频谱有限，则持续时间必为无限长。因此 $x_a(t)$ 与抽样信号 $x(n)$ 均为无限长，不能满足 DFT 的条件。所以在用 DFT 对模拟信号做频谱分析前，首先通过预滤波滤除幅度较小的高频成分，使 $x_a(t)$ 的带宽小于折叠频率，当然从工程角度看，允许滤除幅度很小的高频部分和幅度很小的时间信号。下面分析假设 $x_a(t)$ 是经过预滤波和截取处理的有限长带限信号。

不妨设 $x_a(t)$ 的持续时间为 T_p，最高频率为 f_c（Hz），如图 4.5.3（a）所示。$x_a(t)$ 的傅里叶变换为 $X_a(j\Omega)$。

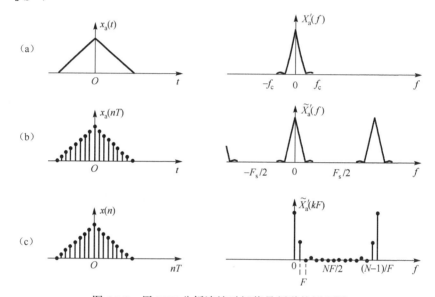

图 4.5.3　用 DFT 分析连续时间信号频谱的原理图

用抽样周期 T（s）进行等间隔抽样得到 $x(n) = x_a(nT)$，其长度 N 为

$$N = \frac{T_p}{T} = T_p F_s \tag{4.5.4}$$

其中 $F_s = 1/T$（Hz）为抽样频率。$x(n)$ 的 FT 为 $X(e^{j\omega})$，对 $X(e^{j\omega})$ 在 $[0, 2\pi]$ 上进行 N 点等间隔抽样得到 N 点 DFT $X(k)$，下面推导 $X(k)$ 与 $X_a(j\Omega)$ 的关系，得出用 $X(k)$ 表示 $X_a(j\Omega)$ 的公式，即用 DFT 对模拟信号的谱分析原理。

$X(e^{j\omega})$ 与 $X_a(j\Omega)$ 的关系如式（3.4.4），即

$$X(e^{j\omega}) = \frac{1}{T}\sum_{k=-\infty}^{\infty} X_a\left(j\frac{\omega - 2\pi k}{T}\right) \overset{\text{def}}{=} \frac{1}{T}\tilde{X}_a\left(j\frac{\omega}{T}\right) \tag{4.5.5}$$

式中

$$\tilde{X}_a\left(j\frac{\omega}{T}\right) = \sum_{k=-\infty}^{\infty} X_a\left(j\frac{\omega - 2\pi k}{T}\right)$$

由于

$$X(k) = X(\mathrm{e}^{\mathrm{j}\omega})\big|_{\omega=\frac{2\pi}{N}k} \qquad k = 0,1,\cdots,N-1$$

因此由式（4.5.5）得到

$$X(k) = \frac{1}{T}\tilde{X}_{\mathrm{a}}\left(\mathrm{j}\frac{2\pi k}{NT}\right) = \frac{1}{T}\tilde{X}_{\mathrm{a}}\left(\mathrm{j}\frac{2\pi k}{T_{\mathrm{p}}}\right) \quad k = 0,1,\cdots,N-1 \qquad (4.5.6)$$

式（4.5.6）表明了 $X(k)$ 与 $X_{\mathrm{a}}(\mathrm{j}\Omega)$ 的关系。为了符合一般的频谱描述习惯，用频率 $f = \dfrac{\Omega}{2\pi}$ 表示自变量，由于 $\omega = \Omega T$，对式（4.5.6）整理得

$$X(k) = \frac{1}{T}\tilde{X}'_{\mathrm{a}}(f)\big|_{f=k/T_{\mathrm{p}}} = \frac{1}{T}\tilde{X}'_{\mathrm{a}}(kF) \quad k = 0,1,\cdots,N-1 \qquad (4.5.7)$$

其中

$$X'_{\mathrm{a}}(f) = X_{\mathrm{a}}(\mathrm{j}2\pi f)$$

$$\tilde{X}'_{\mathrm{a}}(f) = \tilde{X}_{\mathrm{a}}(\mathrm{j}2\pi f)$$

因此

$$\tilde{X}'_{\mathrm{a}}(kF) = TX(k) = T\cdot\mathrm{DFT}[x(n)]_N \qquad k = 0,1,\cdots,N-1 \qquad (4.5.8)$$

式（4.5.7）与式（4.5.8）中的 F 表示对模拟信号频谱的抽样间隔，称为**频率分辨率**（单位为 Hz），且表示为

$$F = \frac{1}{T_{\mathrm{p}}} = \frac{1}{NT} = \frac{F_{\mathrm{s}}}{N} \qquad (4.5.9)$$

式（4.5.8）表明：通过对模拟信号抽样后进行 DFT 并乘以 T，可近似得到模拟信号频谱的周期延拓函数在第一个周期 $[0, F_{\mathrm{s}}]$ 上的 N 点等间隔抽样 $\tilde{X}'_{\mathrm{a}}(kF)$。对于带限信号，在满足抽样定理时，$\tilde{X}'_{\mathrm{a}}(kF)$ 包含模拟信号频谱的全部信息，所以用 DFT 分析模拟信号的频谱不会丢失信息，即可以由 $X(k)$ 恢复 $X_{\mathrm{a}}(\mathrm{j}\Omega)$ 或 $x_{\mathrm{a}}(t)$。但是直接分析 $X(k)$ 并看不到 $X_{\mathrm{a}}(\mathrm{j}\Omega)$ 的全部信息，这是因为存在所谓的**栅栏效应**。对于实信号，FT 满足共轭对称性，只需分析正频率部分就足够了。当不存在频谱混叠时，正频率 $[0, F_{\mathrm{s}}/2]$ 的频谱抽样值为

$$\tilde{X}'_{\mathrm{a}}(kF) = TX(k) = T\cdot\mathrm{DFT}[x(n)]_N \qquad k = 0,1,\cdots,N/2$$

下面说明对持续时间无限长的模拟信号截断处理导致的截断效应。理想低通滤波器的单位冲激响应 $h_{\mathrm{a}}(t)$ 在 $[0, T_{\mathrm{p}}]$ 内的波形及其频率响应函数 $|H_{\mathrm{a}}(\mathrm{j}f)|$ 如图 4.5.4（a）、（b）所示

$$h_{\mathrm{a}}(t) = \frac{\sin[\pi(t-\tau)]}{\pi(t-\tau)} \qquad \tau = \frac{T_{\mathrm{p}}}{2}$$

现在用 DFT 分析 $h_{\mathrm{a}}(t)$ 的频响特性。由于 $h_{\mathrm{a}}(t)$ 的持续时间无限长，因此对其截取一段 $T_{\mathrm{p}} = 8\mathrm{s}$，抽样间隔为 $T = 0.25\mathrm{s}$，抽样点数 $N = T_{\mathrm{p}}/T = 32$，频谱的抽样间隔 $F = 0.125\,\mathrm{Hz}$，在 $[0,\pi]$ 的频谱抽样值为

$$H'_{\mathrm{a}}(kF) = T\cdot H(k) = T\cdot\mathrm{DFT}[h(n)]_N \qquad k = 0,1,\cdots,15$$

其中 $h(n) = h_a(nT)R_{32}(n)$，图 4.5.4（c）中的黑点为 $H'_a(kF)$，由图可见，低频部分近似理想低通频率响应特性，而高频误差较大，且整个频率响应都有波动，引起误差的原因是对 $h_a(t)$ 截断产生的，这种效应称为**截断效应**，引起的误差称为**截断误差**。为了减小这种误差，可适当地加长 T_p、增加抽样点数或用窗函数处理后再进行 DFT。

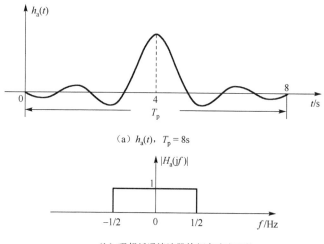

（a）$h_a(t)$，$T_p = 8s$

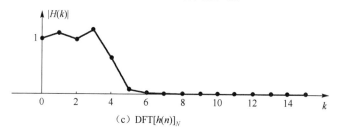

（b）理想低通滤波器的频率响应函数

（c）DFT$[h(n)]_N$

图 4.5.4　用 DFT 计算理想低通滤波器的频响函数

因此用 DFT 对模拟信号进行谱分析时主要应考虑：谱分析范围和频率分辨率。

（1）谱分析范围为 $[0, F_s/2]$，谱分析范围受抽样频率 F_s 的限制。为了避免发生频域混叠，通常要求信号的最高频率 $f_c < F_s/2$。

（2）频率分辨率用频率抽样间隔 F 描述，即 F 表示谱分析中相邻两个频谱分量的频率间隔。显然 F 越小，谱分析越接近模拟信号的频谱。

下面给出在用 DFT 对模拟信号进行谱分析时参数的选择。

为了避免发生频域混叠，抽样频率 F_s 应满足

$$2f_c < F_s \tag{4.5.10}$$

由式（4.5.9）可知，要提高频率分辨率（减小 F），如果抽样点数 N 不变，就必须降低抽样频率 F_s，但是这样做会引起谱分析范围变窄和频域混叠；如果维持抽样频率 F_s 不变，为提高频率分辨率，增加抽样点数 N，就会延长信号的持续时间 T_p。T_p 和 N 可以按照下式选择

$$N > \frac{2f_c}{F} \tag{4.5.11}$$

$$T_p \geqslant \frac{1}{F} \tag{4.5.12}$$

【**例 4.5.1**】 用 DFT 对模拟实信号进行谱分析，要求频率分辨率 $F \leqslant 50\,\text{Hz}$，信号的最高频率为 1kHz，试确定以下几个参数：

（1）最小持续时间 $T_{\text{p min}}$；

（2）最大抽样周期 T_{max}；

（3）最小抽样点数 N_{min}；

（4）在谱分析范围不变的情况下，使频率分辨率提高为原来的 2 倍（F 缩小一半）的抽样点数 N。

解：（1）$T_{\text{p}} > \dfrac{1}{F} = \dfrac{1}{50} = 0.02\text{s}$，因此最小持续时间 $T_{\text{p min}} = 0.02\text{s}$。

（2）因为 $T < \dfrac{1}{2f_{\text{c}}}$，所以最大抽样周期 $T_{\text{max}} = 1/2000 = 0.5 \times 10^{-3}\text{s}$。

（3）因为 $N > \dfrac{2f_{\text{c}}}{F}$，所以最小抽样点数 $N_{\text{min}} = \dfrac{2000}{50} = 40$。

（4）在谱分析范围不变即 F_{s} 不变时，频率分辨率提高为原来的 2 倍，$F = 25\,\text{Hz}$，要求

$$N_{\text{min}} = \frac{2000}{25} = 80$$

2. 用 DFT 对离散时间信号进行谱分析

如果序列 $x(n)$ 满足绝对可和，即 $\displaystyle\sum_{n=-\infty}^{\infty} |x(n)| < \infty$，序列的傅里叶变换为 $X(\text{e}^{\text{j}\omega}) = \displaystyle\sum_{n=-\infty}^{\infty} x(n)$ $\text{e}^{-\text{j}\omega n}$，对 $X(\text{e}^{\text{j}\omega})$ 在区间 $[0, 2\pi]$ 上进行 N 点等间隔抽样得到 $X(k)$，频率分辨率为 $\dfrac{2\pi}{N}$，因此序列可以直接利用 DFT 进行谱分析。

对于以 N 为周期的周期序列 $\tilde{x}(n)$，由式（3.3.12）可知，其频谱函数为

$$X(\text{e}^{\text{j}\omega}) = \frac{2\pi}{N} \sum_{k=-\infty}^{\infty} \tilde{X}(k)\delta\left(\omega - \frac{2\pi}{N}k\right)$$

其中

$$\tilde{X}(k) = \text{DFS}[\tilde{x}(n)] = \sum_{n=0}^{N-1} \tilde{x}(n)\text{e}^{-\text{j}\frac{2\pi}{N}kn}$$

由于 $\tilde{X}(k)$ 以 N 为周期，因此 $\tilde{x}(n)$ 的 FT $X(\text{e}^{\text{j}\omega})$ 也是以 N 为周期的离散谱，每个周期都有 N 条谱线，第 k 条谱线位于频率 $\omega = \dfrac{2\pi}{N}k$ 处，代表 $\tilde{x}(n)$ 的第 k 次谐波分量，同时谱线的大小与 $\tilde{X}(k)$ 成正比。所以周期序列的频谱可用其离散傅里叶级数 $\tilde{X}(k)$ 表示。由 DFT 的隐含周期性知，对 $\tilde{x}(n)$ 的主值序列 $x(n)$ 进行 N 点 DFT，得到

$$X(k) = \text{DFT}[\tilde{x}(n)R_N(n)]_N = \text{DFT}[x(n)]_N = \tilde{X}(k)R_N(k) \tag{4.5.13}$$

所以可以用 DFT 表示 $\tilde{x}(n)$ 的频谱结构。

下面来分析对周期序列 $\tilde{x}(n)$ 截取 M 个周期，即 $M = mN$，m 为正整数，得到的序列记为 $x_M(n)$，表示为

$$x_M(n) = \tilde{x}(n)R_M(n) \qquad (4.5.14)$$

$x_M(n)$ 的 M 点 DFT 为 $X_M(k) = \mathrm{DFT}[x_M(n)]_M$ ，且

$$X_M(k) = \sum_{n=0}^{M-1} x_M(n)\mathrm{e}^{-\mathrm{j}\frac{2\pi}{M}kn} = \sum_{n=0}^{mN-1} \tilde{x}(n)\mathrm{e}^{-\mathrm{j}\frac{2\pi}{mN}kn} \qquad k = 0,1,\cdots,mN-1 \qquad (4.5.15)$$

令 $n = n' + iN$ ， $i = 0,1,\cdots,m-1$ ， $n' = 0,1,\cdots,N-1$ ，式（4.5.15）可以化简成

$$
\begin{aligned}
X_M(k) &= \sum_{i=0}^{m-1}\left[\sum_{n'=0}^{N-1}\tilde{x}(n'+iN)\mathrm{e}^{-\mathrm{j}\frac{2\pi}{mN}kn'}\right]\mathrm{e}^{-\mathrm{j}\frac{2\pi}{m}ki} \\
&= \sum_{i=0}^{m-1}\left[\sum_{n'=0}^{N-1}x(n')\mathrm{e}^{-\mathrm{j}\frac{2\pi}{mN}kn'}\right]\mathrm{e}^{-\mathrm{j}\frac{2\pi}{m}ki} = X\left(\frac{k}{m}\right)\sum_{i=0}^{m-1}\mathrm{e}^{-\mathrm{j}\frac{2\pi}{m}ki}
\end{aligned}
\qquad (4.5.16)
$$

因为

$$\sum_{i=0}^{m-1}\mathrm{e}^{-\mathrm{j}\frac{2\pi}{m}ki} = \begin{cases} m, & k/m = 整数 \\ 0, & k/m \neq 整数 \end{cases}$$

所以

$$X_M(k) = \begin{cases} mX\left(\dfrac{k}{m}\right), & k/m = 整数 \\ 0, & k/m \neq 整数 \end{cases} \qquad (4.5.17)$$

由此可见，$X_M(k)$ 也能表示 $\tilde{x}(n)$ 的频谱结构，相当于一个周期的 $\tilde{X}(k)$ 的值相邻两个值之间插入了 $m-1$ 个零，所以截取 $\tilde{x}(n)$ 的整数倍个周期进行 DFT，也可以得到它的频谱结构，达到谱分析的目的。

    如果预先不知道 $\tilde{x}(n)$ 的周期，可以先截取 M 点进行 DFT，即

$$x_M(n) = \tilde{x}(n)R_M(n)$$

$$X_M(k) = \mathrm{DFT}[x_M(n)]_M \qquad k = 0,1,\cdots,M-1$$

再将截取长度放大为原来的 2 倍，截取

$$x_{2M}(n) = \tilde{x}(n)R_{2M}(n)$$

$$X_{2M}(k) = \mathrm{DFT}[x_{2M}(n)]_{2M} \qquad k = 0,1,\cdots,2M-1$$

比较 $X_M(k)$ 与 $X_{2M}(k)$，如果二者的主谱频率差满足误差要求，则以 $X_M(k)$ 或 $X_{2M}(k)$ 近似表示 $\tilde{x}(n)$ 的频谱，否则，继续将截取长度加倍，直到前后两次分析所得的主谱频率差别满足误差要求。若最后截取长度为 iM，则 $X_{iM}(k_0)$ 表示 $\omega = [2\pi/(iM)]k_0$ 点的谱线强度。

    序列 $x(n)$ 的 DFT 是单位圆上的频谱分析，如果要求计算序列在半径为 r 的圆上的频谱，那么 N 个等间隔抽样点为 $z_k = r\mathrm{e}^{\mathrm{j}\frac{2\pi}{N}k}$，$k = 0,1,\cdots,N-1$，$z_k$ 的频谱分量为

$$X(z_k) = X(z)\Big|_{z = r\mathrm{e}^{\mathrm{j}\frac{2\pi}{N}k}} = \sum_{n=0}^{N-1}x(n)r^{-n}\mathrm{e}^{\mathrm{j}\frac{2\pi}{N}kn}$$

令 $\hat{x}(n) = x(n)r^{-n}$，则

$$X(z_k) = \sum_{n=0}^{N-1} \hat{x}(n) e^{-j\frac{2\pi}{N}kn} = \text{DFT}[\hat{x}(n)]_N \qquad k = 0,1,\cdots,N-1 \qquad (4.5.18)$$

式（4.5.18）说明，要计算 $x(n)$ 在半径为 r 的圆上的 N 个等间隔频谱分量，可以先对 $x(n)$ 乘以 r^{-n} 得到 $\hat{x}(n)$，再计算 $\hat{x}(n)$ 的 N 点 DFT（FFT）。若要求 $x(n)$ 分布在该圆的有限角度 $\dfrac{2\pi}{M}$ 内的 N 点等间隔频谱抽样，可以取 $L = MN$，在尾部补 $L-N$ 个零，按照式（4.5.18）用 DFT 分析整个圆上的 L 点等间隔频谱，最后只取所需角度内的 N 点等间隔抽样即可。不过这样计算量很大，效率低。为了减小计算量，可以利用 Chirp-Z 变换计算。Chirp-Z 变换的算法可参考文献[1]。

3. 用 DFT 进行谱分析的误差问题

用 DFT 对模拟信号进行谱分析时，需要对模拟信号进行**抽样**和**截断**，由此会引起误差。下面分别对可能产生误差的三种现象进行讨论。

（1）混叠现象。对模拟信号进行谱分析时，首先要对其进行抽样得到离散时间信号才能用 DFT 进行谱分析。抽样频率 F_s 必须满足抽样定理，即 $2f_c < F_s$，否则会在 $\omega = \pi$（对应模拟频率 $f = F_s / 2$）附近发生频谱混叠现象。为了避免该现象的发生，通常在抽样前进行预滤波，滤除高于 $F_s / 2$ 的频率成分。

（2）栅栏效应。我们知道，对序列的 FT 在 $[0, 2\pi]$ 上进行 N 点等间隔抽样可得到 DFT，而抽样点之间的频谱是看不到的。这好像从 N 个栅栏分析中观看信号的频谱，仅能得到 N 条缝隙中看到的频谱函数值，因此这种现象称为**栅栏效应**，由于栅栏效应的存在，可能漏掉一些频谱分量。为了把原来被栅栏挡住的频谱分量检测出来，对于有限长序列，可以在原序列的尾部补零；对于无限长序列，可以增大截取长度，从而使频域抽样间隔变小，增加频域抽样点数和抽样点位置，使原来漏掉的某些频谱分量被检测出来。对于模拟信号的谱分析，只要抽样频率足够高，且抽样点数满足频率分辨率的要求，就可以认为 DFT 后得到的离散谱的包络近似代表原信号的频谱。

（3）截断效应。实际中遇到的序列 $x(n)$ 可能是无限长的，在用 DFT 进行谱分析前，必须将其截断，形成有限长序列 $y(n) = x(n)w(n)$，$w(n)$ 称为窗函数。如果记 $Y(e^{j\omega}) = \text{DTFT}[y(n)]$，$X(e^{j\omega}) = \text{DTFT}[x(n)]$，$W(e^{j\omega}) = \text{DTFT}[w(n)]$，由频域卷积定理得

$$Y(e^{j\omega}) = \frac{1}{2\pi} \int_{-\pi}^{\pi} X(e^{j\theta}) W(e^{j(\omega-\theta)}) d\theta$$

截断后的频谱 $Y(e^{j\omega})$ 与原序列的频谱 $X(e^{j\omega})$ 必然有差别，这种差别对谱分析的影响主要表现在如下两个方面。

（1）泄露。经截断后，原来的离散谱线向附近展宽，通常称这种展宽为泄露。显然，泄露使频谱变模糊，使频率分辨率降低。频谱的泄露程度与窗函数幅度谱特性直接相关，这部分内容将在第 7 章详细说明。

（2）谱间干扰。在主谱线两边形成很多旁瓣，引起不同频率分量间的干扰（简称谱间干扰），特别是强信号谱的旁瓣可能淹没弱信号的主谱线，或者把强信号谱的旁瓣误认为另一频率的信号的谱线，从而造成假信号，这样会使谱分析产生较大偏差。

由于上述两种影响是由对信号截断引起的，因此称之为截断效应。在 DFT 变换区间（即截取长度）N 一定时，只能以降低谱分析分辨率为代价，换取谱间干扰的减小。通过进一步

学习数字信号处理的功率谱估计等现代谱估计内容可知，减轻截断效应的最好方法是用近代谱估计的方法，但谱估计只适用于不需要相位信息的谱分析场合。

最后要说明的是，栅栏效应与频率分辨率是两个不同的概念。如果截取长度为 N 的一段数据序列，则可以在其后面补 N 个零，再进行 $2N$ 点 DFT，使栅栏宽度减半，从而减轻了栅栏效应。但是这种截断后补零的方法不能提高频率分辨率，因为截断已经使频谱变模糊，补零后仅使抽样间隔变小，但得到的频谱抽样的包络仍是已经变模糊的频谱，所以频率分辨率没有提高。因此，要提高频率分辨率，就必须对原始信号截取的长度加长（对模拟信号，就是增大抽样时间 T）。

习题与上机题

1. 选择题。

（1） $((4))_4 = （\quad）$。

　　A. 0　　　　　　　　B. 1　　　　　　　　C. 2　　　　　　　　D. 4

（2） $W_2^0 = （\quad）$。

　　A. 0　　　　　　　　B. 1　　　　　　　　C. -1　　　　　　　D. 2

（3） $\mathrm{DFT}[\delta(n)]_N = （\quad）$。

　　A. 0　　　　　　　　B. 1　　　　　　　　C. 2　　　　　　　　D. -1

（4） $\mathrm{DFT}[\delta(n-1)]_N = （\quad）$。

　　A. 0　　　　　　　　B. W_N^k　　　　　　C. 1　　　　　　　　D. W_N^{-k}

（5） $N = 1024$ 点的 IDFT，需要的复数相乘次数约为（　　）次。

　　A. 1024　　　　　　B. 1000　　　　　　C. 10000　　　　　　D. 1000000

（6）设有限长序列 $x(n)$ 的长度为 M，取 $N \geqslant M$，$X(k)$ 是 $x(n)$ 的 N 点 DFT，即

$$X(k) = \mathrm{DFT}[x(n)]_N \qquad k = 0,1,\cdots,N-1$$

则 $\mathrm{DFT}[X(n)]_N = （\quad）$。

　　A. $x(-k)$　　　　　B. $x(N-k)$　　　　C. $Nx(N-k)$　　　　D. $\dfrac{1}{N}x(N-k)$

（7）序列的 N 点 DFT 是序列的 FT 变换在（　　）的值。

　　A. 虚轴　　　　　　　　　　　　　　　　B. $[0,2\pi]$ 上 N 点等间隔抽样

　　C. 单位圆 N 点等间隔抽样　　　　　　　D. ∞ 点

2. 填空题。

（1）设长度分别为 N、M 的两个序列 $x_1(n)$ 与 $x_2(n)$，如果两个序列的线性卷积与 L 点循环卷积相等，那么 L 的取值范围为_____。

（2）设 $x(n) = \{\underline{3},\ 1,\ 2,\ 1\}$，则 $x((n+1))_5 \cdot R_5(n) = $_____。

（3）设 $x(n)$ 是长度为 N 的实序列，且 $X(k) = \mathrm{DFT}[x(n)]_N$，$k = 0,1,\cdots,N-1$，则 $X(k)$ 是_____对称序列。

（4）设 $x(n)$ 是长度为 N 的纯虚序列，且 $X(k) = \mathrm{DFT}[x(n)]_N$，$k = 0,1,\cdots,N-1$，则 $X(k)$ 是_____序列。

（5）用 DFT 进行谱分析可能产生误差的三种现象是_____、_____、_____。

（6）N 点 DFT 的隐含周期是_____；N 点 DFT 与 Z 变换的关系是_____。

（7）用序列 $x(n)$ 的 N 点 DFT $X(k)$ 表示该序列的 DTFT $X(e^{j\omega})$ 的内插公式为_____。

（8）如果 $X(k) = \text{DFT}[x(n)]_N$，则 $X(0) = $ _____。

（9）序列为 $x(n) = \delta(n)$，$X(k) = \text{DFT}[x(n)]_4$，$W(k) = \text{DFT}[w(n)]_4$，而

$$w(n) = \begin{cases} 1 & 0 \leqslant n \leqslant 3 \\ 0 & \text{其他} \end{cases}$$

若 $Y(k) = X(k)W(k) = \text{DFT}[y(n)]_4$，则序列 $y(n) = $ _____。

3．计算以下各序列的 N 点 DFT，在变换区间 $0 \leqslant n \leqslant N-1$ 内，序列定义为

（1）$x(n) = R_m(n), 0 < m < N$；

（2）$x(n) = \cos\left(\dfrac{2\pi}{N}nm\right), 0 < m < N$；

（3）$x(n) = \sin(\omega_0 n) \cdot R_N(n)$；

（4）$x(n) = nR_N(n)$。

4．已知下列 $X(k)$，求 $x(n) = \text{IDFT}[X(k)]_N$。

（1）$X(k) = \begin{cases} N/2\,e^{j\theta} & k = m \\ N/2\,e^{-j\theta} & k = N-m \\ 0 & \text{其他} \end{cases}$

（2）$X(k) = \begin{cases} -N/2\,je^{j\theta} & k = m \\ N/2\,je^{-j\theta} & k = N-m \\ 0 & \text{其他} \end{cases}$

5．利用共轭对称性，可以用一次 DFT 运算来计算两个实数序列的 DFT，因而可以减小计算量。如果给定的两个序列都是 N 点实数序列，试用一次 DFT 来计算它们各自的 DFT：

$$X_1(k) = \text{DFT}\big[x_1(n)\big]_N \qquad X_2(k) = \text{DFT}\big[x_2(n)\big]_N$$

6．长度为 $N = 10$ 的两个有限长序列

$$x_1(n) = \begin{cases} 1, & 0 \leqslant n \leqslant 4 \\ 0, & 5 \leqslant n \leqslant 9 \end{cases} \qquad x_2(n) = \begin{cases} 1, & 0 \leqslant n \leqslant 4 \\ -1, & 5 \leqslant n \leqslant 9 \end{cases}$$

作图表示 $x_1(n)$、$x_2(n)$ 和 $y_c(n) = x_1(n) \circledS x_2(n)$。

7．证明 DFT 的对称定理：若 $X(k) = \text{DFT}[x(n)]$，则 $\text{DFT}[X(n)] = Nx(N-k)$。

8．证明：

（1）$x(n)$ 是长度为 N 的实序列，且 $X(k) = \text{DFT}[x(n)]_N$，则 $X(k)$ 为共轭对称序列，即 $X(k) = X^*(N-k)$；

（2）$x(n)$ 是长度为 N 的实偶对称序列，即 $x(n) = x(N-n)$，则 $X(k)$ 也为实偶对称序列；

（3）$x(n)$ 是长度为 N 的实奇对称序列，即 $x(n) = -x(N-n)$，则 $X(k)$ 为纯虚函数奇对称序列。

9．已知 $f(n) = x(n) + jy(n)$，$x(n)$ 与 $y(n)$ 均为长度 10 的实序列，设

$$F(k) = \text{DFT}[f(n)]_{10} \qquad k = 0, 1, \cdots, 9$$

（1） $F(k) = \dfrac{1-2^{10}}{1-2\mathrm{e}^{-\mathrm{j}\frac{2\pi}{10}k}} + \mathrm{j}\dfrac{1-3^{10}}{1-3\mathrm{e}^{-\mathrm{j}\frac{2\pi}{10}k}}$ ，求序列 $x(n)$ 与 $y(n)$ ；

（2） $F(k) = 1 + 10\mathrm{j}$ ，求 $f_{\mathrm{ep}}(n)$ 与 $f_{\mathrm{op}}(n)$ 。

10．用 DFT 对实数序列做谱分析，要求频率分辨率 $F \le 10\mathrm{Hz}$ ，信号最高频率为 2.5kHz，试确定以下各参数：

（1）最小持续时间 $T_{\mathrm{p\,min}}$ ；

（2）最大抽样周期 $T_{\max}$ ；

（3）最小抽样点数 $N_{\min}$ ；

（4）在频带宽度不变的情况下，将频率分辨率提高为原来的 2 倍的 N 值。

11．两个有限长序列 $x(n)$ 和 $y(n)$ 的非零区间为

$$x(n) = 0, \quad n = 0,1,\cdots,7$$

$$y(n) = 0, \quad n = 0,1,\cdots,19$$

对每个序列都做 20 点 DFT，即

$$X(k) = \mathrm{DFT}[x(n)]_{20}, \quad k = 0,1,\cdots,19$$

$$Y(k) = \mathrm{DFT}[y(n)]_{20}, \quad k = 0,1,\cdots,19$$

如果

$$F(k) = X(k) \cdot Y(k), \qquad k = 0,1,\cdots,19$$

$$f(n) = \mathrm{IDFT}[F(k)]_{20}, \qquad k = 0,1,\cdots,19$$

试问在哪些点上 $f(n) = x(n) * y(n)$ ？为什么？

12[*]．已知序列 $x(n) = \{\underline{1}, 2, ,3, 2, 1\}$ 。

（1）求 $x(n)$ 的傅里叶变换 $X(\mathrm{e}^{\mathrm{j}\omega})$ ，利用 MATLAB 画出其幅频特性曲线和相频特性曲线（提示：用 1024 点 FFT 近似 $X(\mathrm{e}^{\mathrm{j}\omega})$ ）；

（2）计算 $x(n)$ 的 N （ $N \ge 6$ ）点离散傅里叶变换 $X(k)$ ，利用 MATLAB 画出 $X(k)$ 的幅频特性曲线 $|X(k)|$ 和相频特性曲线 $\arg[X(k)]$ ；

（3）将 $X(\mathrm{e}^{\mathrm{j}\omega})$ 和 $X(k)$ 的幅频特性曲线和相频特性曲线分别画在同一幅图中，验证 $X(k)$ 是 $X(\mathrm{e}^{\mathrm{j}\omega})$ 的等间隔抽样，抽样间隔为 $2\pi/N$ ；

（4）利用 MATLAB 计算 $X(k)$ 的 N 点 IDFT，验证 DFT 和 IDFT 的唯一性（其中 $N = 512$ ）。

13[*]．给定两个序列， $x_1(n) = \{\underline{2}, 1, 1, 2\}$ ， $x_2(n) = \{\underline{1}, -1, -1, 1\}$ 。

（1）直接在时域计算 $x_1(n)$ 与 $x_2(n)$ 的卷积和；

（2）用 DFT 计算 $x_1(n)$ 与 $x_2(n)$ 的卷积和，总结 DFT 的时域卷积定理。

14*．已知序列 $h(n) = R_6(n)$ ， $x(n) = nR_8(n)$ 。

（1）计算 $y_{\mathrm{c}}(n) = h(n) ⑧ x(n)$ ；

（2）计算 $y_{\mathrm{c}}(n) = h(n) ⑯ x(n)$ ；

（3）画出 $h(n)$ 、 $x(n)$ 、 $y_{\mathrm{c}}(n)$ 和 $y(n)$ 的波形图，观察并总结循环卷积与线性卷积的关系。

15[*]．验证频域抽样定理。设离散时间信号为

$$x(n) = \begin{cases} a^{|n|} & |n| \le L \\ 0 & |n| > L \end{cases}$$

其中 $a = 0.5$，$L = 16$。

（1）利用 MATLAB 绘制信号 $x(n)$ 的波形；

（2）证明：$X(\mathrm{e}^{\mathrm{j}\omega}) = \mathrm{DTFT}[x(n)] = x(0) + 2\sum\limits_{n=1}^{L} x(n)\cos(\omega n)$；

（3）利用 MATLAB 按照 $N=60$ 对 $X(\mathrm{e}^{\mathrm{j}\omega})$ 进行抽样，得到 $X(k) = X(\mathrm{e}^{\mathrm{j}\omega})|_{\omega=2\pi k/N}$，$k = 0, 1,$ $2, \cdots, N-1$；

（4）计算 $\tilde{x}(n) = \dfrac{1}{N}\sum\limits_{k=0}^{N-1} X(k)\mathrm{e}^{\mathrm{j}2\pi kn/N}$ 并画出周期序列 $\tilde{x}(n)$ 的波形图，试利用频域抽样定理解释序列 $x(n)$ 与 $\tilde{x}(n)$ 的关系；

（5）计算并图示周期序列 $\tilde{y}(n) = \sum\limits_{m=-\infty}^{\infty} x(n+mN)$，比较 $\tilde{x}(n)$ 与 $\tilde{y}(n)$，验证（4）中的解释；

（6）对 $N = 30$，重复（3）～（5）。

第5章　快速傅里叶变换（FFT）

5.1　引　言

DFT 是数字信号处理中的一种重要变换，但是直接计算 DFT 时的计算量与变换区间长度 N 的平方成正比，当 N 较大时，计算成本极高，所以在快速傅里叶变换（FFT, Fast Fourier Transform）出现以前，DFT 的应用受到了很大的限制，直到提出了一种快速傅里叶变换算法，DFT 才被广泛应用于各种领域。

1965 年库利（T.W. Cooley）和图基（J.W. Tukey）在《计算数学》杂志上发表了著名的论文，提出了一种按照时间抽取基 2FFT 算法（Cooley-Tukey 算法），该算法将 DFT 的计算量从 $O(N^2)$ 减小为 $2O(N\log_2 N)$，运算时间减小 $1\sim2$ 个数量级，是数字信号处理发展史上的一块里程碑。之后桑德（G.Sande）提出了按照频率抽取基 2FFT 算法，可以作为 Cooley-Tukey 算法的对偶形式。伯格兰（Bergland）提出了采用高基数结构的 FFT 算法，如基 4 或基 8 算法能够达到更高的计算效率。增大基数可以减小计算量，但同时每个计算单元的结构也更复杂。基 4 算法比基 2 算法的运算量减小约 1/4。本章主要介绍按时间抽取基 2FFT 算法和按频率抽取基 2FFT 算法。

5.2　按时间抽取基 2FFT 算法

5.2.1　直接计算 DFT 的计算量及减小运算量的措施

设有限长序列 $x(n)$ 的 N 点 DFT 为

$$X(k) = \sum_{n=0}^{N-1} x(n)W_N^{kn} \qquad k = 0,1,\cdots,N-1 \qquad （5.2.1）$$

式中，$W_N = \mathrm{e}^{-\mathrm{j}2\pi/N}$ 称为**旋转因子**。

一般情况下 $x(n)$ 为复序列，对于某一个 k，直接按照式（5.2.1）计算 $X(k)$ 的值需要

　　　　复数加法运算次数：$(N-1)$

　　　　复数乘法运算次数：N

由上述可见，$X(k)$ 的所有 N 个值共需要

　　　　复数加法运算次数：$N(N-1)$

　　　　复数乘法运算次数：N^2

当 $N \gg 1$ 时，$N(N-1) \approx N^2$，$X(k)$ 的复数加法和复数乘法运算次数均为 N^2。例如，当 $N = 1024$ 时，$N^2 = 1\,048\,576$。对于实时信号处理来说，处理设备的计算速度无疑是很大的挑战。因此，减小其运算量，才能使 DFT 在各种科学和工程计算中得到应用。

为此，可以从以下几个方面考虑减小 DFT 运算量。首先把 N 点 DFT 分解为几个短的 DFT，

这样可以大幅减小乘法次数；其次，旋转因子 $W_N = \mathrm{e}^{-\mathrm{j}2\pi/N}$ 具有周期性、对称性、可约性和指数交换性，分别表现如下。

周期性　　　　　　　　$W_N^m = W_N^{m+lN}$　　　　$l = 0, \pm 1, \pm 2, \cdots$　　　　　　（5.2.2）

对称性　　　　　　　　$W_N^{-m} = W_N^{N-m}$　　或　　$[W_N^{N-m}]^* = W_N^m$　　　（5.2.3）

$$W_N^{m+\frac{N}{2}} = -W_N^m$$　　　　　　（5.2.4）

可约性　　　　　　　　$W_{rN}^{rm} = W_N^m$　　　　　　　　　　　　　　（5.2.5）

指数交换性　　　　　$W_{rN}^m = W_N^{r/m}$　　或　　$W_N^{rm} = W_{r/N}^m$　　　（5.2.6）

FFT 算法就是不断地把长序列的 DFT 分解成几个短序列的 DFT，结合 $W_N = \mathrm{e}^{-\mathrm{j}2\pi/N}$ 的周期性、对称性、可约性和指数交换性来减小 DFT 的运算次数，算法最简单的是时域抽取基 2FFT 算法（Cooley-Tukey 算法），即时域抽取基 2 算法。

5.2.2　时域抽取基 2FFT 算法（DIT-FFT）

设序列 $x(n)$ 的长度为 N，且满足 $N = 2^M$，M 为自然数。按 n 的奇偶把 $x(n)$ 分解为两个 $N/2$ 点的子序列

$$x_1(r) = x(2r) \qquad r = 0, 1, \cdots, \frac{N}{2} - 1$$

$$x_2(r) = x(2r+1) \qquad r = 0, 1, \cdots, \frac{N}{2} - 1$$

则 $x(n)$ 的 N 点 DFT 为

$$
\begin{aligned}
X(k) &= \sum_{n=0}^{N-1} x(n) W_N^{kn} \\
&= \sum_{n \in 偶数} x(n) W_N^{kn} + \sum_{n \in 奇数} x(n) W_N^{kn} \\
&= \sum_{r=0}^{N/2-1} x(2r) W_N^{2kr} + \sum_{r=0}^{N/2-1} x(2r+1) W_N^{k(2r+1)} \\
&= \sum_{r=0}^{N/2-1} x_1(r) W_N^{2kr} + W_N^k \sum_{r=0}^{N/2-1} x_2(r) W_N^{2kr}
\end{aligned}
$$

由式（5.2.6）的指数交换性，上式可以化简为

$$
\begin{aligned}
X(k) &= \sum_{r=0}^{N/2-1} x_1(r) W_{N/2}^{kr} + W_N^k \sum_{r=0}^{N/2-1} x_2(r) W_{N/2}^{kr} \\
&= X_1(k) + W_N^k X_2(k) \qquad k = 0, 1, \cdots, N-1
\end{aligned}
\qquad （5.2.7）
$$

其中 $X_1(k)$ 和 $X_2(k)$ 分别为 $x_1(r)$ 和 $x_2(r)$ 的 $N/2$ 点 DFT，即

$$X_1(k) = \sum_{r=0}^{N/2-1} x_1(r) W_{N/2}^{kr} \qquad k = 0, 1, \cdots, \frac{N}{2} - 1 \qquad （5.2.8）$$

$$X_2(k) = \sum_{r=0}^{N/2-1} x_2(r)W_{N/2}^{kr} \quad k = 0, 1, \cdots, \frac{N}{2}-1 \qquad (5.2.9)$$

由于 $X_1(k)$ 与 $X_2(k)$ 均以 $N/2$ 为周期，且 $W_N^{k+\frac{N}{2}} = -W_N^k$，因此式（5.2.7）可以分解成以下两部分

$$X(k) = X_1(k) + W_N^k X_2(k) \quad k = 0, 1, \cdots, \frac{N}{2}-1 \qquad (5.2.10)$$

$$X(k + N/2) = X_1(k) - W_N^k X_2(k) \quad k = 0, 1, \cdots, \frac{N}{2}-1 \qquad (5.2.11)$$

这样，将 N 点 DFT 分解成两个 $N/2$ 点 DFT 和式（5.2.10）及式（5.2.11）的运算。

如果记 $A = X_1(k)$，$B = X_2(k)$，$k = 0, 1, \cdots, \frac{N}{2}-1$，则式（5.2.10）及式（5.2.11）可以用图 5.2.1 所示的流图表示，由于形状类似于张开翅膀的蝴蝶，因此该流图也称为蝶形运算。

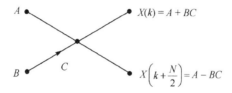

图 5.2.1 DIT-FFT 蝶形运算

由图 5.2.1 可见，每次蝶形运算都需要一次复数乘法运算和两次复数加法运算。利用上图的表示法，当 $N=8$ 时对时域经过一次奇偶抽取分解，时域抽取基 2FFT 算法流图如图 5.2.2 所示。

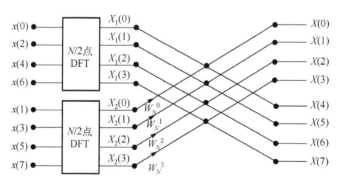

图 5.2.2 8 点 DFT 一次时域抽取基 2FFT 算法流图

在图 5.2.1 所示的蝶形运算中，A、B、C 都是复数，要完成一次蝶形运算，需要一次复数乘法运算和两次复数加法运算。由图 5.2.2 可以看出，当 $N=8$ 时，经过一次分解后，需要进行 4 次蝶形运算和计算 2 个 4 点 DFT。对于一个长度为 N 的序列，经过一次分解后，需要进行 $N/2$ 次蝶形运算和计算 2 个 $N/2$ 点 DFT，所需的运算量为

复数加法运算次数 $\qquad\qquad N + N(N/2 - 1) = \dfrac{N^2}{2}$

复数乘法运算次数　　　　　　$N/2 + 2 \times (N/2)^2 = \dfrac{N(N+1)}{2}$

当 $N \gg 1$ 时，$\dfrac{N(N+1)}{2} \approx \dfrac{N^2}{2}$，经过一次分解，复数乘法运算和复数加法运算各需 $\dfrac{N^2}{2}$ 次，DFT 的运算量减小近一半。如果对式（5.2.7）中的 2 个 $N/2$ 点 DFT 分别做与第一次相同的分解，即

$$\left. \begin{array}{l} x_3(r) = x_1(2r) \\ x_4(r) = x_1(2r+1) \end{array} \right\} \quad r = 0, 1, \cdots, \frac{N}{4} - 1$$

$$\left. \begin{array}{l} x_5(r) = x_2(2r) \\ x_6(r) = x_2(2r+1) \end{array} \right\} \quad r = 0, 1, \cdots, \frac{N}{4} - 1$$

$X_1(k)$ 又可表示为

$$X_1(k) = \sum_{r=0}^{N/4-1} x_3(r) W_{N/2}^{2kr} + \sum_{r=0}^{N/4-1} x_4(r) W_{N/2}^{k(2r+1)}$$

$$= \sum_{r=0}^{N/4-1} x_3(r) W_{N/4}^{kr} + W_{N/2}^{k} \sum_{r=0}^{N/4-1} x_4(r) W_{N/4}^{kr}$$

$$= X_3(k) + W_{N/2}^{k} X_4(k) \qquad k = 0, 1, \cdots, \frac{N}{2} - 1 \qquad （5.2.12）$$

$$X_3(k) = \sum_{r=0}^{N/4-1} x_3(r) W_{N/4}^{kr}, \quad X_4(k) = \sum_{r=0}^{N/4-1} x_4(r) W_{N/4}^{kr} \quad k = 0, 1, \cdots, \frac{N}{4} - 1$$

由于 $X_3(k)$ 与 $X_4(k)$ 均以 $N/4$ 为周期，且 $W_{N/2}^{k+\frac{N}{4}} = -W_{N/2}^{k}$，因此 $X_1(k)$ 可以分解成以下两部分

$$X_1(k) = X_3(k) + W_{N/2}^{k} X_4(k) \qquad k = 0, 1, \cdots, \frac{N}{4} - 1 \qquad （5.2.13）$$

$$X_1\left(k + \frac{N}{4}\right) = X_3(k) - W_{N/2}^{k} X_4(k) \qquad k = 0, 1, \cdots, \frac{N}{4} - 1 \qquad （5.2.14）$$

同理 $X_2(k)$ 可以分解成以下两部分

$$X_2(k) = X_5(k) + W_{N/2}^{k} X_6(k) \qquad k = 0, 1, \cdots, \frac{N}{4} - 1 \qquad （5.2.15）$$

$$X_2\left(k + \frac{N}{4}\right) = X_5(k) - W_{N/2}^{k} X_6(k) \qquad k = 0, 1, \cdots, \frac{N}{4} - 1 \qquad （5.2.16）$$

$$X_5(k) = \sum_{r=0}^{N/4-1} x_5(r) W_{N/4}^{kr}, \quad X_6(k) = \sum_{r=0}^{N/4-1} x_6(r) W_{N/4}^{kr}$$

这样，经过两次分解后，可以将 $N/2$ 点 DFT 分解成 $N/4$ 次蝶形运算和 2 个 $N/4$ 点 DFT，如图 5.2.3 所示。依此类推，对于长度为 $N = 2^M$ 的序列，经过 M 次分解以后，最后将 N 点 DFT 分解成 N 个 1 点 DFT 和 M 级蝶形运算，而 1 点 DFT 就是时域序列本身。8 点 DFT 经过 3 级分解的运算流图如图 5.2.4 所示。

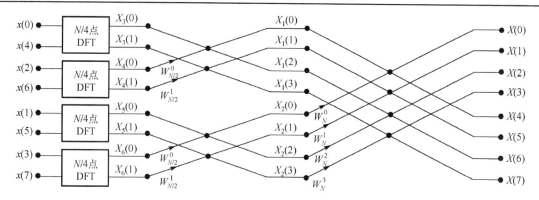

图 5.2.3　8 点 DFT 两次时域抽取基 2FFT 算法流图

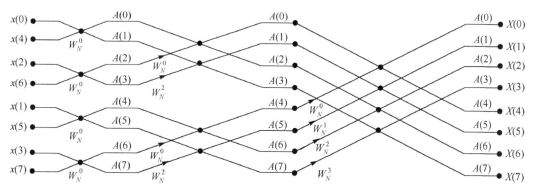

图 5.2.4　8 点 DIT-FFT 运算流图

图 5.2.4 中利用了旋转因子的交换性，即 $W_{N/2}^m = W_N^{2m}$，　$m = 0, 1$。

5.2.3　DIT-FFT 的运算量

通过观察图 5.2.4 中 8 点 DFT 的分解过程，得到如下结论：序列的长度为 $N = 8 = 2^M$，其中 $M = \log_2 8 = 3$，DIT-FFT 的运算流图有 3 级蝶形，每级蝶形都由 $8/2$ 次蝶形运算构成，需要总的运算量为

$$\text{复数乘法运算次数：} \frac{8}{2} \times 3$$

$$\text{复数加法运算次数：} 8 \times 3$$

因此对于任意一个长度为 N 的序列，DIT-FFT 的运算流图都应该有 $\log_2 N$ 级蝶形，每级蝶形都由 $N/2$ 次蝶形运算构成。需要总的复数乘法运算次数为 $\frac{N}{2} \cdot \log_2 N$ 次，总的复数加法运算次数为 $N \cdot \log_2 N$ 次；而直接计算 DFT 需要的复数乘法运算次数为 N^2 次，复数加法运算次数为 $N(N-1)$ 次。直接计算 DFT 所需的复数乘法运算次数是 DIT-FFT 的 $2N/\log_2 N$ 倍，复数加法运算次数是 $(N-1)/\log_2 N$ 倍，DIT-FFT 算法和直接计算 DFT 的运算次数与变换区间长度 N 的关系曲线如图 5.2.5 所示，图中更加直观地给出了 DIT-FFT 算法的优越性，显然当 N 越大时，这种优越性越明显。

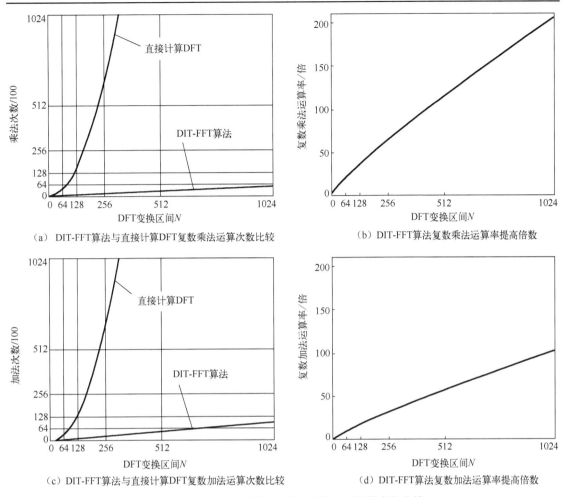

（a）DIT-FFT算法与直接计算DFT复数乘法运算次数比较

（b）DIT-FFT算法复数乘法运算率提高倍数

（c）DIT-FFT算法与直接计算DFT复数加法运算次数比较

（d）DIT-FFT算法复数加法运算率提高倍数

图 5.2.5　DIT-FFT 算法与直接计算 DFT 运算率的比较

5.2.4　DIT-FFT 的运算规律及编程思想

为了编程实现 DIT-FFT 算法或设计出硬件实现电路，下面分析该算法的运算规律和编程思想。

1．同址计算

由图 5.2.4 可以看出，DIT-FFT 的运算过程是有规律的。N 点 FFT 进行 $\log_2 N$ 级蝶形，每级都由 $N/2$ 次蝶形运算构成。同一级中，每次蝶形运算的两个输入数据只对计算本蝶形有贡献，而且每次蝶形运算的输入、输出数据节点在同一水平线上，意味着计算完一次蝶形运算后，所得的数据可立即存入原输入数据占用的存储单元。这样经过 $\log_2 N$ 级蝶形后，原来存放输入序列 $x(n)$ 的 N 个存储单元中依次存放其 DFT $X(k)$ 的 N 个值。这种利用同一存储单元存储蝶形计算的输入和输出数据的方法称为同址（原位）计算。同址计算可以节省大量内存，从而使设备成本降低。

为了实现同址计算，输入序列 $x(n)$ 的 N 个值不能按照原来的先后顺序存储。以 $N=8$ 为例，$x(n)$ 的 8 个值应按图 5.2.4 所示的那样，这种输入数据存储和读取的次序称为**倒位序**。我们注意到 8 点 DIT-FFT 运算流图，用三位二进制代码来标注输入序列的序号，图 5.2.4 中的输入序列顺序和倒位序树状图分别如图 5.2.6 和图 5.2.7 所示，用 (n_2,n_1,n_0) 表示顺序数中 $x(n)$ 序号的二进制数，n_2,n_1,n_0 的权值依次为 $2^2,2^1,2^0$，则将 (n_2,n_1,n_0) 的二进制位置倒置得到对应的倒序数的二进制数 (n_0,n_1,n_2)，同时二进制最低位的数值 0 对应的是序列 n 为偶数的部分；二进制最低位的数值 1 对应的是序列 n 为奇数的部分。按照这一规律，N 点 FFT 用 $M=\log_2 N$ 位二进制代码来标注输入序列的序号，顺序数中 $x(n)$ 序号的二进制数记作 $(n_{M-1},n_{M-2},\cdots,n_1,n_0)$，将 $(n_{M-1},n_{M-2},\cdots,n_1,n_0)$ 的二进制位置倒置得到对应的倒序数的二进制数 $(n_0,n_1,\cdots,n_{M-2},n_{M-1})$。按该算法用硬件电路和汇编语言程序产生倒序数很容易。下面是用 MATLAB 产生倒位序的示例程序 ep521.m。

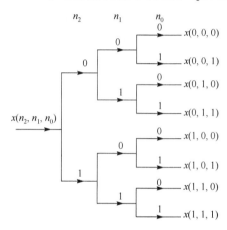

图 5.2.6　输入序列顺序

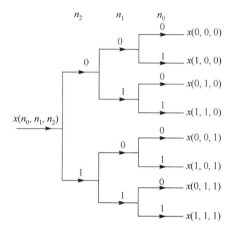

图 5.2.7　倒位序树状图

```
%产生倒位序的示例程序 ep521.m
clc; clear all;
N=8;                          %序列的长度
M=log2(N);                    %获得二进制位数
k=[0:N-1];
n_order=k;                    %序号为十进制数的自然顺序
N_2=dec2bin(k,M);
n_fliplr2=fliplr(N_2);        %序号为二进制数的倒位序
n_fliplr10=bin2dec(n_fliplr2); %序号为十进制数的倒位序
```

但在用有些高级语言程序实现时，直接倒置二进制数位是不行的，因此必须找出倒位序的十进制规律。为此，表 5.2.1 列出了 $N=8$ 时以二进制数和十进制数表示自然顺序数和倒序数，由表显而易见，自然顺序十进制数 I 增大 1，对应的二进制数最低位加 1，逢 2 向高位进位，而相应的倒序数最高位加 1，逢 2 把所在位置零并向低位进位。利用这种算法，可以从当前的任一倒序数求得下一个倒序数。二进制数的最高位的权值为 2^2，且从左往右的权值依次为 $2^1,2^0$，J 表示前一倒位序十进制数，因此下一倒位序十进制数的算法如下（$J<7$）。

（1）如果 $J<4$，则前一倒位序二进制数的最高位为 0，下一倒位序十进制数为 $J+2^2$，终止程序；如果 $J\geqslant 4$，执行第（2）步。

（2）$J\geqslant 4$，前一倒位序二进制数的最高位为 1，则先将最高位置 0（$J=J-2^2$），然后向次高位进位，如果 $J<2$，次高位为 0，下一倒位序十进制数为 $J+2$，终止程序；如果 $J\geqslant 2$，执行第（3）步。

表 5.2.1　N=8 自然顺序与倒位序二进制数和倒位序十进制数对照表

自然顺序		倒位序	
十进制数 I	二进制数	二进制数	十进制数 J
0	000	000	0
1	001	100	4
2	010	010	2
3	011	110	6
4	100	001	1
5	101	101	5
6	110	011	3
7	111	111	7

（3）$J \geqslant 2$，前一倒位序二进制数的次高位为 1，则先将次高位置 0（$J = J - 2$），然后向最低位进位，因为 $J < 7$，最低位为零，下一倒位序十进制数为 $J + 1$，终止程序。

对于 $N = 2^M$ 的输入序列二进制数 $(n_{M-1}, n_{M-2}, \cdots, n_1, n_0)$，$n_{M-1}$ 为最高位，从最高位到最低位的权值依次为 $N/2, N/2^2, \cdots, N/2^M$。下一倒位序十进制数的运算流程图如图 5.2.8 的程序框图中的虚线框内部分所示。

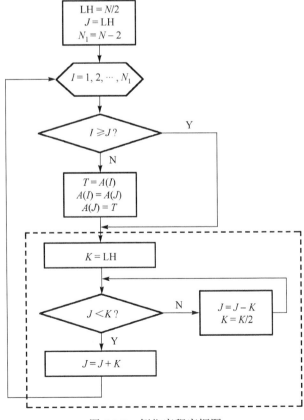

图 5.2.8　倒位序程序框图

形成倒序数 J 后,完成同址运算需要将原数组 A 中存放的按自然顺序的输入序列重新按倒位序排列。以 $N=8$ 为例,$A(0)$,$A(1)$,$\cdots$,$A(7)$ 中依次存放着 $x(0)$,$x(1)$,$\cdots$,$x(7)$。对 $x(n)$ 的重新排列(倒序)规律如图 5.2.9 所示。由图可见,第一个序列值 $x(0)$ 和最后一个序列值 $x(N-1)$ 不需要重排,倒序数 J 的初值为

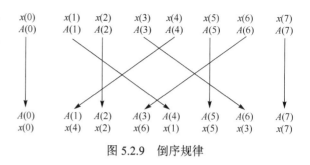

图 5.2.9　倒序规律

$N/2$,当倒序数 J 与顺序数 I 相等即 $I=J$ 时,不需要交换;当 $I\neq J$ 时,$A(I)$ 与 $A(J)$ 交换数据。为了避免重复重排数据,仅需对 $I<J$ 的情况调换 $A(I)$ 与 $A(J)$ 的数据。

【例 5.2.1】　设 $N=8$,输入序列为 $x(n)=\{\underline{1},\ 2,\ -1,\ 3,\ -2,\ 0,\ 4,\ 1\}$,用 MATLAB 实现图 5.2.8 的倒序程序。

```
%产生倒位序并将原数组 A 中存放的按自然顺序的输入序列重新按倒位序排列的程序 ep522.m
clc;clear all;
N=8;%序列的长度
M=log2(N);%获得二进制位数
x=[1,2,-1,3,-2,0,4,1];
A=x;
LH=N/2; N1=N-2;
I=1:N1;%自然顺序十进制数 I 除初值 0 和终值 N-1
J=0;
for I=1:N1
    K=LH;
    while K>0
        if J<K
            J=J+K;%倒位序十进制数的初值为 0
            break
        else
            J=J-K;
            K=K/2;
        end
    end
    if J>I
        T=A(I+1);
        A(I+1)=A(J+1);
        A(J+1)=T;
    end
end
```

2. 旋转因子的变换规律

如前所述,N 点 DIT-FFT 的运算流图中有 $\log_2 N$ 级蝶形,每级都有 $N/2$ 次蝶形运算。每次蝶形运算都要乘以因子 W_N^p,p 称为旋转因子的指数。但各级的旋转因子指数变化是有规律的。为编写程序,应先找出旋转因子 W_N^p 与运算级数的关系。

用 L 表示从左到右的运算级数,且 $L=1,2,\cdots,\log_2 N$,当 $N=8$ 时,各级旋转因子表示如下

$$L=1 \qquad W_N^p=W_{N/2^2}^J=W_{2^L}^J \qquad J=0$$

$$L = 2 \qquad W_N^p = W_{N/2^1}^J = W_{2^L}^J \qquad J = 0, 1$$

$$L = 3 \qquad W_N^p = W_N^J = W_{2^L}^J \qquad J = 0, 1, 2$$

对于 $N = 2^M$ 的一般情况，第 L 级运算的旋转因子为

$$W_N^p = W_{2^L}^J \qquad J = 0, 1, 2, \cdots, 2^{L-1} - 1$$

因为

$$2^L = 2^{L-M+M} = 2^{L-M} \times 2^M = N \cdot 2^{L-M}$$

所以由旋转因子的指数交换性[式（5.2.6）]得

$$W_N^p = W_{N \cdot 2^{L-M}}^J = W_N^{J \cdot 2^{M-L}} \qquad J = 0, 1, 2, \cdots, 2^{L-1} - 1 \qquad (5.2.17)$$

$$p = J \cdot 2^{M-L} \qquad (5.2.18)$$

这样按照式（5.2.17）与式（5.2.18）即可确定第 L 级运算的旋转因子（实际编程时 L 为最外层循环变量）。

5.3　按频率抽取基 2FFT 算法

按时间抽取基 2FFT 算法（Cooley-Tukey 算法）是以把序列 $x(n)$ 分成越来越短的子序列来计算 DFT 为基础的 FFT 算法，同理，可以考虑用同样的方法把 $x(n)$ 的 N 点 DFT $X(k)$ 分成越来越短的序列，通常把以这种分解方式为基础的 FFT 算法称为按频率抽取（频域抽取）基 2FFT 算法（DIF-FFT）。

5.3.1　频域抽取基 2FFT 算法（DIF-FFT）基本原理

设序列 $x(n)$ 的长度为 $N = 2^M$，M 为自然数。首先将 n 前后对半分开，$x(n)$ 分解为两个 $N/2$ 点的子序列，则 $x(n)$ 的 N 点 DFT 为

$$X(k) = \text{DFT}[x(n)]_N = \sum_{n=0}^{N-1} x(n) W_N^{kn}$$

$$= \sum_{n=0}^{N/2-1} x(n) W_N^{kn} + \sum_{n-N/2}^{N-1} x(n) W_N^{kn}$$

$$= \sum_{n=0}^{N/2-1} x(n) W_N^{kn} + \sum_{n=0}^{N/2-1} x\left(n + \frac{N}{2}\right) W_N^{k\left(n + \frac{N}{2}\right)}$$

$$= \sum_{n=0}^{N/2-1} \left[x(n) + W_N^{kN/2} x\left(n + \frac{N}{2}\right) \right] W_N^{kn} \qquad k = 0, 1, \cdots, N-1$$

式中

$$W_N^{kN/2} = (-1)^k = \begin{cases} 1, & k = \text{偶数} \\ -1, & k = \text{奇数} \end{cases}$$

为此按 k 的奇偶把将 $X(k)$ 分解为两个 $N/2$ 点的子序列。

当 k 取偶数，即 $k=2m$ 时，$m=0,1,\cdots,\dfrac{N}{2}-1$

$$X(2m)=\sum_{n=0}^{N/2-1}\left[x(n)+W_N^{mN}x\left(n+\frac{N}{2}\right)\right]W_N^{2mn}$$

$$=\sum_{n=0}^{N/2-1}\left[x(n)+x\left(n+\frac{N}{2}\right)\right]W_{N/2}^{mn} \tag{5.3.1}$$

当 k 取奇数，即 $k=2m+1$ 时，$m=0,1,\cdots,\dfrac{N}{2}-1$

$$X(2m+1)=\sum_{n=0}^{N/2-1}\left[x(n)+W_N^{(2m+1)N/2}x\left(n+\frac{N}{2}\right)\right]W_N^{(2m+1)n}$$

$$=\sum_{n=0}^{N/2-1}\left[x(n)-x\left(n+\frac{N}{2}\right)\right]W_N^n\cdot W_{N/2}^{mn} \tag{5.3.2}$$

令

$$x_1(n)=x(n)+x\left(n+\frac{N}{2}\right)\qquad n=0,1,\cdots,\frac{N}{2}-1$$

$$x_2(n)=\left[x(n)-x\left(n+\frac{N}{2}\right)\right]W_N^n\qquad n=0,1,\cdots,\frac{N}{2}-1$$

式（5.3.1）与式（5.3.2）又可以写成

$$X(2m)=\sum_{n=0}^{N/2-1}x_1(n)W_{N/2}^{mn} \tag{5.3.3}$$

$$X(2m+1)=\sum_{n=0}^{N/2-1}x_2(n)W_{N/2}^{mn} \tag{5.3.4}$$

式（5.3.3）与式（5.3.4）表明，$X(k)$ 按奇偶 k 分为两组，其偶数组是 $x_1(n)$ 的 $N/2$ 点 DFT，奇数组是 $x_2(n)$ 的 $N/2$ 点 DFT。

如果记 $A=x(n)$，$B=x\left(n+\dfrac{N}{2}\right)$，$n=0,1,\cdots,\dfrac{N}{2}-1$，$x_1(n)$、$x_2(n)$ 之间的关系为

$$\left.\begin{array}{l}x_1(n)=A+B\\x_2(n)=[A-B]W_N^n\end{array}\right\} \tag{5.3.5}$$

也可以用图 5.3.1 所示的蝶形运算流图表示。要注意这里的蝶形运算流图区别于图 5.2.1 所示的 DIT-FFT 蝶形运算，但两种蝶形运算的运算量一样，即完成一次蝶形运算都需要一次复数乘法运算和两次复数加法运算。

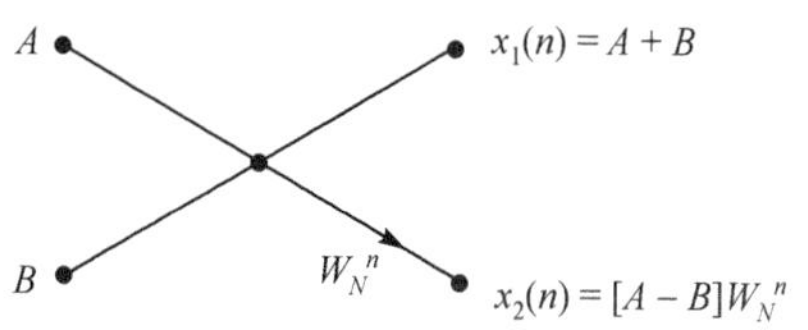

图 5.3.1　DIF-FFT 蝶形运算流图

5.3.2　以 $N=2^3$ 为例实现基 2FFT 算法

对于 $N=2^3$ 的 DIF-FFT 第一次分解的运算流图如图 5.3.2 所示，第一次分解后，$N/2$ 点 DFT 仍可以继续分成偶数组和奇数组，这样两个 $N/2$ 点 DFT 可以由 4 个 $N/4$ 点 DFT 形成，

图 5.3.3 给出了 $N = 2^3$ 两次分解运算流图。这样继续分解下去，经过 3 次分解，最后分解为 4 个 2 点 DFT，图 5.3.4 给出了 $N = 2^3$ 完整的 DIF-FFT 运算流图。

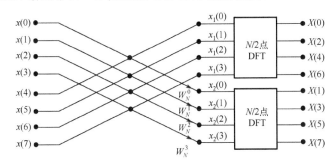

图 5.3.2 DIF-FFT 第一次分解的运算流图（N=8）

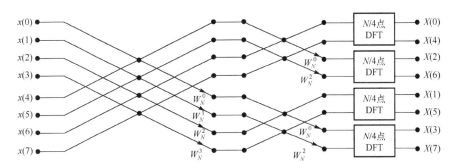

图 5.3.3 DIF-FFT 第二次分解运算流图（N=8）

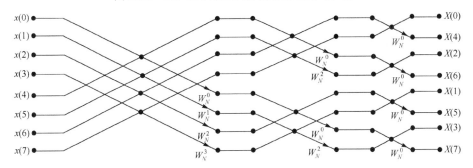

图 5.3.4 DIF-FFT 第三次分解运算流图（N=8）

5.3.3 DIF-FFT 与 DIT-FFT 的比较

观察图 5.3.4 可知，DIF-FFT 与 DIT-FFT 算法类似，都可以用原位计算，对于长度为 $N = 2^M$ 的 DFT，共有 M 级运算，每级都有 $N/2$ 次蝶形运算，所以两种算法的运算次数相同，但要注意两种算法存在不同点。

（1）DIF-FFT 输入的是自然顺序排列，输出的是倒序排列；DIT-FFT 输入的是倒序排列，输出的是自然顺序排列。

（2）蝶形运算略有不同：DIF-FFT 先加（减）后相乘；DIT-FFT 先相乘后加（减）。

最后要说明的是：DIF-FFT 与 DIT-FFT 算法的流图形式不是唯一的，只要保证各支路传输比不变，改变输入节点与输出节点及中间节点的排列顺序，可以得到其他形式的运算流图，参考文献[5]。DIF-FFT 与 DIT-FFT 算法同样可以实现 IDFT 的快速运算，只要将算法中的旋转因子 W_N^p 改为 W_N^{-p}，并将输出的结果乘以 $1/N$，就可以用来计算 IDFT。

5.4　进一步减小运算量的措施

前面讨论了 DIT-FFT 和 DIF-FFT 算法，由于算法简单、编程效率高，因此它们得到了广泛应用。下面介绍进一步减小运算量的途径，从而以程序的复杂度换取计算效率的进一步提高。

5.4.1　多类蝶形单元运算

由 DIT-FFT 运算流图已得出结论，$N = 2^M$ 点 FFT 共需要 $NM/2$ 次复数乘法。由式（5.2.17），当 $L=1$ 时，只有一种旋转因子 $W_N^0 = 1$，所以，第一级不需要乘法运算。当 $L=2$ 时，共有两个旋转因子：$W_N^0 = 1$ 和 $W_N^{N/4} = -\mathrm{j}$，因此，第二级也不需要乘法运算。在 DFT 中，把值为 ± 1 和 $\pm \mathrm{j}$ 的旋转因子称为无关紧要的旋转因子，如 W_N^0、$W_N^{N/2}$、$W_N^{N/4}$ 等。这样，除去第一、第二两级后，所需的复数乘法运算次数应是

$$\frac{N}{2}(M-2) \tag{5.4.1}$$

进一步考虑各级中的无关紧要的旋转因子。从第 3 级开始，每一级均有两个无关紧要的旋转因子 W_N^0 和 $W_N^{N/4}$，同一个旋转因子对应着 $\dfrac{N}{2^L}$ 个蝶形运算，所以从 $L=3$ 至 $L=M$ 共减小的复数乘法运算次数为

$$\sum_{L=3}^{M} \frac{2N}{2^L} = 2N \sum_{L=3}^{M} \frac{1}{2^L} = \frac{N}{2} - 2 \tag{5.4.2}$$

因此，DIT-FFT 的复数乘法运算次数减小至

$$\frac{N}{2}(M-2) - \left(\frac{N}{2} - 2\right) = \frac{N}{2}(M-3) + 2 \tag{5.4.3}$$

为了进一步减小复数乘法运算次数，下面再讨论 FFT 中特殊的复数运算。一般实现一次复数乘法运算需要四次实数乘法、两次实数加法，但对 $W_N^{N/8} = (1-\mathrm{j})\sqrt{2}/2$ 这一特殊复数与任意一个复数 $(x+\mathrm{j}y)$ 相乘，即

$$\sqrt{2}/2(1-\mathrm{j})(x+\mathrm{j}y) = \sqrt{2}/2[(x+y) - \mathrm{j}(x-y)]$$

只需要两次实数加法和两次实数乘法就可实现。这样 $W_N^{N/8}$ 对应的每个蝶形节省两次数乘。在 DIT-FFT 运算流图中，从 $L=3$ 级至 $L=M$ 级，每级都包含旋转因子 $W_N^{N/8}$，第 L 级对应 $\dfrac{N}{2^L}$ 次蝶形运算。因此从第三级至最后一级，旋转因子 $W_N^{N/8}$ 节省的实数乘法与式（5.4.2）相同。所以从实数乘法运算考虑，计算 $N = 2^M$ 点 DIT-FFT 所需的实数乘法次数

$$4 \times \left[\frac{N}{2}(M-3) + 2\right] - \left(\frac{N}{2} - 2\right) = N\left(2M - \frac{13}{2}\right) + 10 \tag{5.4.4}$$

若在基 2FFT 程序中包含所有旋转因子，则称该算法为一类蝶形单元运算；若去掉 $W_N^m = \pm 1$ 的旋转因子，则称为二类蝶形单元运算；若再去掉 $W_N^m = \pm \mathrm{j}$ 的旋转因子，则称为三类蝶形单元运算；若再判断处理 $W_N^m = (1-\mathrm{j})\sqrt{2}/2$，则称为四类蝶形单元运算；将后三种运算称为多类蝶形单元运算。显然，蝶形单元的类型越多，编程就越复杂，但当 N 较大时，乘法

运算的减小量是相当可观的。例如，当 $N=4096$ 时，三类蝶形单元运算的乘法次数为一类蝶形单元运算乘法次数的 75%。

5.4.2　旋转因子的生成

在 FFT 运算中，用旋转因子 $W_N^m = \cos(2\pi m / N) - \mathrm{j}\sin(2\pi m / N)$ 求正弦和余弦函数的计算量是很大的。所以编程时，产生旋转因子的方法直接影响运算速度。一种方法是在每级运算中直接产生；另一种方法是在 FFT 程序开始前预先计算出 W_N^m（$m = 0, 1, \cdots, \dfrac{N}{2} - 1$）并存放在数组中，作为旋转因子表，在程序执行过程中直接查表就可得到所需的旋转因子值，不再计算。这样可使运算速度大大提高，其不足之处是占用的内存较大。

5.4.3　实序列的 FFT 算法

在实际工作中，数据 $x(n)$ 常常是实数序列。如果直接按 FFT 运算流图计算，将 $x(n)$ 看成一个虚部为零的复序列进行计算，这会增大存储量、延长运算时间。处理该问题的方法有三种。早期提出的方法是用一个 N 点 FFT 计算两个 N 点实序列的 FFT，一个序列作为实部，另一个序列作为虚部，构成一个新的复序列计算 N 点 FFT 后，根据 DFT 的共轭对称性，用例 4.3.5 所述的方法由输出 $X(k)$ 分别得到两个实序列的 N 点 DFT。第二种方法是用 $N/2$ 点 FFT 计算一个 N 点实序列的 DFT。第三种方法是用离散哈特莱变换（DHT），可以参考文献[5]。下面简要介绍第二种方法。

设 $x(n)$ 为 N 点实序列，取 $x(n)$ 的偶数点和奇数点分别作为新构造序列 $y(n)$ 的实部和虚部，即

$$x_1(n) = x(2n) \quad x_2(n) = x(2n+1) \quad n = 0, 1, \cdots, \frac{N}{2} - 1$$

$$y(n) = x_1(n) + \mathrm{j}x_2(n) \quad n = 0, 1, \cdots, \frac{N}{2} - 1$$

对 $y(n)$ 进行 $N/2$ 点 FFT，输出 $Y(k)$，则

$$X_1(k) = \sum_{r=0}^{N/2-1} x_1(n) W_{N/2}^{kn} = Y_{\mathrm{ep}}(k) \quad k = 0, 1, \cdots, \frac{N}{2} - 1$$

$$X_2(k) = \sum_{r=0}^{N/2-1} x_2(n) W_{N/2}^{kn} = -\mathrm{j}Y_{\mathrm{op}}(k) \quad k = 0, 1, \cdots, \frac{N}{2} - 1$$

根据 DIT-FFT 的思想及式（5.2.10）和式（5.2.11），可得到 $X(k)$ 的前 $\dfrac{N}{2} + 1$ 个值

$$X(k) = X_1(k) + W_N^k X_2(k) \quad k = 0, 1, \cdots, \frac{N}{2} \tag{5.4.5}$$

式中，$X_1\left(\dfrac{N}{2}\right) = X_1(0)$，$X_2\left(\dfrac{N}{2}\right) = X_2(0)$。由于 $x(n)$ 为实序列，因此 $X(k)$ 具有共轭对称性，$X(k)$ 的另外 $\dfrac{N}{2} - 1$ 个值为

$$X(N-k) = X^*(k) \quad k = 1, 2, \cdots, \frac{N}{2} - 1 \tag{5.4.6}$$

计算 $N/2$ 点 FFT 的复数乘法运算次数为 $\dfrac{N}{4}(M-1)$，计算式（5.4.5）的乘法运算次数为 $N/2$，所以用这种方法计算 $X(k)$ 所需的复数乘法运算次数为

$$\frac{N}{4}(M-1)+N/2=\frac{N}{4}(M+1)$$

相对一般的 N 点 FFT 算法，上述算法的运算次数为 $\eta=\dfrac{N}{2}M/\dfrac{N}{4}(M+1)=\dfrac{2M}{M+1}$，当 $N=2^{M}=2^{10}$ 时，$\eta=20/11$，运算速度提高为原来的约 2 倍。

快速傅里叶变换（FFT）算法是信号处理领域重要的研究课题。自从 1965 年提出基 2FFT 算法以来，现在已提出的快速算法有多种，且还在不断研究探索新的快速算法。由于教材篇幅和教学大纲所限，本章仅介绍算法中最简单、编程最容易的基 2FFT 算法原理及其编程思想，使读者建立快速傅里叶变换的基本概念，了解研究 FFT 算法的主要途径和编程思路。其他高效快速算法请读者参考文献[3]、[5]、[12]。例如，分裂基 FFT 算法、离散哈特莱变换（DHT）、基 4FFT、基 8 FFT、基 rFFT、混合基 FFT，以及进一步减小运算量的途径等内容，对研究新的快速算法都是很有用的。

习题与上机题

1．计算 DFT 通常需要做复数乘法。考虑乘积 $(A+B\mathrm{j})(C+D\mathrm{j})$，在此式中，一次复数乘法需要 4 次实数乘法和 2 次实数加法，证明利用以下算法

$$X=(A-B)D+(C-D)A$$
$$Y=(A-B)D+(C+D)B$$

可以用 3 次实数乘法和 5 次实数加法完成 1 次复数加法。

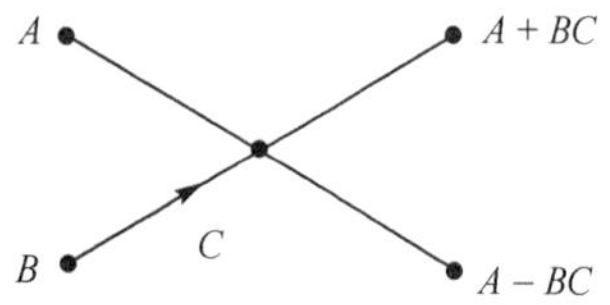

题 2 图

2．如题 2 图所示，给定了一个蝶形运算。这个蝶形运算是从实现某种 FFT 算法的信号流图中取出的，从下列说法中选择出最准确的一个：

（1）这个蝶形是从一个按时间抽取的 FFT 算法中取出的；

（2）这个蝶形是从一个按频率抽取的 FFT 算法中取出的；

（3）由图无法判断蝶形取自何种 FFT 算法。

3．如果某通用单片计算机的速度为平均每次复数乘法运算需要 5μs，每次复数加法运算需要 2μs，用来计算 $N=1024$ 点 DFT，问直接计算需要多少时间？用 FFT 计算呢？照这样计算，在用 FFT 进行快速卷积来对信号进行处理时，估计可实现实时处理的信号最高频率。

4．已知 $X(k)$ 和 $Y(k)$ 是两个 N 点实序列 $x(n)$ 和 $y(n)$ 的 DFT，希望从 $X(k)$ 和 $Y(k)$ 求 $x(n)$ 和 $y(n)$，为提高运算效率，试设计用一次 N 点 IFFT 来完成的算法。

5．设 $x(n)$ 是长度为 $2N$ 的有限长实序列，$X(k)$ 为 $x(n)$ 的 $2N$ 点 DFT。

（1）试设计用一次 N 点 FFT 完成计算 $X(k)$ 的高效算法；

（2）若已知 $X(k)$，试设计用一次 N 点 IFFT 实现求 $X(k)$ 的 $2N$ 点 IDFT 运算。

6．分别画出 16 点基 2DIT-FFT 和 DIF-FFT 运算流图，并计算其复数乘法运算次数，如果考虑三类蝶形的乘法计算，试计算复数乘法运算次数。

第6章 离散时间系统的基本结构

6.1 引　言

正如第 3 章中所述，具有有理函数的线性时不变系统具有这样的性质：其输入和输出序列满足线性常系数差分方程。由于系统函数是单位脉冲响应的 Z 变换，而输入和输出满足的差分方程又可以通过系统函数来确定，因此差分方程、单位脉冲响应和系统函数都可以作为线性时不变离散时间系统输入/输出关系的等效表征。为了用专用硬件（或通用的 DSP 处理器）或软件编程实现这样的系统，必须把差分方程或系统函数的表示转换成一种算法或结构，按照这种算法或结构对输入信号进行运算。

例如，设一个离散时间线性时不变系统用差分方程

$$y(n) - 0.8y(n-1) + 0.15y(n-2) = x(n)$$

描述，可以写出该系统的系统函数的三种表示

$$H_1(z) = \frac{1}{1 - 0.8z^{-1} + 0.15z^{-2}}$$

$$H_2(z) = \frac{-1.5}{1 - 0.3z^{-1}} + \frac{2.5}{1 - 0.5z^{-1}}$$

$$H_3(z) = \frac{1}{1 - 0.3z^{-1}} \cdot \frac{1}{1 - 0.5z^{-1}}$$

显然 $H_1(z) = H_2(z) = H_3(z)$，但它们具有不同的算法，不同的算法直接影响系统的运算误差、计算复杂性、存储量及系统设计的复杂程度和成本等，因此研究系统的算法结构是非常重要的。本章用信号流图表示系统的运算结构（网络结构），是数字信号处理实现的必要基础。为此在介绍离散时间系统结构（网络结构）之前，首先介绍系统结构的表示方法。

6.2 信号流图表示网络结构

由第 2 章可知，一个离散时间系统常用 N 阶常系数线性差分方程表示，即

$$\sum_{k=0}^{N} a_k y(n-k) = \sum_{m=0}^{M} b_m x(n-m) \tag{6.2.1}$$

只要已知输入 $x(n)$ 和初始条件

$$y(n_0 - 1) = y_{n_0-1}, \quad y(n_0 - 2) = y_{n_0-2}, \quad \cdots, \quad y(n_0 - N) = y_{n_0-N}$$

假设 $a_0 = 1$，就可以利用递推公式

$$y(n) = \sum_{m=0}^{M} b_m x(n-m) - \sum_{k=1}^{N} a_k y(n-k) \qquad (6.2.2)$$

求解该系统的输出。观察式（6.2.2）可知，计算时要求有输出、输入和中间序列的延迟值。这些序列值的延迟意味着需要存储序列过去的值，同时必须给出延迟序列值与系数相乘的方法及将所得结果相加的方法。因此实现一个离散时间系统所需的基本运算单元是：加法器、乘法器和存储延迟序列值的延时器（也称为存储器）。

6.2.1 基本运算单元的表示

离散时间系统的基本运算单元可以有两种表示方法——方框图和信号流图。方框图就是标有正方形、长方形和其他适当的图形以表示某一仪器部件间的相对位置和功能的图解，亦称"框图"；信号流图（1953 年由 S. J·梅森提出，故又称梅森图）是用由一些圆点和有向线段组成的几何图形来描述系统的一种图形，它可以简化系统的表示，并便于计算系统函数。信号流图中的圆点称为节点，有向线段称为信号流图的支路，因此信号流图实际上是由连接节点的一些有方向性的支路构成的。离散时间系统的三种基本运算单元的方框图和信号流图如图 6.2.1 所示。由图可见，方框图表示较为直观，但更为烦琐；信号流图表示更加简明、方便。在本书中均采用信号流图表示网络结构。在信号流图的表示中，需注意以下几点。

（1）支路箭头旁边的 z^{-1} 与系数 a 称为支路增益（箭头旁边没有标明增益，则认为支路增益是 1），如图 6.2.1（a）、（b）的右图所示。支路增益为系数 a 代表的运算为乘法，支路增益为 z^{-1} 代表的运算为单位延时，箭头表示信号流动方向。

（2）箭头指向节点的支路称为输入支路，箭头指出节点的支路称为输出支路。

（3）只有输出支路、没有输入支路的节点称为源节点或输入节点（图 6.2.1 中的 $x(n)$ 处的节点）；只有输入支路、没有输出支路的节点称为阱节点或输出节点（图 6.2.1 中的 $y(n)$ 处的节点）；节点处的信号称为节点变量。

（4）两个变量相加用一个节点表示，任一节点变量值是指所有输入支路的输出之和。如果一个节点有两个或两个以上输入，则此节点一定是加法器。

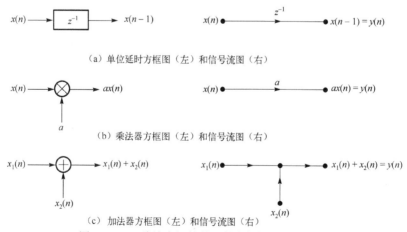

（a）单位延时方框图（左）和信号流图（右）

（b）乘法器方框图（左）和信号流图（右）

（c）加法器方框图（左）和信号流图（右）

图 6.2.1 三种基本运算单元的方框图和信号流图

【例 6.2.1】 设一个系统的运算结构（网络结构）如图 6.2.2 所示，写出节点变量 $\omega_1(n)$、$\omega_2(n)$、$\omega_2'(n)$ 及输出变量 $y(n)$ 的值。

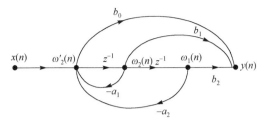

图 6.2.2　例 6.2.1 图

解： 根据任一节点变量值是指所有输入支路的输出之和，得

$$\begin{cases} \omega_1(n) = \omega_2(n-1) \\ \omega_2(n) = \omega_2'(n-1) \\ \omega_2'(n) = x(n) - a_1\omega_2(n) - a_2\omega_1(n) \\ y(n) = b_2\omega_1(n) + b_1\omega_2(n) + b_0\omega_2'(n) \end{cases} \tag{6.2.3}$$

6.2.2　基本信号流图

不同的信号流图代表不同的运算方法，而对于同一个系统函数，可以有多种信号流图与之对应。若信号流图满足以下条件：

（1）信号流图中的所有支路都是基本支路，即支路增益是常数或者 z^{-1}；

（2）信号流图环路中必须存在延时支路；

（3）节点和支路的数目是有限的；

则称为**基本信号流图**，不同时满足条件（1）、（2）、（3）的信号流图称为非**基本信号流图**。基本信号流图可以确定一种具体的算法，如图 6.2.2 所示，图中有两个环路（该支路的输入也是输出），环路增益（构成该环路的各支路增益乘积）分别为 $-a_1z^{-1}$ 和 $-a_2z^{-2}$，满足基本信号流图的条件，所以图 6.2.2 所示的信号流图是基本信号流图。而图 6.2.3 所示的信号流图不能决定一种具体的算法，不满足基本信号流图的条件。

根据信号流图可以求出系统的系统函数，方法就是列出各个节点变量方程，并形成联立方程组，求出输出与输入之间的 Z 域关系。

$$x(n) \bullet \xrightarrow{\quad H(z) \quad} \bullet y(n)$$

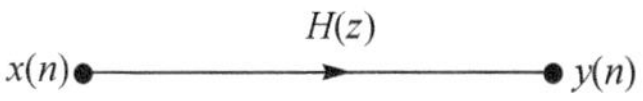

图 6.2.3　非基本信号流图

【**例 6.2.2**】求例 6.2.1 系统的系统函数 $H(z)$。

解： 根据例 6.2.1 的结果得到式（6.2.3），对式（6.2.3）进行 Z 变换得到

$$\begin{cases} W_1(z) = z^{-1}W_2(z) \\ W_2(z) = z^{-1}W_2'(z) \\ W_2'(z) = X(z) - a_1W_2(z) - a_2W_1(z) \\ Y(z) = b_2W_1(z) + b_1W_2(z) + b_0W_2'(z) \end{cases}$$

经过联立求解得到

$$H(z) = \frac{Y(z)}{X(z)} = \frac{b_0 + b_1z^{-1} + b_2z^{-2}}{1 + a_1z^{-1} + a_2z^{-2}}$$

当网络结构复杂时，用上面的方法求系统函数比较麻烦，不如采用梅森（Masson）公式直接写出 $H(z)$ 表示式方便。梅森（Masson）公式见本书附录 C。

一般将离散时间线性时不变系统的网络结构分成两类：一类称为有限长单位脉冲响应网络，简称 FIR（Finite Impulse Response）网络，另一类称为无限长单位脉冲响应网络，简称 IIR（Infinite Impulse Response）网络。

FIR 网络中不存在输出对输入的反馈支路，因此差分方程用下式描述

$$y(n) = \sum_{m=0}^{M} b_m x(n-m) \tag{6.2.4}$$

其单位脉冲响应 $h(n)$ 是有限长序列，且可以表示为

$$h(n) = \begin{cases} b_n, & 0 \leqslant n \leqslant M \\ 0, & \text{其他} n \end{cases} \tag{6.2.5}$$

而 IIR 网络中存在输出对输入的反馈支路，也就是说信号流图中存在反馈支路，这类网络的单位脉冲响应 $h(n)$ 是无限长序列。这两类不同的网络结构各有不同的特点，下面分别叙述两种网络结构。

6.3　IIR 系统的基本网络结构

6.3.1　IIR 滤波器的特点

（1）IIR 系统的差分方程

$$y(n) = \sum_{m=0}^{M} b_m x(n-m) + \sum_{k=1}^{N} a_k y(n-k)^{①} \quad (a_0 = 1) \tag{6.3.1}$$

其中必须至少某个 $a_k \neq 0$（$k = 1, 2, \cdots, N$），也就是说运算结构（网络结构）上一定存在输出对输入的反馈，或者信号流图中一定有反馈支路。

（2）从式（6.3.1）看，由于至少某个 $a_k \neq 0$，因此系统函数 $H(z)$ 在 $0 < |z| < \infty$ 范围内一定有极点。

（3）IIR 系统的单位脉冲响应 $h(n)$ 是无限长的。

（4）IIR 系统的基本网络结构有三种：直接 I 型和 II 型、级联型、并联型。

6.3.2　直接型结构

设 IIR 系统的差分方程为式（6.3.1），对应的系统函数为

$$H(z) = \frac{\displaystyle\sum_{m=0}^{M} b_m z^{-m}}{1 - \displaystyle\sum_{k=1}^{N} a_k z^{-k}} \tag{6.3.2}$$

按照式（6.3.1）可以直接画出网络结构，先实现各 $x(n-m)$ 的加权和（$m = 0, 1, 2, \cdots, M$），再实现各 $y(n-m)$ 的加权和（$k = 1, 2, \cdots, N$），就得到直接 I 型结构，图 6.3.1（a）给出了 $N = M = 2$ 时的直接 I 型结构，其系统函数为

---

① 式（6.3.1）中右端项的加号也可以写成减号，不影响后面的讨论。

$$H(z) = \frac{b_0 + b_1 z^{-1} + b_2 z^{-2}}{1 - a_1 z^{-1} - a_2 z^{-2}} \tag{6.3.3}$$

由于 IIR 系统是线性系统，因此将直接 I 型结构的两个延时子系统交换位置，并将前后相同的延时支路链合并，就得到直接 II 型结构，如图 6.3.1（b）所示。把图 6.3.1（c）所示的网络结构称为 2 阶（直接 II 型）网络结构，该系统也称为二阶系统，系统函数为式（6.3.3），它是级联型结构和并联型结构的基本单元。而 $N = M = 1$ 的系统称为一阶系统。

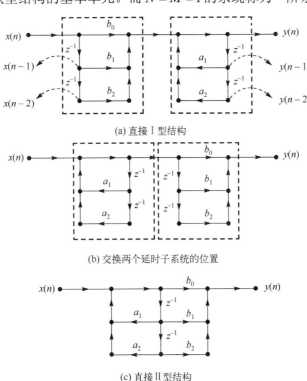

图 6.3.1　$N = M = 2$ 时 IIR 系统的直接型结构

图 6.3.1 可见，二阶系统的直接 I 型结构需要 4（即 2+2）个延时单元，直接 II 型结构需要 2 个延时单元。通常把具有最少延时单元的实现称为规范型实现（或直接 II 型实现）。对于任意的 IIR 系统直接 I 型结构，需要 $(N + M)$ 个延时单元，直接 II 型结构需要 $\max(N, M)$ 个延时单元。

【例 6.3.1】设 IIR 系统的系统函数为

$$H(z) = \frac{8 - 4z^{-1} + 11z^{-2} - 2z^{-3}}{1 - 1.25z^{-1} + 0.75z^{-2} - 0.125z^{-3}}$$

试画出该系统的直接 I 型与直接 II 型结构。

解：由 $H(z)$ 写出差分方程

$$y(n) - 1.25y(n-1) + 0.75y(n-2) - 0.125y(n-3)$$
$$= 8x(n) - 4x(n-1) + 11x(n-2) - 2x(n-3)$$

仿照图 6.3.1 所示的直接型结构的画法画出此差分方程表示的系统的直接 I 型与直接 II 型结构，如图 6.3.2 所示。

在 MATLAB 中，直接型结构用 2 个行向量 $\boldsymbol{B}$ 和 $\boldsymbol{A}$ 表示，$\boldsymbol{B}$ 和 $\boldsymbol{A}$ 分别对应于系统函数 $H(z)$ 的分子与分母多项式系数。

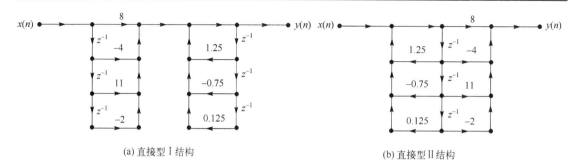

(a) 直接型 I 结构   (b) 直接型 II 结构

图 6.3.2　例 6.3.1 图

不妨设

$$\boldsymbol{B} = [b_0 \quad b_1 \quad b_2 \quad \cdots \quad b_M]$$

$$\boldsymbol{A} = [a_0 \quad a_1 \quad a_2 \quad \cdots \quad a_N]$$

对应的系统函数为

$$H(z) = \frac{\displaystyle\sum_{m=0}^{M} b_m z^{-m}}{\displaystyle\sum_{k=0}^{N} a_0 z^{-k}} \tag{6.3.4}$$

调用 MATLAB 的函数 filter 就是按照直接型结构实现滤波的，如

```
yn=filter(B,A,xn)
```

用该语句可以计算系统对输入信号向量 xn 的零状态响应——输出信号向量 yn，且 xn 与 yn 的长度相等。

6.3.3　级联型结构

在式（6.3.4）表示的系统函数 $H(z)$ 中，分子、分母多项式的系数一般为实数，现将分子、分母分别进行因式分解，将实零点、实极点分别构成一阶因式，而将共轭零点、共轭极点分别组成实系数的二阶因式，这样 $H(z)$ 可以表示成

$$H(z) = A \frac{\displaystyle\prod_{r=1}^{M_1}(1-c_r z^{-1})\prod_{j=1}^{M_2}(1+\beta_{1j}z^{-1}+\beta_{2j}z^{-2})}{\displaystyle\prod_{r=1}^{N_1}(1-d_r z^{-1})\prod_{j=1}^{N_2}(1-\alpha_{1j}z^{-1}-\alpha_{2j}z^{-2})} \tag{6.3.5}$$

式中，c_r、d_r 分别表示 $H(z)$ 的一阶（实）零点和（实）极点，β_{1j}、β_{2j}、α_{1j}、α_{2j}、A（保证分子、分母分解因式后的常数为 1，$A = \dfrac{b_0}{a_0}$）均为实数，且 $M_1 + 2M_2 = M$，$N_1 + 2N_2 = N$。

可以将分子、分母的一阶、二阶因式交叉组合，这时可有多种组合方式，为了充分利用延时单元，可采用分子、分母的一阶因式组成一阶系统，而分子、分母的二阶因式组成二阶系统。这样就将 $H(z)$ 分解成一些一阶或二阶的子系统函数的乘积形式

$$H(z) = A \cdot H_1(z) \cdot H_2(z) \cdots H_k(z)$$

式中，$H_i(z)$ 表示一个一阶或二阶系统的子系统函数，而每个 $H_i(z)$ 的网络结构均采用前面介

绍的直接型结构，常数 A 表示乘法运算单元，如图 6.3.3 所示，这样将 k 个子系统和常数增益级联便得到了 IIR 系统的级联型结构。

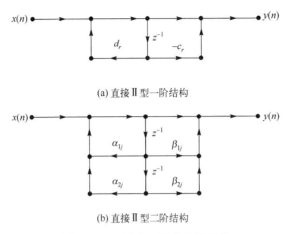

(a) 直接 II 型一阶结构

(b) 直接 II 型二阶结构

图 6.3.3　一阶和二阶直接型结构

【例 6.3.2】 试画出例 6.3.1 中 $H(z)$ 的级联型结构。

解： 对 $H(z)$ 的分子、分母进行因式分解，得到

$$H(z) = \frac{(2 - 0.379z^{-1})(4 - 1.24z^{-1} + 5.264z^{-2})}{(1 - 0.25z^{-1})(1 - z^{-1} + 0.5z^{-2})}$$

$$= 8 \times \frac{(1 - 0.19z^{-1}) \cdot (1 - 0.31z^{-1} + 1.3161z^{-2})}{(1 - 0.25z^{-1}) \cdot (1 - z^{-1} + 0.5z^{-2})}$$

可以将 $H(z)$ 的分子、分母的一阶、二阶因式交叉组合，可有两种组合方式，即有两种级联型结构，为减小单位延时的数目，将一阶的分子、分母多项式组成一个一阶网络，二阶的分子、分母多项式组成一个二阶网络，画出级联结构，如图 6.3.4（b）所示。

本例中给出直接型结构的系统函数 $H(z)$，需要从直接型转换为级联型，就是将系统函数的分子、分母进行因式分解。在 MATLAB 中，可以利用函数 tf2sos 实现从直接型转换为级联型。以下是用 MATLAB 实现从直接型转换为级联型的一段示例程序 ep632.m。

```
%实现从直接型转换为级联型的程序 ep632.m
B=[8,-4,11,-2];              %输入系统函数分子系数向量
A=[1,-1.25,0.75,-0.125];    %输入系统函数分母系数向量
[sos, g]=tf2sos (B,A);      %由直接型转换为级联型
```

运行结果

```
sos =
    1.0000   -0.1900        0   1.0000   -0.2500        0
    1.0000   -0.3100   1.3161   1.0000   -1.0000   0.5000
  g =
      8
```

sos 的值给出了系统函数中 $H(z)$ 的分子、分母二次因式对应的系数序列（如果是一次因式，二次项系数默认为 0），g 的值为 $H(z)$ 中的常数，这样就可以画出级联型结构。

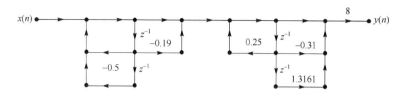

(a) 第一种级联型结构

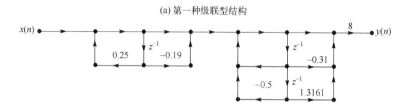

(b) 第二种级联型结构

图 6.3.4　例 6.3.2 图

级联型结构具有以下特点。

（1）级联型结构中的每个一阶网络都决定一个零点、一个极点，每个二阶网络都决定一对共轭零点、一对共轭极点。式（6.3.5）中的调整系数 β_{1j}、β_{2j} 可以改变一对零点的位置，调整系数 α_{1j}、α_{2j} 可以改变一对极点的位置，所以相对直接型结构，级联型结构的优点是调整零、极点方便。

（2）级联型结构中的后面网络的输出不会再流到前面，运算误差的积累相对直接型结构小。

6.3.4　并联型结构

将式（6.3.5）中因式分解的 $H(z)$ 按照极点展开成部分分式形式，就得到 IIR 系统并联型结构的系统函数形式

$$H(z)=\sum_{r=1}^{N_1}\frac{A_r}{1-d_rz^{-1}}+\sum_{j=1}^{N_2}\frac{B_{0j}+B_{1j}z^{-1}}{1-\alpha_{1j}z^{-1}-\alpha_{2j}z^{-2}} \qquad （6.3.6）$$

式中，$N_1+2N_2=N$，A_r、B_{0j}、B_{1j} 为待定系数（式中的系数均为实数），式（6.3.6）表明 $H(z)$ 可表示成一阶网络或二阶网络的和，即

$$H(z)=H_1(z)+H_2(z)+\cdots+H_k(z) \qquad （6.3.7）$$

$H_i(z)$ 表示一个一阶网络或二阶网络，这里一阶网络和二阶网络的系统函数分别表示为

$$H_r(z)=\frac{A_r}{1-d_rz^{-1}} \qquad （6.3.8）$$

$$H_j(z)\frac{B_{0j}+B_{1j}z^{-1}}{1-\alpha_{1j}z^{-1}-\alpha_{2j}z^{-2}} \qquad （6.3.9）$$

而每个 $H_i(z)$ 的网络结构均采用前面介绍的直接型结构，如图 6.3.3 所示，这样将 k 个子系统并联便得到了 IIR 系统的并联型结构。

【例 6.3.3】画出例 6.3.1 中 $H(z)$ 的并联型结构。

解：将例 6.3.2 中的 $H(z)$ 展开成部分分式形式

$$H(z)=16+\frac{8}{1-0.25z^{-1}}+\frac{-16+20z^{-1}}{1-z^{-1}+0.5z^{-2}}$$

```
%实现从直接型转换为并联型的程序 ep633.m
B=[8,-4,11,-2];                          %输入系统函数分子系数向量
A=[1,-1.25,0.75,-0.125];                 %输入系统函数分母系数向量
[r, p,k]=tf2par（B,A）;                   %由直接型转换为级联型
function [C,B,A] =tf2par（b,a ）
%该子函数实现从直接型到并联型,b 和 a 分别为系统函数的分子和分母系数序列
[r,p,k]=residuez（b,a）;                  %得到部分分式的系数
l=length（r）;
n=0;
for m=1:l
    if ~isreal（p（m））
        n=n+1;
    end
end
B=zeros（1,2）;
A=zeros（1,3）;
N=0;
for m=1:l
    if m==N
        m=m+1;
    end
    if  m<=3&&~isreal（p（m））
        B（m,:）=[r（m）+r（m+1）  - （p（m）*r（m+1）+p（m+1）*r（m））];
        A（m,:）=[1 - （p（m）+p（m+1）） abs（p（m））^2];
        N=m+1;
        else
        B（m,:）=[r（m）  0];
        A（m,:）=[1 p（m）  0];
        end
end
J=find（sum（A'）==0）;
A（J,:）=[];
B（J,:）=[];
C=k;
```

例 6.3.3 的并联型结构如图 6.3.5 所示。并联型结构具有以下特点。

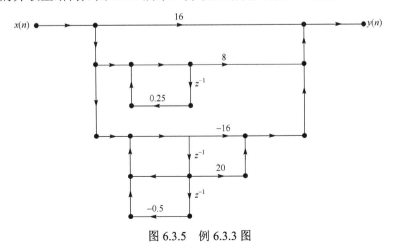

图 6.3.5　例 6.3.3 图

（1）并联型结构中的每个一阶网络都决定一个实极点，每个二阶网络都决定一对共轭极点，故调整极点方便，但不能像级联型结构那样灵活调整零点，在要求有准确传输零点的情况下，不能采用并联型结构而应采用级联型结构。

（2）并联型结构中各子系统的网络输出误差不会相互影响，不会像级联型结构那样产生逐级误差的积累。

（3）信号同时进行各子系统运算，因而运算速度比级联型结构快。

若 IIR 系统函数 $H(z)$ 展开成部分分式，且输入为 $X(z)$，则并联型结构中的输出 $Y(z)$ 表示为

$$Y(z) = H_1(z)X(z) + H_2(z)X(z) + \cdots + H_k(z)X(z)$$

6.4 FIR 系统的基本网络结构

6.4.1 FIR 滤波器的特点

（1）FIR 系统的差分方程

$$y(n) = \sum_{m=0}^{M} b_m x(n-m) \quad (a_0 = 1) \tag{6.4.1}$$

运算结构（网络结构）中没有输出对输入的反馈，即信号流图没有反馈支路。

（2）从式（6.4.1）看，系统函数 $H(z)$ 在 $0 < |z| < \infty$ 范围内只有零点，故称为全零点系统，或称滑动平均系统（MA 系统），系统的全部极点都在 $z = 0$ 处。

（3）FIR 系统的单位脉冲响应 $h(n)$ 是有限长的。

（4）FIR 系统的基本网络结构有：直接型（横截型、卷积型）结构、级联型结构、线性相位结构、频率抽样结构，还有文献[1]中讨论的格型结构，因为有限 z 平面（除 $z = 0$ 外）没有极点，因此没有并联型结构。

6.4.2 直接型结构

设 FIR 系统的差分方程为式（6.4.1），对应的系统函数为

$$H(z) = \sum_{m=0}^{M} b_m z^{-m} \tag{6.4.2}$$

由式（6.4.2）可以看出，b_m 就是单位脉冲响应 $h(n)$，令 $M = N-1$，即

$$h(n) = \begin{cases} b_n, & 0 \leqslant n \leqslant N-1 \\ 0, & 其他 n \end{cases} \tag{6.4.3}$$

则由 LSI 系统的输出得到

$$y(n) = \sum_{m=0}^{N-1} h(m)x(n-m) \tag{6.4.4}$$

按照式（6.4.2）或卷积和公式（6.4.4）直接画出由延时链构成的网络结构，如图 6.4.1 所示，称为直接型结构，或者称为横截型、卷积型结构。

从图 6.4.1 可以直观地看出 FIR 系统的直接型结构需要 N 次乘法和 $(N-1)$ 次加法。

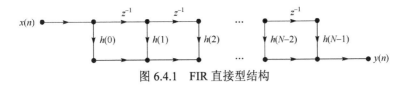

图 6.4.1　FIR 直接型结构

6.4.3　级联型结构

将式（6.4.2）表示的 FIR 系统函数 $H(z)$ 进行因式分解，并将实零点构成一阶因式，而将共轭零点组成实系数的二阶因式，这样 $H(z)$ 可分解成一些一阶因式与二阶因式的乘积。一阶或二阶因式用直接型（竖立延时链）实现，然后进行级联便可得到 FIR 系统的级联型结构。下面通过举例说明级联型结构的实现方法。

【例 6.4.1】设 FIR 系统的系统函数 $H(z)$ 如下

$$H(z) = 2 - 8z^{-1} + 8z^{-2} - 32z^{-3}$$

试画出 $H(z)$ 的直接型结构和级联型结构。

解：将 $H(z)$ 因式分解得

$$H(z) = 2(1 + 4z^{-2})(1 - 4z^{-1})$$

该系统的直接型结构和级联型结构如图 6.4.2 所示。

该例题可利用 MATLAB 求解如下。

```
%实现从直接型转换为级联型的程序 ep641.m
B=[2,-8,8,-32];              %输入系统函数系数向量
A=1;
 [sos, g]=tf2sos(B,A);       %由直接型转换为级联型
```

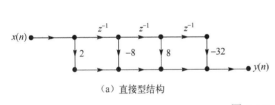

（a）直接型结构

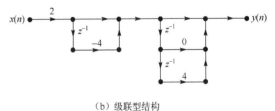

（b）级联型结构

图 6.4.2　例 6.4.1 图

运行结果

```
    sos =
        1.0000    -4.0000         0    1.0000         0         0
        1.0000    -0.0000    4.0000    1.0000         0         0
    g =
        2
```

根据 sos 和 g 的值可以写出系统函数 $H(z)$

$$H(z) = 2(1 + 4z^{-2})(1 - 4z^{-1})$$

级联型结构的特点如下。

（1）FIR 级联型结构中的一阶因式决定一个实零点，二阶因式决定一对共轭零点，因此调整传输零点很方便。而直接型结构无此优点。

（2）由例 6.4.1 可以看出，级联型结构需要的乘法次数比直接型结构多。

6.4.4　线性相位结构

线性相位结构是 FIR 系统的直接型结构的简化网络结构，其特点如下。

（1）网络具有线性相位特性，这对于数据传输、图像处理等都是非常重要的；

（2）比直接型结构节约了近一半的乘法器。

如果 FIR 系统具有线性相位，则它的单位脉冲响应满足

$$h(n) = \pm h(N - n - 1) \tag{6.4.5}$$

式中，取"$+$"表示系统具有第一类线性相位（$h(n)$ 具有偶对称），取"$-$"表示系统具有第二类线性相位（$h(n)$ 具有奇对称），N 为 $h(n)$ 的长度，该性质将在第 8 章进行详细讨论。

当 N 为偶数时，把式（6.4.5）代入系统函数 $H(z)$ 的表示式，即

$$H(z) = \sum_{n=0}^{N-1} h(n)z^{-n} = \sum_{n=0}^{N/2} h(n)z^{-n} + \sum_{n=N/2}^{N-1} h(n)z^{-n}$$

$$= \sum_{n=0}^{N/2-1} h(n)z^{-n} + \sum_{n=0}^{N/2-1} h(N-1-n)z^{-(N-1-n)} = \sum_{n=0}^{N/2-1} h(n)[z^{-n} \pm z^{-(N-1-n)}] \tag{6.4.6}$$

当 N 为奇数时，把式（6.4.5）代入系统函数 $H(z)$ 的表示式，即

$$H(z) = \sum_{n=0}^{N-1} h(n)z^{-n}$$

$$= \sum_{n=0}^{(N-1)/2-1} h(n)z^{-n} + \sum_{n=(N-1)/2+1}^{N-1} h(n)z^{-n} + h\left(\frac{N-1}{2}\right)z^{-(N-1)/2}$$

$$= \sum_{n=0}^{(N-1)/2-1} h(n)[z^{-n} \pm z^{-(N-1-n)}] + h\left(\frac{N-1}{2}\right)z^{-(N-1)/2} \tag{6.4.7}$$

观察式（6.4.6）与式（6.4.7），计算系统输出时，先进行方括号中的加法或减法运算，再进行乘法运算，这样比直接型结构节约了一半的乘法运算次数。也就是说，直接型结构需要 N 个乘法器，而线性相位结构减少到 $N/2$（N 为偶数）个或 $(N+1)/2$（N 为奇数）个乘法器。线性相位结构的信号流图如图 6.4.3 所示。

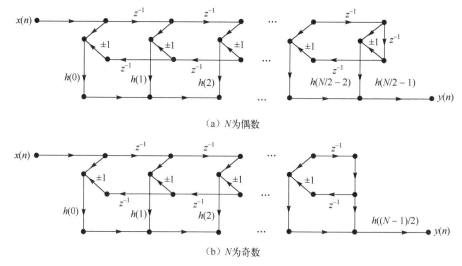

（a）N 为偶数

（b）N 为奇数

图 6.4.3　线性相位结构的信号流图

6.4.5 频率抽样结构

由频域抽样定理可知，如果在频域的抽样点数 N 大于或等于原序列的长度 M，则不会引起信号失真，设 FIR 系统的单位脉冲响应 $h(n)$ 的 Z 变换 $H(z)$ 与抽样值 $H(k)$ 满足

$$H(z) = \frac{1}{N} \sum_{k=0}^{N-1} H(k) \frac{1-z^{-N}}{1-W_N^{-k} z^{-1}} \qquad (6.4.8)$$

式中，$H(k)$ 为 $h(n)$ 的 N 点 DFT，则

$$H(k) = H(z)\big|_{z=e^{j\frac{2\pi}{N}k}} \qquad k = 0, 1, \cdots, N-1$$

这里 $h(n)$ 的长度 M 满足频域抽样定理，即 $M \leqslant N$。式（6.4.8）提供了频率抽样结构的运算规律，式中存在分母多项式，因此该网络结构存在反馈网络，不同于前面三种 FIR 系统网络结构。由于该结构受频域抽样定理的限制，因此不适合 IIR 系统。下面分析该结构。

令

$$H_k(z) = \frac{H(k)}{1-W_N^{-k} z^{-1}} \qquad (6.4.9)$$

$$H_c(z) = 1 - z^{-N} \qquad (6.4.10)$$

式（6.4.8）又可以写成下式

$$H(z) = \frac{1}{N} H_c(z) \sum_{k=0}^{N-1} H_k(z) \qquad (6.4.11)$$

式（6.4.9）是我们学过的一阶网络，式（6.4.10）表示的系统称为梳状滤波器。这样，$H(z)$ 表示成一个梳状滤波器、一阶网络与常数 $\frac{1}{N}$ 的乘积，即频率抽样结构是一个梳状滤波器、N 个一阶网络与常数 $\frac{1}{N}$ 级联而成的，如图 6.4.4 所示。

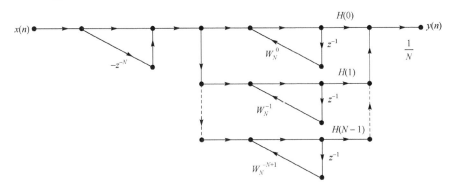

图 6.4.4　FIR 系统的频率抽样结构

频率抽样结构的特点如下。

（1）在频率抽样点 $\omega_k = \frac{2\pi}{N} k$ 处，$H(k) = H(\omega_k)$，只要调整 $H(k)$（即一阶网络 $H_k(z)$ 中的乘法系数），就可以有效地调整系统的频率响应特性，方便实现任意形状的频率响应曲线。

（2）只要 $h(n)$ 的长度为 N，对于任何频率响应曲线形状，其梳状滤波器部分和 N 个一阶网络部分的结构完全相同，只是各支路增益 $H(k)$ 不同。这样相同的部分便可以进行标准化、模块化，各支路增益可做成编程单元，生产可编辑 FIR 滤波器。

同时，频率抽样结构有两个缺点。

（1）从式（6.4.8）可以看出，系统的零、极点都在单位圆上，且相互对消，因此系统的收敛域包含单位圆，是稳定的。但实际上因为寄存器的有限字长导致网络中的支路增益 W_N^{-k} 在量化时产生量化误差，可能使零、极点不能完全对消，从而影响系统的稳定性。

（2）图 6.4.4 结构中的 $H(k)$ 和 W_N^{-k} 一般为复数，要求乘法器完成复数乘法运算，这对硬件实现是不方便的。

针对以上缺点，具体改进的方法如下。

（1）为了保证系统的稳定性，首先将单位圆上的零、极点向单位圆内收缩一些，收缩到半径为 r（$r<1$ 且 $r\approx1$）的圆上，此时 $H(z)$ 为

$$H(z) = \frac{1}{N} \sum_{k=0}^{N-1} H_r(k) \frac{1-r^N z^{-N}}{1-rW_N^{-k}z^{-1}} \qquad (6.4.12)$$

$$H_k(z) = \frac{H_r(k)}{1-rW_N^{-k}z^{-1}} \qquad k = 0,1,\cdots,N-1 \qquad (6.4.13)$$

式中，$H_r(k) = H(z)\big|_{z=rW_N^{-k}}$，由于 $r\approx1$，因此 $H_r(k)\approx H(k)$。这样零、极点均为 rW_N^{-k}，即使由于量化误差导致零、极点不能抵消，极点也仍在单位圆内，保证了系统的稳定性。

（2）根据 DFT 的对称性可知，$h(n)$ 为实数序列，其 DFT $H(k)$ 具有共轭对称性，即 $H(k) = H^*(N-k)$，同时有 $W_N^{-k} = W_N^{N-k}$，把式（6.4.13）中的 $H_k(z)$ 与 $H_{N-k}(z)$ 放到一起可以写成一个二阶网络，仍记为 $H_k(z)$，即

$$\begin{aligned}
H_k(z) &= \frac{H(k)}{1-rW_N^{-k}z^{-1}} + \frac{H(N-k)}{1-rW_N^{k-N}z^{-1}} = \frac{H(k)}{1-rW_N^{-k}z^{-1}} + \frac{H^*(k)}{1-r(W_N^{-k})^*z^{-1}} \\
&= \frac{[H(k)+H^*(k)] - rz^{-1}[W_N^k H(k) + (W_N^k H(k))^*]}{1-2r\cos\left(\frac{2\pi}{N}k\right)z^{-1}+r^2z^{-2}}
\end{aligned} \qquad (6.4.14)$$

如果令

$$a_{0k} = [H(k)+H^*(k)] = 2\operatorname{Re}[H(k)]$$

$$a_{1k} = r[W_N^k H(k) + (W_N^k H(k))^*] = 2r\operatorname{Re}[W_N^k H(k)]$$

N 为偶数时　　　　　　　　　　　$k = 1,2,\cdots,N/2-1$

N 为奇数时　　　　　　　　　　　$k = 1,2,\cdots,(N-1)/2-1$

则式（6.4.14）又可以写成

$$H_k(z) = \frac{a_{0k}-a_{1k}z^{-1}}{1-2r\cos\left(\frac{2\pi}{N}k\right)z^{-1}+r^2z^{-2}} \qquad (6.4.15)$$

当 N 为偶数时，把式（6.4.15）代入式（6.4.12），即

$$H(z) = \frac{1}{N}(1 - r^N z^{-N}) \left[\frac{H(0)}{1 - rz^{-1}} + \frac{H(N/2)}{1 + rz^{-1}} + \sum_{k=1}^{N/2-1} \frac{a_{0k} - a_{1k}z^{-1}}{1 - 2r\cos\left(\dfrac{2\pi}{N}k\right)z^{-1} + r^2 z^{-2}} \right] \quad (6.4.16)$$

式中，$H(0)$ 与 $H(N/2)$ 均为实数。式（6.4.16）对应的频率抽样修正结构由 $(N/2-1)$ 个二阶网络和两个一阶网络并联后与梳状滤波器级联而成，如图 6.4.5（b）所示。

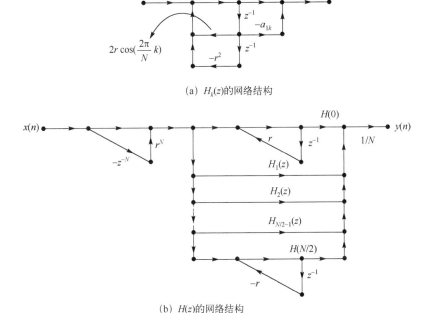

(a) $H_k(z)$ 的网络结构

(b) $H(z)$ 的网络结构

图 6.4.5　FIR 系统频率抽样修正结构（N 为偶数）

当 N 为奇数时，把式（6.4.15）代入式（6.4.12），即

$$H(z) = \frac{1}{N}(1 - r^N z^{-N}) \left[\frac{H(0)}{1 - rz^{-1}} + \sum_{k=1}^{(N-1)/2} \frac{a_{0k} - a_{1k}z^{-1}}{1 - 2r\cos\left(\dfrac{2\pi}{N}k\right)z^{-1} + r^2 z^{-2}} \right] \quad (6.4.17)$$

式（6.4.17）对应的频率抽样修正结构由 $(N-1)/2$ 个二阶网络和一个一阶网络并联后与梳状滤波器级联而成，如图 6.4.6 所示。

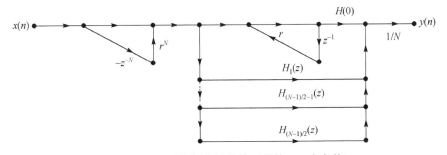

图 6.4.6　FIR 系统频率抽样修正结构（N 为奇数）

由图 6.4.6 可见，当抽样点数 N 很大时，修正结构显然很复杂，需要的乘法器和延时单元比频率抽样非修正结构多。但对于一些系统（如窄带滤波器），频率抽样值为零的比较多，从而使二阶网络大大减少，所以频率抽样结构适用于窄带滤波器。

另外还有格型结构，有兴趣的读者可以参考文献[1]。

习题与上机题

1．设系统用下面的差分方程描述

$$y(n) + \frac{3}{16}y(n-1) + \frac{1}{4}y(n-2) = x(n) + 2x(n-1)$$

试画出系统的直接型结构、级联型结构和并联型结构。

2．设数字滤波器的差分方程为

$$y(n) = 0.5y(n-1) - 0.7y(n-2) + x(n-1) + x(n)$$

试画出该滤波器的直接型结构、级联型结构和并联型结构。

3．设系统的系统函数为

$$H(z) = \frac{4(1+z^{-1})(1-1.414z^{-1}+z^{-2})}{(1-0.5z^{-1})(1+0.9z^{-1}+0.18z^{-2})}$$

试画出各种可能的级联型结构，并指出哪种最好。

4．题 4 图中画出了 3 个系统，试用各子系统的单位脉冲响应分别表示各总系统的单位脉冲响应，并计算其总系统函数。

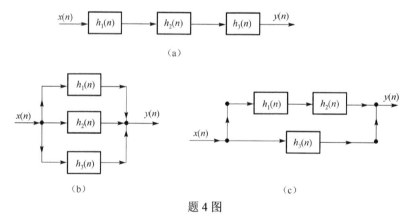

题 4 图

5．已知滤波器的单位脉冲响应为 $h(n) = 0.9^n R_5(n)$，求滤波器的系统函数，并画出其直接型结构。

6．已知 FIR 滤波器的系统函数为

$$H(z) = \frac{1}{10}(1 + 0.9z^{-1} + 2.1z^{-2} + 0.9z^{-3} + z^{-4})$$

试画出其直接型结构和线性相位结构。

7．已知 FIR 滤波器的单位脉冲响应为

（1）$N=5$，$h(0)=h(4)=5$，$h(1)=h(3)=3$，$h(2)=-1$

（2）$N=6$，$h(0)=h(5)=15$，$h(1)=h(4)=-3$，$h(2)=h(3)=2$

试画出它们的线性相位结构，并分别说明它们的幅度特性和相位特性各有什么特点。

8．已知 FIR 滤波器的单位脉冲响应为 $h(n)=\delta(n)-\delta(n-1)+\delta(n-4)$，试用频率抽样结构实现该滤波器。设抽样点数 $N=5$，要求画出频率抽样结构，写出滤波器参数的计算公式。

9．题 9 图画出了 6 种不同的流图，试分别写出它们的系统函数及差分方程。

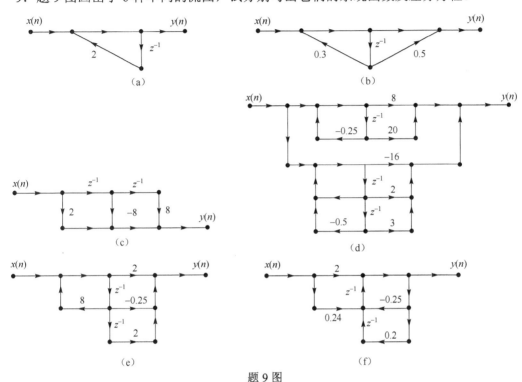

题 9 图

10．已知 FIR 滤波器的 16 个频率抽样值为

$$H(0)=10 \qquad H(1)=-2+j\sqrt{2}$$

$$H(15)=-2-j\sqrt{2} \qquad H(2)=1+j$$

$$H(14)=1-j \qquad H(k)=0, \qquad k=3,4,\cdots,13$$

试画出其频率抽样结构，选择 $r=1$，可以用复数乘法器。

11．已知 FIR 滤波器的 16 个频率抽样值为

$$H(0)=10 \qquad H(1)=-2+j\sqrt{2}$$

$$H(15)=-2-j\sqrt{2} \qquad H(2)=1+j$$

$$H(14)=1-j \qquad H(k)=0, \qquad k=3,4,\cdots,13$$

试画出其频率抽样结构，选择修正半径 $r=0.9$，要求用实数乘法器。

12. 令

$$H_1(z) = 1 - 0.6z^{-1} - 1.414z^{-2} + 0.864z^{-3}$$

$$H_2(z) = 1 - 1.25z^{-1} + 0.75z^{-2} - 0.125z^{-3}$$

$$H_3(z) = H_1(z) / H_2(z)$$

分别画出它们的直接型结构。

13. 对于题 13 图的系统，要求：

（1）确定它的系统函数；

（2）如果系统参数为

① $b_0 = b_2 = 1$，$b_1 = 2$，$a_1 = 1.5$，$a_2 = -0.9$

② $b_0 = b_2 = 1$，$b_1 = 2$，$a_1 = 1$，$a_2 = -2$

画出系统的零、极点分布图，并检验系统的稳定性。

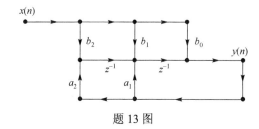

题 13 图

14*. 假设滤波器的系统函数为

$$H(z) = \frac{5 - 2z^{-3} - 3z^{-6}}{1 - z^{-1}}$$

在单位圆上抽样 8 点，选择 $r = 0.95$，试画出它的频率抽样结构，并在计算机上用 DFT 求出频率抽样结构中的有关系数。

第7章   无限脉冲响应数字滤波器的设计

7.1   数字滤波器的基本概念

所谓数字滤波器，是指输入、输出均为数字信号，通过数值运算处理改变输入信号所含频率成分的相对比例，或者滤除某些不希望的频率成分的数字器件或程序。因此数字滤波的概念与模拟滤波相同，唯一不同的是信号的形式和实现滤波的方法。

由绪论可知，数字滤波器处理的优点是精度高、稳定、体积小、重量轻、灵活、不存在阻抗匹配问题，可以实现模拟滤波器无法实现的特殊滤波功能。模拟信号也可以通过 ADC 和 DAC 匹配转换为数字信号，然后使用数字滤波器进行滤波。滤波器可用于波形形成、调制解调器、滤除信号中的噪声、信号分离和信道均衡等，所以学习滤波器的设计与实现是必不可少的。

7.1.1   数字滤波器的分类

数字滤波器总体来说可以分为两大类：经典滤波器和现代滤波器。经典滤波器的输入信号中希望保留的频率成分和希望滤除的频率成分各占有不同的频带，通过一个合适的选频滤波器滤除干扰，可得到纯净信号。例如，如图 7.1.1 所示，输入信号 $x(t)$ 的时域波形为图 7.1.1（a），频谱图为图 7.1.1（b），由图可见，信号和噪声的频带互不重叠，可用图 7.1.1（c）所示的低通滤波器滤除噪声，得到图 7.1.1（d）所示的滤除噪声的信号。

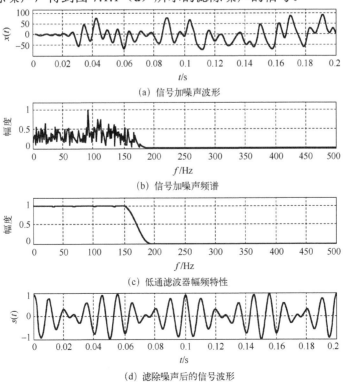

(a) 信号加噪声波形

(b) 信号加噪声频谱

(c) 低通滤波器幅频特性

(d) 滤除噪声后的信号波形

图 7.1.1   用经典滤波器从含噪信号中提取信号

但是，当信号和噪声的频谱相互重叠时，经典滤波器失效，不能有效地滤除噪声，从而不能最大限度地恢复信号，因此现代滤波器应运而生，例如，维纳滤波器、卡尔曼滤波器、自适应滤波器等。现代滤波器是根据随机信号的统计特性，在某种最佳准则下最大限度地抑制干扰，并恢复信号的滤波器。由于现代滤波器属于随机信号处理的范畴，因此，本书只介绍经典滤波器的设计分析和实现方法。

经典滤波器按滤波特性，可以分为低通滤波器、高通滤波器、带通滤波器和带阻滤波器等。它们的理想幅频特性如图 7.1.2 所示。因为它们的单位脉冲响应均是非因果且无限长的，所以这种理想滤波器是不可能实现的。我们只能按照某些准则设计滤波器，使之在允许误差内逼近理想滤波器。另外需要注意的是，数字滤波器的频率响应函数 $H(\mathrm{e}^{\mathrm{j}\omega})$ 都是以 2π 为周期的，低通滤波器的通带中心位于 2π 的整数倍处，而高通滤波器的通带中心位于 π 的奇数倍处，这一点和模拟滤波器是有区别的。一般数字滤波器用主值区 $[-\pi, \pi]$ 描述数字滤波器的频率响应特性。

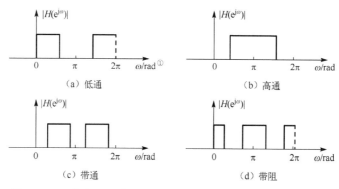

　　　　　（a）低通　　　　　　　　　　　　　　（b）高通

　　　　　（c）带通　　　　　　　　　　　　　　（d）带阻

图 7.1.2　理想低通、高通、带通和带阻滤波器的理想幅频特性

数字滤波器按实现的网络结构或单位脉冲响应的长度，又可以分为无限长单位脉冲响应（IIR）滤波器和有限长单位脉冲响应（FIR）滤波器。它们的系统函数分别为

$$H(z) = \frac{\displaystyle\sum_{m=0}^{M} b_m z^{-m}}{1 + \displaystyle\sum_{k=1}^{N} a_k z^{-k}} \tag{7.1.1}$$

$$H(z) = \sum_{n=0}^{N-1} h(n) z^{-n} \tag{7.1.2}$$

式（7.1.1）中的 $H(z)$ 称为 N 阶 IIR 数字滤波器的系统函数；式（7.1.2）中的 $H(z)$ 称为 $N-1$ 阶 FIR 数字滤波器的系统函数。以下分两章分别对这两种数字滤波器的设计方法进行学习。

根据滤波器对信号的处理作用，又可将其分为选频滤波器和微分器、希尔伯特变换器、频谱校正器等。低通、高通、带通和带阻滤波器均属于选频滤波器。

7.1.2　数字滤波器的技术指标

1. 选频滤波器的技术指标

常用的数字滤波器一般属于选频滤波器。设数字滤波器的频率响应函数 $H(\mathrm{e}^{\mathrm{j}\omega})$ 为

---

① 本书中凡是频率 ω，单位都为弧度（rad）；凡是频率 Ω，单位都为弧度每秒（rad/s）。

$$H(\mathrm{e}^{\mathrm{j}\omega}) = \sum_{n=-\infty}^{\infty} h(n)\mathrm{e}^{-\mathrm{j}\omega} = |H(\mathrm{e}^{\mathrm{j}\omega})|\mathrm{e}^{\mathrm{j}\varphi(\omega)} \qquad (7.1.3)$$

式中，$|H(\mathrm{e}^{\mathrm{j}\omega})|$ 称为幅频特性函数，$\varphi(\omega)$ 称为相频特性函数。$|H(\mathrm{e}^{\mathrm{j}\omega})|$ 表示信号通过该滤波器后各频率成分振幅的衰减情况，而 $\varphi(\omega)$ 反映各频率成分通过滤波器后在时间上的延迟情况。即使两个滤波器的 $|H(\mathrm{e}^{\mathrm{j}\omega})|$ 相同，而 $\varphi(\omega)$ 不同，对同一个输入，滤波器输出的信号波形也是不一样的。一般选频滤波器的技术指标由幅频特性给出，对几种典型滤波器（如巴特沃斯滤波器），其相频特性是确定的，所以在设计过程中，对相频特性一般不做要求。本章主要研究针对 $|H(\mathrm{e}^{\mathrm{j}\omega})|$ 指标的选频滤波器设计。如果对输出波形有严格要求，则需要考虑相频特性的技术指标，例如，波形传输、图像信号处理等，此时，需要设计线性相位数字滤波器，这部分内容将在第 8 章介绍。

对于如图 7.1.2 所示的各种理想滤波器，应设计一个因果可实现的滤波器去近似实现。另外，也要考虑复杂性与成本问题，因此在实际中，通带和阻带都允许一定的误差容限，即通带不是完全水平的，阻带也不是绝对衰减到零的。此外，按照要求，在通带与阻带之间还应设置一定宽度的过渡带。

如图 7.1.3 所示为低通滤波器的幅频特性，ω_p 和 ω_s 分别称为通带截止频率和阻带截止频率。

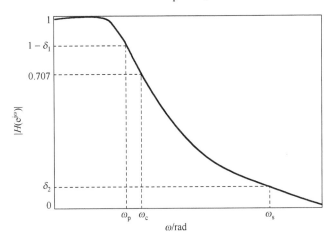

图 7.1.3　低通滤波器的幅频特性

通带频率范围：$0 \leqslant |\omega| \leqslant \omega_p$，要求：$(1-\delta_1) \leqslant |H(\mathrm{e}^{\mathrm{j}\omega})| \leqslant 1$；

阻带频率范围：$\omega_s \leqslant |\omega| \leqslant \pi$，要求：$|H(\mathrm{e}^{\mathrm{j}\omega})| \leqslant \delta_2$。

δ_1 称为通带波纹幅度，δ_2 称为阻带波纹幅度。ω_p 与 ω_s 之间的频带称为过渡带，过渡带上的频率响应一般是单调下降的。通常，通带内和阻带内允许的衰减一般用分贝数（dB）表示，通带内允许的最大衰减用 α_p 表示，阻带内允许的最小衰减用 α_s 表示。对低通滤波器，α_p 和 α_s 分别定义为

$$\alpha_p = 20\lg \frac{\max |H(\mathrm{e}^{\mathrm{j}\omega})|}{\min |H(\mathrm{e}^{\mathrm{j}\omega})|}\mathrm{dB} \qquad 0 \leqslant |\omega| \leqslant \omega_p \qquad (7.1.4)$$

$$\alpha_s = 20\lg \frac{通带 \max |H(\mathrm{e}^{\mathrm{j}\omega})|}{阻带 \max |H(\mathrm{e}^{\mathrm{j}\omega})|}\mathrm{dB} \qquad (7.1.5)$$

显然，α_p 越小，通带波纹越小，通带逼近误差就越小；α_s 越大，阻带波纹越小，阻带逼近误差就越小；ω_p 与 ω_s 的间距越小，过渡带就越窄。所以低通滤波器的设计指标由通带截止频率 ω_p、通带最大衰减 α_p、阻带截止频率 ω_s、阻带最小衰减 α_s 确定。

2. 片段常数特性

对于选频滤波器，一般对通带和阻带内的幅频响应曲线的形状没有具体要求，只要求其波纹幅度小于某个常数，通常将这种要求称为片段常数特性。所谓片段，是指"通带"和"阻带"，常数是指"通带波纹幅度 δ_1"和"阻带波纹幅度 δ_2"，通带最大衰减 α_p 和阻带最小衰减 α_s 是与 δ_1 和 δ_2 完全等价的两个常数。片段特性概念在选频滤波器设计中很重要，其尤其有助于理解 IIR 数字滤波器的双线性变换设计思想。

如图 7.1.3 所示的 $|H(e^{j\omega})|$ 满足单调下降特性，α_p 和 α_s 分别又可以表示为

$$\alpha_p = 20\lg\left|\frac{H(e^{j\omega_0})}{H(e^{j\omega_p})}\right|\text{dB} \qquad (7.1.6a)$$

$$\alpha_s = 20\lg\left|\frac{H(e^{j\omega_0})}{H(e^{j\omega_s})}\right|\text{dB} \qquad (7.1.6b)$$

ω_0 为滤波器的通带中心频率，如果 $\left|H(e^{j\omega_0})\right|=1$，式（7.1.6b）和式（7.1.6b）可表示为

$$\alpha_p = -20\lg\left|H(e^{j\omega_p})\right|\text{dB} \qquad (7.1.6c)$$

$$\alpha_s = -20\lg\left|H(e^{j\omega_s})\right|\text{dB} \qquad (7.1.6d)$$

当幅度下降到原来的 $1/\sqrt{2}$ 时，标记频率 $\omega = \omega_c$，此时 $\alpha = -20\lg\left|H(e^{j\omega_c})\right| = 3\text{dB}$，称 ω_c 为 3dB 通带截止频率。通带截止频率 ω_p、3dB 通带截止频率 ω_c、阻带截止频率 ω_s 统称为截止频率，它们是滤波器设计中所涉及的重要参数。

7.1.3　数字滤波器设计方法概述

IIR 滤波器的设计方法有间接法和直接法。直接法就是直接在频域或者时域中设计数字滤波器，由于要解联立方程，因此设计时需要借助计算机辅助设计。间接法是借助于模拟滤波器的设计方法进行的，这是因为模拟滤波器的设计方法已经很成熟，不仅有完整的设计公式，还有完善的图表和曲线供查阅。另外，还有一些典型的优良滤波器类型可供我们使用。

间接法的设计步骤是：

（1）先设计过渡模拟滤波器得到系统函数 $H_a(s)$；

（2）将 $H_a(s)$ 按某种方法转换成数字滤波器的系统函数 $H(z)$。

FIR 滤波器与 IIR 滤波器的设计方法完全不同。FIR 滤波器不能采用间接法，常用的设计方法有窗函数法、频率抽样法和切比雪夫等波纹逼近法。对于线性相位滤波器，经常采用 FIR 滤波器。可以证明，当 FIR 滤波器的单位脉冲响应满足一定条件时，其相位特性在整个频带是严格线性的，这是模拟滤波器无法达到的。当然，也可以采用 IIR 滤波器，但必须使用全通网络对其非线性相位特性进行校正，这样会提高设计与实现的复杂度。

本章将介绍 IIR 滤波器的间接设计方法。为此先介绍模拟低通滤波器的设计，原因是：

低通滤波器的设计是设计其他滤波器的基础。在设计模拟高通、带通和带阻滤波器时，可以先将各种滤波器的技术指标转换为低通滤波器的技术指标，然后设计相应的低通滤波器，最后采用频率转换法将低通滤波器转换成希望设计的滤波器。

滤波器设计的各种基础方法都有现成的设计程序或设计函数可供使用，只要掌握了滤波器设计的基本原理，在工程实际应用中利用计算机辅助设计滤波器就是很容易的事了。

7.2　模拟低通滤波器的设计

模拟滤波器的理论和设计方法已相当成熟，有多种典型的模拟滤波器可供设计人员选择，这些滤波器有严格的设计公式、现成的曲线和图表。典型的模拟滤波器有巴特沃斯（Butterworth）滤波器、切比雪夫（Chebyshev）滤波器 Ⅰ 型和 Ⅱ 型、贝塞尔（Bessel）滤波器、椭圆（Ellipse）滤波器这 5 种。这些典型的滤波器各有特点，设计时要根据具体要求选择滤波器的类型。巴特沃斯滤波器具有单调下降的幅频特性；切比雪夫滤波器的幅频特性在通带或阻带有等波纹特性，可以提高选择性；贝塞尔滤波器的通带内有较好的线性相位特性；椭圆滤波器的选择性相对前三种是最好的，但通带和阻带内均有等波纹幅频特性，相位特性的非线性也稍严重。

理想模拟滤波器按照幅频特性，可分成低通、高通、带通和带阻滤波器，它们的理想幅频特性如图 7.2.1 所示。下面先介绍低通滤波器的技术指标和逼近方法，然后分别介绍巴特沃斯滤波器和切比雪夫滤波器的设计方法。椭圆滤波器的设计比较复杂，只介绍其 MATLAB 设计函数，并通过例子说明如何直接调用 MATLAB 函数设计椭圆滤波器。贝塞尔滤波器等其他滤波器的设计方法参见文献[9]。对于高通、带通、带阻滤波器的设计，总是先设计低通滤波器，然后通过频率转换将低通滤波器转换为希望设计的其他类型滤波器。

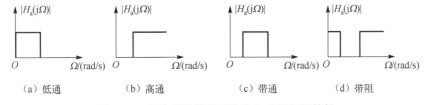

（a）低通　　　　　　（b）高通　　　　　　（c）带通　　　　　　（d）带阻

图 7.2.1　各种理想模拟滤波器的理想幅频特性

7.2.1　模拟低通滤波器的设计指标及逼近方法

模拟滤波器的单位冲激响应、系统函数、幅频响应函数分别用 $h_a(t)$、$H_a(s)$、$H_a(j\Omega)$ 表示，即

$$H_a(s) = \mathrm{LT}[h_a(t)] = \int_{-\infty}^{\infty} h_a(t)\mathrm{e}^{-st}\mathrm{d}t \qquad (7.2.1)$$

$$H_a(j\Omega) = \mathrm{FT}[h_a(t)] = \int_{-\infty}^{\infty} h_a(t)\mathrm{e}^{-j\Omega t}\mathrm{d}t \qquad (7.2.2)$$

$h_a(t)$、$H_a(s)$、$H_a(j\Omega)$ 中的任意一个均可用来描述模拟滤波器，也可以用线性常系数微分方程来描述模拟滤波器。在设计模拟滤波器时，设计指标一般由幅频响应函数 $|H_a(j\Omega)|$ 给出，而模拟滤波器设计即根据设计指标，求系统函数 $H_a(s)$。

工程实际中通常用所谓的损耗函数（衰减函数）$A(\Omega)$ 来描述滤波器的幅频响应特性。本书后面如没有特别说明，均假设归一化的幅频响应函数，即 $\max|H_a(j\Omega)|=1$，$A(\Omega)$ 的定义如下

$$A(\Omega) = -20\lg|H_a(j\Omega)| = -10\lg|H_a(j\Omega)|^2 \text{ dB} \qquad (7.2.3)$$

损耗函数和幅频响应函数 $|H_a(j\Omega)|$ 都可用来描述滤波器的幅频响应特性，损耗函数的优点是对幅频响应函数 $|H_a(j\Omega)|$ 的取值进行非线性压缩，这样可以放大 $|H_a(j\Omega)|$ 取值较小的值，从而可以同时观察通带和阻带幅频响应特性的变化情况。如图 7.2.2 所示，图 7.2.2（a）所示的幅频响应函数完全看不出阻带内取值较小（0.001 以下）的波纹，而损耗函数则能清楚地显示 –60dB 以下的波纹变化曲线。另外，直接画出的损耗函数曲线正好与幅频响应函数曲线形状相反，所以，习惯将 $-A(\Omega)$ 曲线称为损耗函数，如图 7.2.2（b）所示，图中用 f 表示频率。

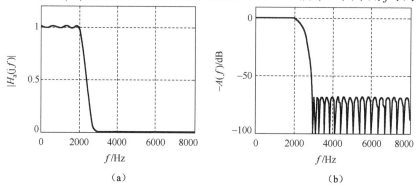

(a)   (b)

图 7.2.2　幅频响应函数与损耗函数曲线的比较

模拟低通滤波器的设计指标参数有 α_p、Ω_p、α_s 和 Ω_s，其中 Ω_p 和 Ω_s 分别称为通带截止频率和阻带截止频率，单位为 rad/s。α_p 称为通带最大衰减，即通带 $[0,\Omega_p]$ 中允许 $A(\Omega)$ 的最大值，α_s 称为阻带最小衰减，即阻带 $\Omega \geqslant \Omega_s$ 上允许 $A(\Omega)$ 的最小值，α_p 和 α_s 的单位是 dB，定义类似于式（7.1.4）与式（7.1.5），表示如下

$$\alpha_p = 20\lg\frac{\max|H_a(j\Omega)|}{\min|H_a(j\Omega)|}\text{dB} \qquad 0 \leqslant \Omega \leqslant \Omega_p \qquad (7.2.4)$$

$$\alpha_s = 20\lg\frac{\text{通带}\max|H_a(j\Omega)|}{\text{阻带}\max|H_a(j\Omega)|}\text{dB} \qquad (7.2.5)$$

图 7.2.3 所示为模拟低通滤波器的设计指标示意图，其中图 7.2.3（a）为幅频响应函数，图 7.2.3（b）为损耗函数。

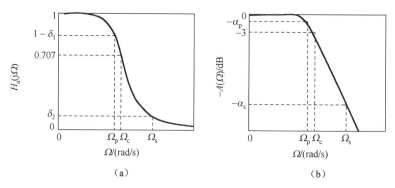

(a)   (b)

图 7.2.3　模拟低通滤波器的设计指标示意图

由图 7.2.3 可见，幅频响应函数满足单调下降特性，α_p 和 α_s 又可以表示成

$$\alpha_p = -20\lg\left|H_a(j\Omega_p)\right|\text{dB} \tag{7.2.6}$$

$$\alpha_s = -20\lg\left|H_a(j\Omega_s)\right|\text{dB} \tag{7.2.7}$$

图 7.2.3 中，$\left|H_a(j\Omega_c)\right| = 1/\sqrt{2}$，$-20\lg\left|H_a(j\Omega_c)\right| = 3\text{dB}$，称 Ω_c 为 3dB 截止频率。δ_1 和 δ_2 分别称为通带和阻带波纹幅度，容易得到以下关系式

$$\alpha_p = -20\lg(1-\delta_1)\text{dB} \tag{7.2.8}$$

$$\alpha_s = -20\lg\delta_2\ \text{dB} \tag{7.2.9}$$

根据给定的技术指标 α_p、Ω_p、α_s 和 Ω_s 计算 $\left|H_a(j\Omega)\right|^2$，由于系统函数 $H_a(s)$ 与 $H_a(j\Omega)$ 的关系为

$$\left|H_a(j\Omega)\right|^2 = H_a(s)H_a(-s)\big|_{s=j\Omega} = H_a(j\Omega)H_a^*(j\Omega) \tag{7.2.10}$$

因此可以求出 $H_a(s)H_a(-s)$，从而可以求出需要的 $H_a(s)$。$H_a(s)$ 必须是因果稳定的，因此极点必须落在 s 平面的左半平面，$H_a(-s)$ 的极点必然落在右半平面，这就是由 $H_a(s)H_a(-s)$ 求所需要的 $H_a(s)$ 的具体原则，即模拟低通滤波器的逼近方法。综上可知，$\left|H_a(j\Omega)\right|^2$ 在模拟滤波器的设计中起着很重要的作用。对于上面提到的 5 种典型滤波器，其幅度平方函数都有确定的表达式，可以直接应用。

7.2.2　巴特沃斯低通滤波器的设计

1．巴特沃斯低通滤波器设计原理

巴特沃斯低通滤波器的幅度平方函数 $\left|H_a(j\Omega)\right|^2$ 为

$$\left|H_a(j\Omega)\right|^2 = \frac{1}{1+(\Omega/\Omega_c)^{2N}} \tag{7.2.11}$$

式中，N 称为滤波器的阶数。且

$$\left|H_a(j0)\right| = 1 \tag{7.2.12}$$

$$\left|H_a(j\Omega_c)\right| = 1/\sqrt{2} \tag{7.2.13}$$

幅频特性与 Ω 和 N 的关系如图 7.2.4 所示。可以看出，在 Ω_c 附近，随着 Ω 的增大，幅度迅速下降。幅度下降的速度与阶数 N 有关，N 越大，通带越平坦，过渡带越窄，过渡带与阻带幅度下降的速度越快，总的频率响应特性与理想低通滤波器的误差越小。

设 $s = j\Omega$，则将幅度平方函数表示为 s 的函数

$$\left|H_a(j\Omega)\right|^2 = H_a(s)H_a(-s)\big|_{s=j\Omega} = \frac{1}{1+(s/j\Omega_c)^{2N}} \tag{7.2.14}$$

此式表明幅度平方函数有 $2N$ 个极点（使分母为零的点），极点 s_k 用下式表示

$$s_k = (-1)^{1/2N}(j\Omega_c) = \Omega_c e^{j\pi\left(\frac{1}{2}+\frac{2k+1}{2N}\right)} \quad k = 0,1,\cdots,2N-1 \tag{7.2.15}$$

显然 $2N$ 个极点等间隔（间隔为 $\pi/N\ \text{rad}$）分布在半径为 Ω_c 的圆上，该圆称为巴特沃斯圆，

如图 7.2.5 所示，当 $N=3$ 时，极点间的间隔为 $\pi/3\,\mathrm{rad}$。

为形成因果稳定的滤波器，只取 s 平面左半平面的 N 个极点构成 $H_\mathrm{a}(s)$，右半平面的 N 个极点构成 $H_\mathrm{a}(-s)$，$H_\mathrm{a}(s)$ 的表达式为

$$H_\mathrm{a}(s)=\varOmega_\mathrm{c}^N\Big/\prod_{k=0}^{N-1}(s-s_k) \tag{7.2.16}$$

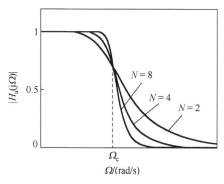

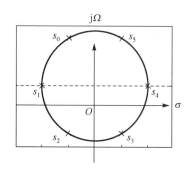

图 7.2.4　巴特沃斯低通滤波器幅频特性与 $\varOmega$ 和 N 的关系　　图 7.2.5　三阶巴特沃斯滤波器的极点分布图

例如，当 $N=3$ 时，有 6 个极点，如图 7.2.5 所示，取 s 平面左半平面的极点 s_0、s_1、s_2 构成 $H_\mathrm{a}(s)$

$$H_\mathrm{a}(s)=\frac{\varOmega_\mathrm{c}^3}{(s+\varOmega_\mathrm{c})\left(s-\varOmega_\mathrm{c}\mathrm{e}^{\mathrm{j}\frac{2\pi}{3}}\right)\left(s-\varOmega_\mathrm{c}\mathrm{e}^{-\mathrm{j}\frac{2\pi}{3}}\right)} \tag{7.2.17}$$

式（7.2.16）还可写为

$$H_\mathrm{a}(s)=\frac{1}{\displaystyle\prod_{k=0}^{N-1}\left(\frac{s}{\varOmega_\mathrm{c}}-\frac{s_k}{\varOmega_\mathrm{c}}\right)} \tag{7.2.18}$$

令 $p=\dfrac{s}{\varOmega_\mathrm{c}}$ 称为归一化复变量，有

$$p_k=\frac{s_k}{\varOmega_\mathrm{c}}=\mathrm{e}^{\mathrm{j}\pi\left(\frac{1}{2}+\frac{2k+1}{2N}\right)}\qquad k=0,1,\cdots,N-1 \tag{7.2.19}$$

p_k 称为归一化极点，分布在单位圆上，则巴特沃斯滤波器的归一化低通原型系统函数 $G_\mathrm{a}(p)$ 为

$$G_\mathrm{a}(p)=H_\mathrm{a}(p\varOmega_\mathrm{c})=\frac{1}{\displaystyle\prod_{k=0}^{N-1}(p-p_k)} \tag{7.2.20}$$

这样期望设计的系统函数 $H_\mathrm{a}(s)$ 的设计步骤如下。

（1）根据技术指标求出阶数 N。

（2）利用式（7.2.19）求出 N 个极点 p_k，代入式（7.2.20）得到归一化低通原型系统函数 $G_\mathrm{a}(p)$，$G_\mathrm{a}(p)$ 的分母是 p 的 N 阶多项式，表示为

$$G_a(p) = \frac{1}{p^N + b_{N-1}p^{N-1} + \cdots + b_1 p + b_0} \tag{7.2.21}$$

其中，系数 b_k 及极点 p_k（$k = 0,1,\cdots,N-1$）可以由表 7.2.1 得到。另外，表中还给出了 $G_a(p)$ 的因式分解形式中的各系数，这样只要求出阶数 N，就可通过查表得到 $G_a(p)$ 及各极点，而且可以选择级联型结构和直接型结构的系统函数表示式，避免了因式分解运算工作。

表 7.2.1　巴特沃斯归一化低通滤波器参数

阶数 N	极点位置				
	$p_{0,N-1}$	$p_{1,N-2}$	$p_{2,N-3}$	$p_{3,N-4}$	p_4
1	−1.0000				
2	−0.7071±j0.7071				
3	−0.5000±j0.8660	−1.0000			
4	−0.3827±j0.9239	−0.9239±j0.3827			
5	−0.3090±j0.9511	−0.8090±j0.5878	−1.0000		
6	−0.2588±j0.9659	−0.7071±j0.7071	−0.9659±j0.2588		
7	−0.2225±j0.9749	−0.6235±j0.7818	−0.9091±j0.4339	−1.0000	
8	−0.1951±j0.9808	−0.5556±j0.8315	−0.8315±j0.5556	−0.9808±j0.1951	
9	−0.1736±j0.9848	−0.5000±j0.8660	−0.7660±j0.6428	−0.9397±j0.3420	−1.0000

阶数 N	分母多项式								
	$B(p) = p^N + b_{N-1}p^{N-1} + \cdots + b_1 p + b_0$								
	b_0	b_1	b_2	b_3	b_4	b_5	b_6	b_7	b_8
1	1.0000								
2	1.0000	1.4142							
3	1.0000	2.0000	2.0000						
4	1.0000	2.6131	3.4142	2.613					
5	1.0000	3.2361	5.2361	5.2361	3.2361				
6	1.0000	3.8637	7.4641	9.1416	7.4641	3.8637			
7	1.0000	4.4940	10.0978	14.5918	14.5918	10.0978	4.4940		
8	1.0000	5.1258	13.1371	21.8462	25.6884	21.8462	13.1371	5.1258	
9	1.0000	5.7588	16.5817	31.1634	41.9864	41.9864	31.1634	16.5817	5.7588

阶数 N	分母因式
	$B(p) = B_1(p)B_2(p)\cdots B_{\lfloor N/2 \rfloor}(p)$　　$\lfloor N/2 \rfloor$ 表示取大于或等于 $\dfrac{N}{2}$ 的最小整数
1	$(p^2 + 1)$
2	$(p^2 + 1.4142p + 1)$
3	$(p^2 + p + 1)(p + 1)$
4	$(p^2 + 0.7654p + 1)(p^2 + 1.8478p + 1)$
5	$(p^2 + 0.6180p + 1)(p^2 + 1.6180p + 1)(p + 1)$
6	$(p^2 + 0.5176p + 1)(p^2 + 1.4142p + 1)(p^2 + 1.9319p + 1)$
7	$(p^2 + 0.4450p + 1)(p^2 + 1.2470p + 1)(p^2 + 1.8019p + 1)(p + 1)$
8	$(p^2 + 0.3902p + 1)(p^2 + 1.1111p + 1)(p^2 + 1.6629p + 1)(p^2 + 1.9616p + 1)$
9	$(p^2 + 0.3473p + 1)(p^2 + p + 1)(p^2 + 1.5321p + 1)(p^2 + 1.8974p + 1)(p + 1)$

（3）如果给定 Ω_{c}，再去归一化，即将 $p = \dfrac{s}{\Omega_{\mathrm{c}}}$ 代入 $G_{\mathrm{a}}(p)$ 中［或者按照 $s_k = \Omega_{\mathrm{c}} p_k$ 求出 s_k 并代入式（7.2.16）］，便可得到期望设计的系统函数 $H_{\mathrm{a}}(s)$。若没有给定 Ω_{c}，可以按照下面 Ω_{c} 的确定方法来确定。

2. 阶数 N 和 Ω_{c} 的确定方法

阶数 N 的大小主要影响通带幅频特性的平坦程度和过渡带、阻带的幅度下降速度，它由技术指标 α_{p}、Ω_{p}、α_{s} 和 Ω_{s} 确定。α_{p} 为通带最大衰减，α_{s} 为阻带最小衰减，因此令式（7.2.11）中的 $\Omega = \Omega_{\mathrm{p}}$，再结合式（7.2.6），得到

$$10\lg[1 + (\Omega_{\mathrm{p}}/\Omega_{\mathrm{c}})^{2N}] \leqslant \alpha_{\mathrm{p}} \qquad (7.2.22)$$

同理，令式（7.2.11）中的 $\Omega = \Omega_{\mathrm{s}}$，再结合式（7.2.7），得到

$$10\lg[1 + (\Omega_{\mathrm{s}}/\Omega_{\mathrm{c}})^{2N}] \geqslant \alpha_{\mathrm{s}} \qquad (7.2.23)$$

由式（7.2.22）和式（7.2.23）得到

$$\left(\frac{\Omega_{\mathrm{s}}}{\Omega_{\mathrm{p}}}\right)^{N} \geqslant \sqrt{\frac{(10^{\alpha_{\mathrm{s}}/10} - 1)}{(10^{\alpha_{\mathrm{p}}/10} - 1)}} \qquad (7.2.24)$$

令

$$\lambda_{\mathrm{sp}} = \frac{\Omega_{\mathrm{s}}}{\Omega_{\mathrm{p}}} \qquad (7.2.25)$$

$$k_{\mathrm{sp}} = \sqrt{\frac{(10^{\alpha_{\mathrm{s}}/10} - 1)}{(10^{\alpha_{\mathrm{p}}/10} - 1)}} \qquad (7.2.26)$$

则 N 由下式表示

$$N \geqslant \frac{\lg k_{\mathrm{sp}}}{\lg \lambda_{\mathrm{sp}}} \qquad (7.2.27)$$

对于 3dB 截止频率 Ω_{c}，如果技术指标中没有给出，则可以按照式（7.2.22）或式（7.2.23）分别求出 Ω_{c} 的表达式

$$\Omega_{\mathrm{c}} \geqslant \Omega_{\mathrm{p}} / (10^{0.1\alpha_{\mathrm{p}}} - 1)^{\frac{1}{2N}} = \Omega_{\mathrm{cp}} \qquad (7.2.28)$$

$$\Omega_{\mathrm{c}} \leqslant \Omega_{\mathrm{s}} / (10^{0.1\alpha_{\mathrm{s}}} - 1)^{\frac{1}{2N}} = \Omega_{\mathrm{cs}} \qquad (7.2.29)$$

需要注意的是，如果 $\Omega_{\mathrm{c}} = \Omega_{\mathrm{cp}}$，则通带指标刚好满足要求，阻带指标有富余（$\Omega_{\mathrm{s}}$ 处衰减可大于 α_{s}）；如果 $\Omega_{\mathrm{c}} = \Omega_{\mathrm{cs}}$，则阻带指标刚好满足要求，通带指标有富余（$\Omega_{\mathrm{p}}$ 处衰减可小于 α_{p}）。

【例 7.2.1】已知通带截止频率 $f_{\mathrm{p}} = 3\mathrm{kHz}$，通带最大衰减 $\alpha_{\mathrm{p}} = 2\mathrm{dB}$，阻带截止频率 $f_{\mathrm{s}} = 6\mathrm{kHz}$，阻带最小衰减 $\alpha_{\mathrm{s}} = 30\mathrm{dB}$，按照以上指标设计巴特沃斯低通滤波器。

解：（1）确定阶数 N

$$k_{\mathrm{sp}} = \sqrt{\frac{(10^{\alpha_{\mathrm{s}}/10} - 1)}{(10^{\alpha_{\mathrm{p}}/10} - 1)}} \approx 41.328$$

$$\lambda_{sp} = \frac{\Omega_s}{\Omega_p} = \frac{2\pi f_s}{2\pi f_p} = 2$$

$$N \geqslant \frac{\lg k_{sp}}{\lg \lambda_{sp}} \approx 5.3690 \qquad 取\ N = 6$$

（2）直接通过查表 7.2.1 得到归一化低通原型系统函数 $G_a(p)$，即

$$G_a(p) = \frac{1}{p^6 + 3.8637p^5 + 7.4641p^4 + 9.1416p^3 + 7.4641p^2 + 3.8637p + 1}$$

（3）为将 $G_a(p)$ 去归一化，先求 3dB 截止频率 Ω_c，如果 Ω_c 取 Ω_{cp}，则

$$\Omega_c = \Omega_p / (10^{0.1\alpha_p} - 1)^{\frac{1}{12}} = \Omega_{cp} = 2\pi \times 3.1371 \times 10^3\,\text{rad/s}$$

将 Ω_c 代入式（7.2.23）的左端项

$$10\lg(1 + (\Omega_s / \Omega_c)^{12}) = 34\text{dB} > \alpha_s$$

因此阻带指标有富余。如果 Ω_c 取 Ω_{cs}，则

$$\Omega_c = \Omega_s / (10^{0.1\alpha_s} - 1)^{\frac{1}{12}} = \Omega_{cs} = 3.3743 \times 2\pi \times 10^3\,\text{rad/s}$$

将 Ω_c 代入式（7.2.22）的左端项

$$10\lg(1 + (\Omega_p / \Omega_c)^{12}) = 0.9478\text{dB} < \alpha_p$$

因此通带指标有富余。

（4）将 $p = \dfrac{s}{\Omega_c}$ 代入 $G_a(p)$，得到

$$H_a(s) = \frac{\Omega_c^6}{s^6 + 3.8637\Omega_c s^5 + 7.4641\Omega_c^2 s^4 + 9.1416\Omega_c^3 s^3 + 7.4641\Omega_c^4 s^2 + 3.8637\Omega_c^5 s + \Omega_c^6}$$

3. 用 MATLAB 工具箱函数设计巴特沃斯低通滤波器

MATLAB 信号处理工具箱函数 buttap、buttord 和 butter 是巴特沃斯滤波器的设计函数，其调用格式和函数如下。

（1）[Z, P, K]=buttap(N)

该格式用于计算 N 阶巴特沃斯归一化（3dB 截止频率 $\Omega_c = 1$）模拟低通滤波器系统函数 $G_a(p)$ 的零点、极点和增益因子。返回值 Z 和 P 是长度为 N 的列向量，分别给出 N 个零点和极点的位置，K 表示滤波器增益。得到的系统函数形式如下

$$G_a(p) = K \frac{(p - Z(1))(p - Z(2)) \cdots (p - Z(N))}{(p - P(1))(p - P(2)) \cdots (p - P(N))} \qquad (7.2.30)$$

如果要根据得到的零点、极点得到系统函数的分子和分母多项式系数向量 B 和 A，可以调用结构转换函数 [B, A] = zp2tf(Z, P, K)。

（2）[N, wc]=buttord(wp, ws, Rp, As)

该格式用于计算巴特沃斯数字滤波器的阶数 N 和 3dB 截止频率 wc。参数 wp 和 ws 分别

为数字滤波器的通带截止频率和阻带截止频率的归一化值，即 $0 \leqslant \mathrm{wp} \leqslant 1$，$0 \leqslant \mathrm{ws} \leqslant 1$，1 表示数字频率 π（对应模拟频率 $F_{\mathrm{s}}/2$，F_{s} 表示抽样频率）。Rp 和 As 分别为通带最大衰减和阻带最小衰减（dB）。当 ws ≤ wp 时，为高通滤波器；当 wp 和 ws 为二维矢量时，为带通滤波器或带阻滤波器，此时，wc 也是二维矢量。

（3）[N, wc]=buttord(wp, ws, Rp, As, 's')

该格式用于计算巴特沃斯模拟滤波器的阶数 N 和 3dB 截止频率 wc。wp、ws 和 wc 是实际模拟角频率（rad/s）。其他参见格式（2）。

（4）[B, A]=butter(N, wc, 'ftype')

该格式用于计算 N 阶巴特沃斯数字滤波器系统函数的分子和分母多项式系数向量 B 和 A。参数 N 和 wc 分别为巴特沃斯数字滤波器的阶数和 3dB 截止频率的归一化值（关于 π 归一化）。按格式（2）计算 N 和 wc。由系数向量 B 和 A 可以得到数字滤波器的系统函数

$$H(z)=\frac{B(z)}{A(z)}=\frac{B(1)+B(2)z^{-1}+\cdots+B(N)z^{-(N-1)}+B(N+1)z^{-N}}{A(1)+A(2)z^{-1}+\cdots+A(N)z^{-(N-1)}+A(N+1)z^{-N}} \quad (7.2.31)$$

（5）[B, A]=butter(N, wc, 'ftype','s')

该格式用于计算 N 阶巴特沃斯模拟滤波器系统函数的分子和分母多项式系数向量 B 和 A。参数 N 和 wc 分别为巴特沃斯模拟滤波器的阶数和 3dB 截止频率（实际角频率）。由系数向量 B 和 A 可以得到模拟滤波器的系统函数

$$H_{\mathrm{a}}(s)=\frac{B(s)}{A(s)}=\frac{B(1)s^{N}+B(2)s^{N-1}+\cdots+B(N)s+B(N+1)}{A(1)s^{N}+A(2)s^{N-1}+\cdots+A(N)s+A(N+1)} \quad (7.2.32)$$

由于高通滤波器和低通滤波器都只有一个 3dB 截止频率 wc，因此仅由调用参数 wc 不能区别要设计的是高通滤波器还是低通滤波器，当然仅由二维矢量 wc 也不能区分带通滤波器、带阻滤波器，所以用参数 ftype 来区分。

当 ftype=high 时，设计 3dB 截止频率为 wc 的高通滤波器。缺省 ftype 时，默认设计低通滤波器。

当 ftype=stop 时，设计 3dB 截止频率为 wc 的带阻滤波器，此时，wc 为二维矢量，两个分量分别为带阻滤波器的通带 3dB 下截止频率和上截止频率。缺省 ftype 时，设计带通滤波器，通带频率在 wc 的两个分量之间。

注意，因为带通滤波器相当于 N 阶低通滤波器和 N 阶高通滤波器的级联，故设计的带通和带阻滤波器的系统函数是 $2N$ 阶的。式（7.2.30）、式（7.2.31）和式（7.2.32）也适用于后面要介绍的切比雪夫和椭圆滤波器的 MATLAB 设计函数。

【例 7.2.2】调用 buttord 和 butter 函数编程实现例 7.2.1 中的巴特沃斯低通滤波器。

```
%例7.2.2的程序ep722.m
wp=2*pi*3000;ws=2*pi*6000;Rp=2;As=30;    %滤波器的技术指标
[N,wc]=buttord(wp,ws,Rp,As,'s');         %计算模拟滤波器的阶数N和3dB截止频率
[B,A]=butter(N,wc,'s');                  %计算滤波器系统函数分子与分母多项式系数
k=0:511;fk=0:10000/512:10000; wk=2*pi*fk;
Hk=freqs(B,A,wk);
subplot(2,2,2);
plot(fk/1000,20*log10(abs(Hk)),'k');
grid on; axis([0,10,-25,5])
```

```
set (gca,'xtick',0:2:10);
xlabel ('\fontname{Times New Roman}\itf\rm/kHz');
ylabel ('\fontname{Times New Roman}-\itA\rm (\itf\rm) dB}');
```

运行结果

```
N=6;
wc= 2.1202e+004=3.3743×2πkrad/s
A=[1      81916.4451708425     3355151994.71382     87121462424455.6
     1.50815804608046e+181  .65516162909895e+22  9.08246992270242e+25]
B=[0    0    0    0    0    0    9.08246992270242e+25]
```

把 A、B 代入式（7.2.32）得到系统函数

$$H_a(s)=\frac{B(7)}{A(1)s^6+A(2)s^5+\cdots+A(6)s+A(7)}$$

与例 7.2.1 的计算结果形式相同。滤波器的损耗函数曲线如图 7.2.6 所示，由图可以看出，阻带刚好满足指标要求，通带有富余，这说明 buttord 函数计算的 3dB 截止频率 Ω_c 取 Ω_{cs}。

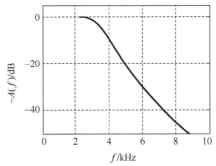

图 7.2.6　例 7.2.2 的损耗函数曲线

7.2.3　切比雪夫低通滤波器的设计

1．切比雪夫滤波器的设计原理

巴特沃斯滤波器的频率特性曲线无论是在通带还是在阻带，都是频率的单调减函数，因此，当通带边界处满足指标要求时，通带内肯定会有较大的富余。更有效的设计方法应该是将逼近精度均匀地分布在整个通带内，或者均匀地分布在整个阻带内，或者同时均匀地分布在两者之间，这样可以大大降低滤波器的阶数，可通过选择具有等波纹特性的逼近函数达到上述目的。

切比雪夫滤波器的幅频特性就具有这种等波纹特性。它有两种形式：（1）切比雪夫 I 型滤波器，幅频特性在通带内是等波纹的，在阻带内是单调下降的；（2）切比雪夫 II 型滤波器，幅频特性在通带内是单调下降的，在阻带内是等波纹的。图 7.2.7（a）和（b）所示为不同阶数的切比雪夫 I 型和 II 型滤波器的幅频特性。

这里仅介绍切比雪夫 I 型低通滤波器的设计方法。其幅度平方函数用 $\left|H_a(j\Omega)\right|^2$ 表示

$$\left|H_a(j\Omega)\right|^2=\frac{1}{1+\varepsilon^2C_N^2(\Omega/\Omega_p)} \tag{7.2.33}$$

式中，$0 < \varepsilon < 1$，表示通带内幅度波动的程度，ε 越大，波动幅度也越大；Ω_p 为通带截止频率。令 $\lambda = \dfrac{\Omega}{\Omega_p}$，称为对 Ω_p 的归一化频率。$C_N(x)$ 称为 N 阶切比雪夫多项式，定义为

$$C_N(x) = \begin{cases} \cos(N \arccos x) & |x| \leq 1 \\ \mathrm{ch}(N \mathrm{arcosh}\, x) & |x| > 1 \end{cases} \tag{7.2.34}$$

当 $N = 0$ 时，$C_0(x) = 1$；当 $N = 1$ 时，$C_1(x) = x$；当 $N = 2$ 时，$C_2(x) = 2x^2 - 1$；当 $N = 3$ 时，$C_3(x) = 4x^3 - 3x$。由此可归纳出高阶切比雪夫多项式的递推公式为

$$C_{N+1}(x) = 2xC_N(x) - C_{N-1}(x) \tag{7.2.35}$$

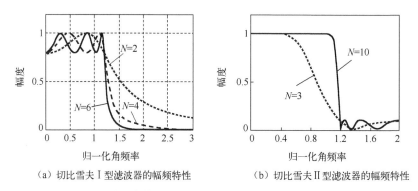

（a）切比雪夫 I 型滤波器的幅频特性　　　　　（b）切比雪夫 II 型滤波器的幅频特性

图 7.2.7　不同阶数的切比雪夫 I 型和 II 型滤波器的幅频特性

切比雪夫多项式的特性：
（1）零点在 $|x| \leq 1$ 的范围内；
（2）当 $|x| \leq 1$ 时，$|C_N(x)| \leq 1$，具有等波纹性；
（3）当 $|x| > 1$ 时，$C_N(x)$ 是双曲函数，随 x 而单调上升。

这样，当 $|x| \leq 1$ 时，$0 \leq \varepsilon^2 C_N^2(x) \leq \varepsilon^2$，函数 $1 + \varepsilon^2 C_N^2(x)$ 的倒数即为幅度平方函数 $|H_a(\mathrm{j}\Omega)|^2$。因此，$|H_a(\mathrm{j}\Omega)|^2$ 在 $[0, \Omega_p]$ 上具有等波纹性，最大值为 1，最小值为 $1/(1 + \varepsilon^2)$。当 $\Omega > \Omega_p$ 时，$|H_a(\mathrm{j}\Omega)|^2$ 随 Ω 的增大很快趋近于 0。从图 7.2.8 可以看出，切比雪夫滤波器比巴特沃斯滤波器有更窄的过渡带。

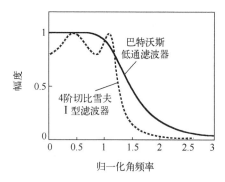

图 7.2.8　4 阶切比雪夫 I 型和巴特沃斯低通滤波器的幅频特性

由式（7.2.33）知，幅度平方函数与 3 个参数 ε、Ω_p、N 有关，根据给定的技术指标 α_p、Ω_p、α_s 和 Ω_s 分别计算 ε、N、Ω_c 的过程如下。

（1）ε 的计算。ε 与通带内允许的波动幅度有关。由于通带内允许的最大衰减 α_p

$$\alpha_p = 20\lg \frac{\max|H_a(j\Omega)|}{\min|H_a(j\Omega)|} \text{dB} \qquad 0 \leqslant \Omega \leqslant \Omega_p$$

如果式中

$$\max|H_a(j\Omega)|^2 = 1, \quad \min|H_a(j\Omega)|^2 = \frac{1}{1+\varepsilon^2} \qquad （7.2.36）$$

则

$$\alpha_p = 10\lg(1+\varepsilon^2)\text{dB} \qquad （7.2.37）$$

$$\varepsilon^2 = 10^{0.1\alpha_p} - 1 \qquad （7.2.38）$$

这样根据已知的 α_p，利用式（7.2.38）可以求出参数 ε。

（2）阶数 N 的计算。由图 7.2.7（a）可以看出，N 影响过渡带的宽度和通带内波动的疏密，因为 N 等于通带内极大值点与极小值点的总个数。归一化截止频率为 $\lambda_p = 1$，$\lambda_s = \Omega_s / \Omega_p$，由式（7.2.33）得到

$$\frac{1}{\left|H_a(j\Omega_p)\right|^2} = 1 + \varepsilon^2 C_N(\lambda_p) \qquad （7.2.39）$$

$$\frac{1}{\left|H_a(j\Omega_s)\right|^2} = 1 + \varepsilon^2 C_N(\lambda_s) \qquad （7.2.40）$$

由给定的技术指标参数 α_p、Ω_p、α_s、Ω_s，当 $\max|H_a(j\Omega)|^2_{\text{通带}} = 1$ 时，满足

$$\alpha_p = 10\lg \frac{\max\left|H_a(j\Omega)\right|^2_{\text{通带}}}{\left|H_a(j\Omega_p)\right|^2} = -20\lg\left|H_a(j\Omega_p)\right|\text{dB} \qquad （7.2.41）$$

$$\alpha_s = 10\lg \frac{\max\left|H_a(j\Omega)\right|^2_{\text{通带}}}{\left|H_a(j\Omega_s)\right|^2} = -20\lg\left|H_a(j\Omega_s)\right|\text{dB} \qquad （7.2.42）$$

将式（7.2.39）与式（7.2.40）代入式（7.2.41）与式（7.2.42），得到

$$10^{0.1\alpha_p} = 1 + \varepsilon^2 C_N(\lambda_p) = 1 + \varepsilon^2 \cos^2(N\arccos 1) = 1 + \varepsilon^2$$

$$10^{0.1\alpha_s} = 1 + \varepsilon^2 C_N(\lambda_s) = 1 + \varepsilon^2 \text{ch}^2(N\text{arcosh}\lambda_s)$$

$$\frac{10^{0.1\alpha_s} - 1}{10^{0.1\alpha_p} - 1} = \text{ch}^2(N\text{arcosh}\lambda_s)$$

令

$$k_1^{-1} = \sqrt{\frac{10^{0.1\alpha_s} - 1}{10^{0.1\alpha_p} - 1}} \qquad （7.2.43）$$

则 $\text{ch}[N\text{arcosh}\lambda_s] = k_1^{-1}$，因此

$$N = \frac{\text{arcosh}k_1^{-1}}{\text{arcosh}\lambda_\text{s}} \tag{7.2.44}$$

如果取 $\dfrac{\text{arcosh}k_1^{-1}}{\text{arcosh}\lambda_\text{s}}$ 为整数，则阶数 N 取 $\dfrac{\text{arcosh}k_1^{-1}}{\text{arcosh}\lambda_\text{s}}$；如果不取整数，则阶数 N 取大于或等于 $\dfrac{\text{arcosh}k_1^{-1}}{\text{arcosh}\lambda_\text{s}}$ 的最小整数。

（3）3dB 截止频率 Ω_c 的计算。由于 Ω_c 处的幅度平方函数为

$$\left|H_\text{a}(\text{j}\Omega_\text{c})\right|^2 = \frac{1}{2}$$

由式（7.2.33）有

$$\varepsilon^2 C_N^2(\Omega_\text{c}/\Omega_\text{p}) = 1$$

$\lambda_\text{c} = \Omega_\text{c}/\Omega_\text{p}$，通常 $\lambda_\text{c} > 1$，因此

$$C_N(\lambda_\text{c}) = \pm\frac{1}{\varepsilon} = \text{ch}(N\text{arcosh}\lambda_\text{c})$$

上式中仅取正号，得到 3dB 截止频率的计算公式为

$$\Omega_\text{c} = \Omega_\text{p}\text{ch}\left(\frac{1}{N}\text{arcosh}\frac{1}{\varepsilon}\right) \tag{7.2.45}$$

（4）确定切比雪夫系统函数 $H_\text{a}(s)$ 的表示。由式（7.2.38）和式（7.2.44）求出 ε 和 N 后，可以求出滤波器的极点，并确定归一化系统函数 $G_\text{a}(p)$，$p = s/\Omega_\text{p}$。下面略去烦琐的求解过程（过程可参考巴特沃斯滤波器的设计过程），仅介绍一些有用的结论。

设 $H_\text{a}(s)$ 的极点为 $s_i = \sigma_i + \text{j}\Omega_i$，可以证明

$$\left.\begin{array}{l} \sigma_i = -\Omega_\text{p}\text{ch}\xi\sin\dfrac{(2i-1)\pi}{2N} \\[3mm] \Omega_i = \Omega_\text{p}\text{ch}\xi\cos\dfrac{(2i-1)\pi}{2N} \end{array}\right\} \quad i = 1,2,\cdots,N \tag{7.2.46}$$

式中

$$\xi = \frac{1}{N}\text{arsinh}\frac{1}{\varepsilon} \tag{7.2.47}$$

$$\frac{\sigma_i^2}{\Omega_\text{p}^2\text{sh}^2\xi} + \frac{\Omega_i^2}{\Omega_\text{p}^2\text{ch}^2\xi} = 1 \tag{7.2.48}$$

式（7.2.48）是一个椭圆方程，长半轴为 $\Omega_\text{p}\text{ch}\xi$（在虚轴上），短半轴为 $\Omega_\text{p}\text{sh}\xi$（在实轴上）。可推导出

$$\text{ch}\xi = \frac{1}{2}\left(\beta^{\frac{1}{N}} + \beta^{-\frac{1}{N}}\right) \tag{7.2.49}$$

$$\text{sh}\xi = \frac{1}{2}\left(\beta^{\frac{1}{N}} - \beta^{-\frac{1}{N}}\right) \tag{7.2.50}$$

式中

$$\beta = \frac{1}{\varepsilon} + \sqrt{\frac{1}{\varepsilon^2} + 1} \qquad (7.2.51)$$

因此切比雪夫滤波器的极点就是一组分布在以 $\Omega_{\mathrm{p}}\mathrm{ch}\xi$ 为长半轴、$\Omega_{\mathrm{p}}\mathrm{sh}\xi$ 为短半轴的椭圆上的点。为了得到因果稳定的滤波器，用左半平面的极点构成 $G_{\mathrm{a}}(p)$，即

$$G_{\mathrm{a}}(p) = \frac{1}{\varepsilon \cdot 2^{N-1} \displaystyle\prod_{i=1}^{N}(p-p_i)} \qquad (7.2.52)$$

去归一化后的系统函数为

$$H_{\mathrm{a}}(s) = G_{\mathrm{a}}(p)\Big|_{p=s/\Omega_{\mathrm{p}}} = \frac{\Omega_{\mathrm{p}}^{N}}{\varepsilon \cdot 2^{N-1} \displaystyle\prod_{i=1}^{N}(s-p_i\Omega_{\mathrm{p}})} \qquad (7.2.53)$$

综上所述，切比雪夫 I 型滤波器的设计步骤如下。

（1）根据技术指标参数 α_{p}、Ω_{p}、α_{s}、Ω_{s} 且 $\max|H_{\mathrm{a}}(\mathrm{j}\Omega)|^2_{\text{通带}}=1$，计算 $\lambda_{\mathrm{p}}=1$，$\lambda_{\mathrm{s}}=\Omega_{\mathrm{s}}/\Omega_{\mathrm{p}}$，由式（7.2.44）确定滤波器阶数 N，由式（7.2.38）可求参数 ε。

（2）求归一化系统函数 $G_{\mathrm{a}}(p)$。先按照式（7.2.46）求出归一化极点 p_k

$$p_k = -\mathrm{ch}\xi\sin\frac{(2k-1)\pi}{2N} + \mathrm{jch}\xi\cos\frac{(2k-1)\pi}{2N} \qquad k=1,2,\cdots,N \qquad (7.2.54)$$

将极点代入式（7.2.52），得到

$$G_{\mathrm{a}}(p) = \frac{1}{\varepsilon \cdot 2^{N-1} \displaystyle\prod_{i=1}^{N}(p-p_i)}$$

（3）将 $G_{\mathrm{a}}(p)$ 去归一化，得到实际的 $H_{\mathrm{a}}(s)$

$$H_{\mathrm{a}}(s) = G_{\mathrm{a}}(p)\Big|_{p=s/\Omega_{\mathrm{p}}} \qquad (7.2.55)$$

【例 7.2.3】已知通带截止频率 $f_{\mathrm{p}}=3\mathrm{kHz}$，通带最大衰减 $\alpha_{\mathrm{p}}=2\mathrm{dB}$，阻带截止频率 $f_{\mathrm{s}}=6\mathrm{kHz}$，阻带最小衰减 $\alpha_{\mathrm{s}}=30\mathrm{dB}$，按照以上指标设计切比雪夫 I 型低通滤波器。

解：（1）滤波器的技术要求

$$\Omega_{\mathrm{p}} = 2\pi f_{\mathrm{p}} = 2\pi \times 3 \times 10^{3}\ \mathrm{rad/s}$$

$$\Omega_{\mathrm{s}} = 2\pi f_{\mathrm{s}} = 2\pi \times 6 \times 10^{3}\ \mathrm{rad/s}$$

$$\lambda_{\mathrm{p}} = 1,\quad \lambda_{\mathrm{s}} = \Omega_{\mathrm{s}}/\Omega_{\mathrm{p}} = 2$$

确定阶数 N 和参数 ε

$$k_1^{-1} = \sqrt{\frac{10^{0.1\alpha_{\mathrm{s}}}-1}{10^{0.1\alpha_{\mathrm{p}}}-1}} \approx 41.328$$

$$N = \frac{\mathrm{arcosh}\,k_1^{-1}}{\mathrm{arcosh}\,\lambda_{\mathrm{s}}} = \frac{\mathrm{arcosh}\,41.328}{\mathrm{arcosh}\,2} \approx 3.3521,\ \text{取}\ N=4$$

$$\varepsilon = \sqrt{10^{0.1\alpha_p} - 1} \approx 0.7648$$

（2）按照式（7.2.54）求出归一化极点 p_k，$k = 1, 2, \cdots, 4$

$$p_1 = -0.3968 + j0.9580$$
$$p_2 = -0.9580 + j0.3968$$
$$p_3 = -0.9580 - j0.39680$$
$$p_4 = -0.3968 - j0.9580$$

归一化系统函数 $G_a(p)$ 为

$$G_a(p) = \frac{1}{0.7648 \times 2^3 \times (p^2 + 0.7936p + 1.0751)(p^2 + 1.9159p + 1.0751)}$$

（3）为将 $G_a(p)$ 去归一化，将 $p = \dfrac{s}{\Omega_p}$ 代入 $G_a(p)$，得到

$$H_a(s) = \frac{\Omega_p^4}{0.7648 \times 2^3 \times (s^4 + 2.7095\Omega_p s^3 + 3.6707\Omega_p^2 s^2 + 2.913\Omega_p^3 s + 1.1559\Omega_p^4)}$$

2．用 MATLAB 设计切比雪夫滤波器。

MATLAB 信号处理工具箱函数 cheb1ap、cheb1ord 和 cheby1 是切比雪夫 I 型滤波器的设计函数，其调用格式如下。

（1）[z, p, k]=cheb1ap(N, Rp)

该格式用于计算 N 阶切比雪夫 I 型归一化（$\Omega_p = 1$）模拟低通滤波器系统函数的零点 z、极点 p 和增益因子 k。

（2）[N, wpo]=cheb1ord(wp, ws, Rp, As)

（3）[N, wpo]=cheb1ord(wp, ws, Rp, As, 's')

（4）[B, A]=cheby1(N, Rp, wpo, 'ftype')

（5）[B, A]=cheby1(N, Rp, wpo, 'ftype', 's')

切比雪夫 I 型滤波器设计函数与前面的巴特沃斯滤波器设计函数比较，不同的是 cheb1ord 函数的返回参数与 cheby1 函数的调用参数 wpo 是切比雪夫 I 型滤波器的通带截止频率，而不是 3dB 截止频率。其他参数含义与巴特沃斯滤波器设计函数中的参数含义相同。系数向量 B、A 与数字和模拟滤波器系统函数的关系由式（7.2.31）和式（7.2.32）给出。

MATLAB 信号处理工具箱函数 cheb2ap、cheb2ord 和 cheby2 是切比雪夫 II 型滤波器的设计函数，其调用格式如下。

（1）[z, p, G]=cheb2ap(N, Rs)

该格式用于计算 N 阶切比雪夫 II 型归一化（$\Omega_s = 1$）模拟低通滤波器系统函数的零点 z、极点 p 和增益因子 G。

（2）[N, wso]=cheb2ord(wp, ws, Rp, As)

该格式用于计算切比雪夫 II 型数字滤波器系统函数的阶数 N 和阻带截止频率 wso。参数 wp 和 ws 分别为数字滤波器的通带截止频率和阻带截止频率的归一化值，要求 $0 \leqslant wp \leqslant 1$，$0 \leqslant ws \leqslant 1$，1 表示数字频率 π（对应模拟频率 $F_s / 2$）。Rp、As 分别为通带最大衰减和阻带最小衰减（dB）。当 $ws \leqslant wp$ 时，为高通滤波器；当 ws 和 wp 为二元矢量时，为带通和带阻滤

（3）[N, wso]=cheb2ord(wp, ws, Rp, As, 's')

该格式用于计算切比雪夫 Ⅱ 型模拟滤波器系统函数的阶数 N 和阻带截止频率 wso。wp、ws 为实际模拟角频率（rad/s）。

（4）[B, A]=cheby2(N, As, wso, 'ftype')

该格式用于计算切比雪夫 Ⅱ 型数字滤波器系统函数的分子和分母多项式系数向量 B、A。

（5）[B, A]=cheby2(N, As, wso, 'ftype', 's')

该格式用于计算切比雪夫 Ⅱ 型模拟滤波器系统函数的分子和分母多项式系数向量 B、A。

参数 ftype 与巴特沃斯滤波器设计函数中的 ftype 相同。

【例 7.2.4】 调用 cheb1ord、cheby1、cheb2ord 和 cheby2 函数编程实现例 7.2.3 中的切比雪夫 Ⅰ 型低通滤波器。

解： 设计程序 ep724.m 如下。

```
%切比雪夫 I 型低通滤波器设计程序
wp=2*pi*3000;ws=2*pi*6000;Rp=2;As=30;    %滤波器的技术指标
[N1,wp1]=cheb1ord（wp,ws,Rp,As,'s'）；     %计算模拟滤波器的阶数 N 和通带截止频率
[B1,A1]=cheby1（N1, Rp, wp,'s'）；         %计算滤波器系统函数的分子与分母多项式系数
%切比雪夫 II 型低通滤波器设计程序
[N2, wso2]=cheb2ord（wp, ws, Rp, As）     %计算 II 型模拟滤波器的阶数 N 和阻带截止
频率 wso2
[B2, A2]=cheby2（N2, Rp, wso, 's'）；
k=0:511;fk=0:10000/512:10000; wk=2*pi*fk;
Hk1=freqs（B1,A1,wk）；
Hk2=freqs（B2,A2,wk）；
subplot（2,2,1）；
plot（fk/1000,20*log10（abs（Hk1）），'k'）；
grid on; axis（[0,8,-50,5]）
set（gca,'xtick',0:2:8）；
xlabel（'频率/kHz'）；
ylabel（'幅度/dB'）；
subplot（2,2,2）；
plot（fk/1000,20*log10（abs（Hk2）），'k'）；
grid on; axis（[0,8,-50,5]）
set（gca,'xtick',0:2:8）；
xlabel（'频率/kHz'）；
ylabel（'幅度/dB'）；
```

例 7.2.4 的设计结果如图 7.2.9 所示。

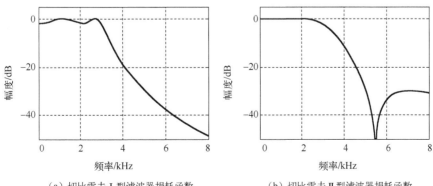

（a）切比雪夫 Ⅰ 型滤波器损耗函数　　　　　（b）切比雪夫 Ⅱ 型滤波器损耗函数

图 7.2.9　4 阶切比雪夫 Ⅰ 型和 Ⅱ 型模拟低通滤波器的损耗函数曲线

7.2.4 椭圆滤波器的设计

椭圆（Elliptic）滤波器的通带和阻带内都具有等波纹幅频响应特性。由于其极点位置与经典场论中的椭圆函数有关，所以取名为椭圆滤波器。又因为 1931 年 Cauer 首先对这种滤波器进行了理论证明，所以其另一个通用名字为 Cauer 滤波器。椭圆滤波器的典型幅频响应特性曲线如图 7.2.10 所示，由图 7.2.10（a）可见，当椭圆滤波器的通带和阻带波纹幅度固定时，阶数越高，过渡带越窄；由图 7.2.10（b）可见，当椭圆滤波器的阶数固定时，通带和阻带波纹幅度越小，过渡带越宽。椭圆滤波器的阶数 N 由通带截止频率 Ω_p、阻带截止频率 Ω_s、通带最大衰减 α_p 和阻带最小衰减 α_s 共同决定。后面对 5 种滤波器的比较将证实，当阶数相同时，椭圆滤波器可以获得对理想滤波器幅频响应最好的逼近，是一种性价比最高的滤波器，因此应用得非常广泛。

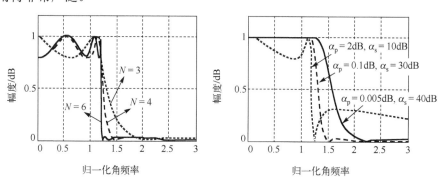

（a）$\alpha_p = 2\text{dB}$，$\alpha_s = 30\text{dB}$，$N = 3, 4, 6$　（b）$N = 5$，$\alpha_p = 2\text{dB}, 0.1\text{dB}, 0.005\text{dB}$，$\alpha_s = 10\text{dB}, 30\text{dB}, 40\text{dB}$

图 7.2.10　椭圆滤波器的典型幅频响应特性曲线

椭圆滤波器逼近理论是复杂的纯数学问题，其详细推导已超出本书的范围。这里只说明在给定滤波器指标的情形下，通过调用 MATLAB 信号处理工具箱函数即可得到椭圆滤波器的系统函数和零、极点位置。

MATLAB 信号处理工具箱函数 ellipap、ellipord、ellip 的调用格式如下。

（1）[z, p, k]= ellipap(N, Rp, As)

该格式用于计算 N 阶归一化（wp=1）模拟低通椭圆滤波器系统函数的零点 z、极点 p 和增益因子 k。返回长度为 N 的列向量 z 和 p，分别给出 N 个零点和 N 个极点。

（2）[N, wpo]=ellipord(wp, ws, Rp, As)

该格式用于计算满足指标的椭圆数字滤波器系统函数的阶数 N 和通带截止频率 wpo。参数 wp、ws、Rp、As 的定义跟巴特沃斯滤波器设计函数 buttord 中的相应参数相同。

（3）[N, wpo]=ellipord(wp, ws, Rp, As, 's')

该格式用于计算满足指标的椭圆模拟滤波器系统函数的阶数 N 和通带截止频率 wpo。wp、ws 为实际模拟角频率（rad/s）。

（4）[B, A]=ellip(N, Rp, wpo, 'ftype')

当 wpo 是表示滤波器通带截止频率的标量，缺省参数 ftype 时，默认设计 N 阶低通椭圆数字滤波器系统函数的分子和分母多项式系数向量 B 和 A。当 ftype=high 时，设计 N 阶高通椭圆数字滤波器系统函数的分子和分母多项式系数向量 B 和 A。

当 wpo 是表示滤波器通带截止频率的二元向量，缺省参数 ftype 时，默认设计 2N 阶带通椭圆数字滤波器系统函数的分子和分母多项式系数向量 B 和 A。当 ftype=stop 时，设计 2N 阶带阻椭圆数字滤波器系统函数的分子和分母多项式系数向量 B 和 A。

（5）[B, A]=ellip(N, Rp, As, wpo, 'ftype', 's')

该格式用于计算椭圆模拟滤波器系统函数的分子和分母多项式系数向量 B、A。其中截止频率均为实际模拟角频率（rad/s）。

【例 7.2.5】 设计椭圆低通滤波器，要求设计指标与例 7.2.3 相同。

解： 设计程序 ep725.m 如下，结果如图 7.2.11 所示。

```
%椭圆低通滤波器设计例 7.2.5
wp=2*pi*3000;ws=2*pi*6000;Rp=2;As=30;    %滤波器的技术指标
[N, wpo]= ellipord (wp, ws, Rp, As, 's'); %计算模拟滤波器的阶数 N 和通带截
止频率 wpo
    [B, A]= ellip (N, Rp, wpo,'s');           %计算滤波器系统函数的分子与分母多项式系数
    k=0:511;fk=0:10000/512:10000; wk=2*pi*fk;
    Hk=freqs (B,A,wk);
    subplot (2,2,1);
    plot (fk/1000,20*log10 (abs (Hk2)) ,'k');
    grid on; axis ([0,8,-50,5])
    set (gca,'xtick',0:2:8);
    xlabel ('频率/kHz');
    ylabel ('幅度/dB');
```

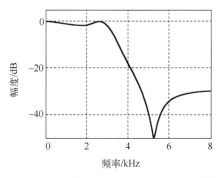

图 7.2.11　3 阶椭圆低通滤波器的损耗函数曲线

7.2.5　5 种类型模拟低通滤波器的比较

前面讨论了巴特沃斯、切比雪夫Ⅰ型、切比雪夫Ⅱ型和椭圆滤波器 4 种模拟低通滤波器的设计方法，这 4 种滤波器是主要考虑逼近幅度响应指标的滤波器，为了正确地选择滤波器类型以满足给定的幅频响应指标，必须比较 4 种幅度逼近滤波器的特性。为此，下面比较相同阶数下归一化的巴特沃斯、切比雪夫Ⅰ型、切比雪夫Ⅱ型和椭圆滤波器的频率响应特性。第 5 种贝塞尔滤波器是主要考虑逼近线性相位特性的滤波器。

当阶数相同时，对相同的通带最大衰减 α_p 和阻带最小衰减 α_s，巴特沃斯滤波器具有单调下降的幅频特性，过渡带最宽。两种类型的切比雪夫滤波器的过渡带宽度相等，比巴特沃斯滤波器的过渡带窄，但比椭圆滤波器的过渡带宽。切比雪夫Ⅰ型滤波器在通带具有等波纹幅频特性，过渡带和阻带是单调下降的。切比雪夫Ⅱ型滤波器的通带幅频响应几乎与巴特沃

斯滤波器相同，阻带具有等波纹幅频特性。椭圆滤波器的通带和阻带均具有等波纹幅频特性。

线性相位逼近情况：巴特沃斯滤波器和切比雪夫滤波器在大约 3/4 的通带上非常接近线性相位特性，而椭圆滤波器仅在大约半个通带上非常接近线性相位特性。贝塞尔滤波器在整个通带逼近线性相位特性，而其幅频特性的过渡带比其他 4 种滤波器宽得多。

复杂性情况：在满足相同的幅频响应指标的条件下，巴特沃斯滤波器的阶数最高，椭圆滤波器的阶数最低，而且阶数差别较大。所以，就满足滤波器幅频响应指标而言，椭圆滤波器的性价比最高，应用最广泛。

综上可见，5 种滤波器各具特点。工程实际中选择哪种滤波器取决于对滤波器阶数（影响处理速度和复杂性）和相位特性的具体要求。例如，在满足幅频响应指标的条件下希望滤波器阶数最低时，应该选择椭圆滤波器。

7.3　模拟滤波器的频率转换

上一节我们研究了模拟低通滤波器设计，从原理上讲，通过频率转换公式，可以将模拟低通滤波器的系统函数 $Q(p)$ 转换成高通、带通、带阻滤波器的系统函数 $H_d(s)$。在模拟滤波器设计手册中，各种经典滤波器的设计公式都是针对低通滤波器的，并提供从低通到其他各种滤波器的频率转换公式。本节先简要介绍模拟滤波器的频率转换公式，再通过例子说明调用 MATLAB 信号处理工具箱函数直接设计高通、带通和带阻滤波器的方法。对那些繁杂的设计公式推导不做叙述，有兴趣的读者请参阅相关书籍。

7.3.1　模拟滤波器的频率转换公式

高通、带通、带阻滤波器的幅频响应曲线及 $\Omega \geqslant 0$ 时的截止频率（也称为边界频率）分别如图 7.3.1（a）、（b）和（c）所示。$\Omega \leqslant 0$ 时的截止频率读者可以对称得到。高通、带通、带阻滤波器的通带最大衰减和阻带最小衰减仍用 α_p 和 α_s 表示。图 7.3.1 中，Ω_{ph} 表示高通滤波器的通带截止频率，Ω_{pl} 和 Ω_{pu} 分别表示带通和带阻滤波器的通带下截止频率和通带上截止频率，Ω_{sl} 和 Ω_{su} 分别表示带通和带阻滤波器的阻带下截止频率和阻带上截止频率。

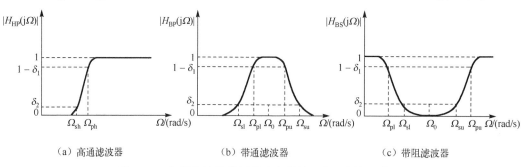

（a）高通滤波器　　　　　（b）带通滤波器　　　　　（c）带阻滤波器

图 7.3.1　各种滤波器的幅频响应曲线及截止频率示意图

如果低通滤波器关于某截止频率的"归一化系统函数"为 $Q(p)$，即对巴特沃斯滤波器，关于 3dB 截止频率 Ω_c 归一化的系统函数称为巴特沃斯归一化低通原型，而切比雪夫 I 型和椭圆滤波器的归一化系统原型一般是关于通带截止频率 Ω_p 归一化的低通系统函数（即 $Q(p)$ 的通带截止频率为 1）。

为叙述方便，定义 $p = \eta + j\lambda$ 为 $Q(p)$ 的归一化复变量，其通带归一化截止频率记为 λ_p，阻带归一化截止频率记为 λ_s，λ 称为归一化频率变量。用 $H_d(s)$ 表示希望设计的模拟滤波器的系统函数，$s = \sigma + j\Omega$ 表示 $H_d(s)$ 的复变量。例如，巴特沃斯低通原型系统函数为

$$G(p) = \frac{1}{p+1}$$

其 3dB 截止频率为 $\lambda_p = 1$，是关于 3dB 截止频率归一化的。模拟滤波器设计手册中给出了各种滤波器归一化低通系统函数的参数（零、极点位置，分子、分母多项式系数等）。下面简单介绍各种频率转换公式。

从 p 域到 s 域的可逆变换记为 $p = F(s)$。低通系统函数 $Q(p)$ 与 $H_d(s)$ 之间的转换关系为

$$H_d(s) = Q(p)\big|_{p=F(s)} \tag{7.3.1}$$

$$Q(p) = H_d(s)\big|_{s=F^{-1}(p)} \tag{7.3.2}$$

1. 模拟低通滤波器到高通滤波器设计

从低通滤波器到高通滤波器的频率转换公式为

$$p = \frac{\lambda_p \Omega_{ph}}{s} \tag{7.3.3}$$

式中，λ_p 为低通滤波器的通带截止频率，Ω_{ph} 为希望设计的高通滤波器 $H_{HP}(s)$ 的通带截止频率。在虚轴（频率轴 $\eta = \sigma = 0$ 时）上简化为如下的频率转换公式

$$\lambda = -\frac{\lambda_p \Omega_{ph}}{\Omega} \tag{7.3.4}$$

频率转换公式（7.3.3）意味着将低通滤波器的通带 $[0, \lambda_p]$ 和 $[-\lambda_p, 0]$ 映射为高通滤波器的通带 $(-\infty, -\Omega_{ph}]$ 和 $[\Omega_{ph}, \infty)$。同样，将低通滤波器的阻带 $[\lambda_s, \infty)$ 和 $(-\infty, -\lambda_s]$ 映射为高通滤波器的阻带 $[-\Omega_{sh}, 0]$ 和 $[0, \Omega_{sh}]$。式（7.3.3）确保低通滤波器 $Q(p)$ 通带 $[-\lambda_p, \lambda_p]$ 上的幅度值出现在高通滤波器 $H_{HP}(s)$ 的频带 $(-\infty, -\Omega_{ph}] \bigcup [\Omega_{ph}, \infty)$ 上。同样，低通滤波器 $Q(p)$ 阻带 $[\lambda_s, \infty) \bigcup (-\infty, -\lambda_s]$ 上的幅度值出现在高通滤波器 $H_{HP}(s)$ 的频带 $[-\Omega_{sh}, \Omega_{sh}]$ 上。

所以，将式（7.3.3）代入式（7.3.1），就可将通带截止频率为 λ_p 的低通滤波器的系统函数 $Q(p)$ 转换成通带截止频率为 Ω_{ph} 的高通滤波器的系统函数 $H_{HP}(s)$，即

$$H_{HP}(s) = Q(p)\big|_{p=\frac{\lambda_p \Omega_{ph}}{s}} \tag{7.3.5}$$

2. 模拟低通滤波器到带通滤波器设计

低通滤波器到带通滤波器的频率转换公式如下

$$p = \lambda_p \frac{s^2 + \Omega_0^2}{B_w s} \tag{7.3.6}$$

在 p 平面与 s 平面的虚轴上（频率轴 $\eta = \sigma = 0$ 时）的频率关系为

$$\lambda = -\lambda_p \frac{\Omega_0^2 - \Omega^2}{\Omega B_w} \tag{7.3.7}$$

式中，$B_w = \Omega_{pu} - \Omega_{pl}$，表示带通滤波器的通带宽度，$\Omega_{pu}$ 和 Ω_{pl} 分别为带通滤波器的通带上

截止频率和通带下截止频率，Ω_0 称为带通滤波器的中心频率。

　　根据式（7.3.6）的映射关系，频率 $\lambda=0$ 映射为频率 $\Omega=\pm\Omega_0$，频率 $\lambda=\lambda_{\mathrm{p}}$ 映射为频率 Ω_{pu} 和 $-\Omega_{\mathrm{pl}}$，频率 $\lambda=-\lambda_{\mathrm{p}}$ 映射为频率 $-\Omega_{\mathrm{pu}}$ 和 Ω_{pl}。也就是说，将低通滤波器的通带 $[-\lambda_{\mathrm{p}},\lambda_{\mathrm{p}}]$ 映射为带通滤波器的通带 $[-\Omega_{\mathrm{pu}},-\Omega_{\mathrm{pl}}]$ 和 $[\Omega_{\mathrm{pl}},\Omega_{\mathrm{pu}}]$。同样道理，将频率 $\lambda=\lambda_{\mathrm{s}}$ 映射为频率 Ω_{su} 和 $-\Omega_{\mathrm{sl}}$，频率 $\lambda=-\lambda_{\mathrm{s}}$ 映射为频率 $-\Omega_{\mathrm{su}}$ 和 Ω_{sl}。将式（7.3.6）代入式（7.3.1），就将 $Q(p)$ 转换为带通滤波器的系统函数 $H_{\mathrm{BP}}(s)$，即

$$H_{\mathrm{BP}}(s)=Q(p)\big|_{p=\lambda_{\mathrm{p}}\frac{s^2+\Omega_0^2}{B_{\mathrm{w}}s}} \tag{7.3.8}$$

可以证明，

$$\Omega_{\mathrm{pl}}\Omega_{\mathrm{pu}}=\Omega_{\mathrm{sl}}\Omega_{\mathrm{su}}=\Omega_0^2 \tag{7.3.9}$$

所以，带通滤波器的通带（阻带）截止频率关于中心频率 Ω_0 几何对称。如果原指标给定的截止频率不满足式（7.3.9），就要改变其中一个截止频率，以满足式（7.3.9），则令

$$\Omega_{\mathrm{pl}}=\frac{\Omega_{\mathrm{sl}}\Omega_{\mathrm{su}}}{\Omega_{\mathrm{pu}}}\text{ 或 }\Omega_{\mathrm{sl}}=\frac{\Omega_{\mathrm{pl}}\Omega_{\mathrm{pu}}}{\Omega_{\mathrm{su}}} \tag{7.3.10}$$

即减小 Ω_{pl}（或增大 Ω_{sl}）可以满足式（7.3.9），但要保证改变后的指标高于原始指标。减小 Ω_{pl} 使通带宽度大于原指标要求的通带宽度，减小 Ω_{pl} 或增大 Ω_{sl} 都使左边的过渡带宽度小于原指标要求的过渡带宽度；反之，如果 $\Omega_{\mathrm{pl}}\Omega_{\mathrm{pu}}<\Omega_{\mathrm{sl}}\Omega_{\mathrm{su}}$，则减小 Ω_{su}（或增大 Ω_{pu}）使式（7.3.9）得到满足。在关于中心频率 Ω_0 几何对称的两个正频率点上，带通滤波器的幅度值相同。

　　综上，低通滤波器到带通滤波器的截止频率及幅频响应特性的映射关系如图 7.3.2 所示，低通原型的每个截止频率都映射为带通滤波器的两个相应的截止频率。图中标出了设计时有用的频率对应关系。

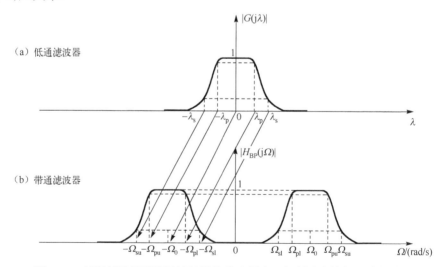

图 7.3.2　低通滤波器到带通滤波器的截止频率及幅频响应特性的映射关系

3. 模拟低通滤波器到带阻滤波器设计

低通滤波器到带阻滤波器的频率转换公式为

$$p = \lambda_{\mathrm{s}} \frac{B_{\mathrm{w}} s}{s^2 + \Omega_0^2} \tag{7.3.11}$$

在 p 平面与 s 平面的虚轴上（频率轴 $\eta = \sigma = 0$ 时）的频率关系为

$$\lambda = -\lambda_{\mathrm{s}} \frac{\Omega B_{\mathrm{w}}}{\Omega_0^2 - \Omega^2} \tag{7.3.12}$$

式中，$B_{\mathrm{w}} = \Omega_{\mathrm{su}} - \Omega_{\mathrm{sl}}$，表示带阻滤波器的阻带宽度，$\Omega_{\mathrm{sl}}$ 和 Ω_{su} 分别为带阻滤波器的阻带下截止频率和阻带上截止频率；Ω_0 称为带阻滤波器的中心频率。将式（7.3.11）代入式（7.3.1），就可将阻带截止频率为 λ_{s} 的低通原型滤波器 $Q(p)$ 转换为带阻滤波器的系统函数

$$H_{\mathrm{BS}}(s) = Q(p)\Big|_{p = \lambda_{\mathrm{s}} \frac{B_{\mathrm{w}} s}{s^2 + \Omega_0^2}} \tag{7.3.13}$$

与低通滤波器到带通滤波器的转换情况类似，有

$$\Omega_{\mathrm{pl}} \Omega_{\mathrm{pu}} = \Omega_{\mathrm{sl}} \Omega_{\mathrm{su}} = \Omega_0^2 \tag{7.3.14}$$

由式（7.3.12）可知，λ 是 Ω 的二次函数，从低通滤波器频率 λ 到带阻滤波器频率 Ω 为双值映射，映射关系如图 7.3.3 所示。

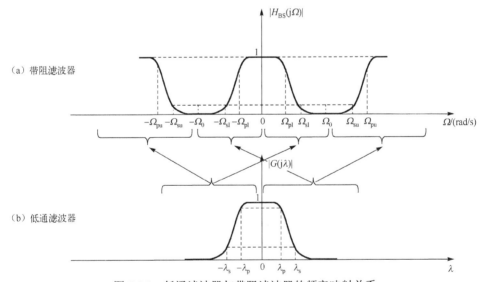

图 7.3.3　低通滤波器与带阻滤波器的频率映射关系

上述过程中涉及的频率转换公式和指标转换公式较复杂，其推导更为复杂。一些学者已经开发出根据设计指标直接设计高通、带通、带阻滤波器的 CAD 程序，只要根据设计指标直接调用 CAD 程序，就可以得到高通、带通、带阻滤波器的系统函数。

因此，高通、带通、带阻滤波器设计的步骤如下：

（1）通过频率转换公式，先将希望设计的滤波器指标转换为相应的低通滤波器指标；

（2）设计相应的低通滤波器的系统函数 $Q(p)$；

（3）对 $Q(p)$ 进行频率转换，得到希望设计的滤波器系统函数 $H_{\mathrm{d}}(s)$。

7.3.2　高通、带通、带阻滤波器的设计举例

下面通过举例说明如何调用 MATLAB 信号处理工具箱函数设计高通、带通、带阻滤波器。

【例 7.3.1】分别设计巴特沃斯和切比雪夫 I 型模拟高通滤波器，要求通带截止频率为 5kHz，阻带截止频率为 2kHz，通带最大衰减为 0.5dB，阻带最小衰减为 30dB。

解：（1）通过映射公式（7.3.4）将高通滤波器的指标转换成相应的低通滤波器 $Q(p)$ 的指标，通常为了计算简单，一般选择 $Q(p)$ 以通带截止频率归一化，即通带截止频率 $\lambda_p = 1$，则可求得低通归一化阻带截止频率为

$$\lambda_s = \frac{\lambda_p \Omega_{ph}}{\Omega_s} = \frac{2\pi \times 5000}{2\pi \times 2000} = 2.5$$

（2）本例利用 MATLAB 函数 buttord 和 butter 设计巴特沃斯低通滤波器 $Q(p)$，利用函数 cheb1ord 和 cheby1 设计切比雪夫 I 型低通滤波器 $Q(p)$，利用式（7.3.5）将 $Q(p)$ 转换成希望设计的高通滤波器的系统函数 $H_{HP}(s)$。本例调用函数 lp2hp 实现低通滤波器到高通滤波器的转换。lp2hp 的调用格式为

```
[BH, AH]= lp2hp (B, A, wph)
```

参数 B、A 为低通滤波器系统函数的分子和分母多项式系数向量，wph 为希望设计的高通滤波器的通带截止频率。返回值是高通滤波器系统函数的分子和分母多项式系数向量。

上面第（2）步中设计巴特沃斯高通滤波器的程序 ep731a.m 如下。

```
wp=1; ws=2.5; Rp=0.5;As=30; %低通滤波器的技术指标
[N,wc]=buttord(wp,ws,Rp,As,'s'); %计算模拟滤波器的阶数 N 和 3dB 截止频率
[B,A]=butter (N,wc,'s');%计算滤波器系统函数 Q(p) 的分子与分母多项式系数
k=0:511;fk=0:3/512:3;
Hk_l=freqs (B,A,fk);
wph=2*pi*5000; %高通滤波器的通带截止频率
[BH, AH]= lp2hp (B, A, wph)
fk1=0:8000/512:8000; wk=2*pi*fk1;
Hk_h=freqs (BH,AH,wk);
subplot (2,2,1);
plot (fk, 20*log10 (abs (Hk_l)),'k');
grid on; axis ([0,3,-40,5])
set (gca,'xtick',0:.5:3); xlabel ('归一化频率'); ylabel ('幅度 dB');
subplot (2,2,2);
plot (fk1,20*log10 (abs (Hk_h)),'k');
grid on; axis ([0,8000,-25,5]);
set (gca,'xtick',0:2000:8000); xlabel ('频率/Hz'); ylabel ('幅度/dB');
```

由系数向量 B、A 写出巴特沃斯低通滤波器的归一化系统函数 $Q(p)$ 为

$$Q(p) = \frac{3.0897}{p^5 + 4.0551p^4 + 18.2219p^3 + 10.3028p^2 + 7.9790p + 3.0897}$$

由系数向量 BH、AH 写出高通滤波器的系统函数 $H_{HP}(s)$ 为

$$H_{HP}(s) = \frac{s^5 + 2.6602 \times 10^{-12} s^4 - 7.7809 \times 10^{-5} s^3 + 0.01994 s^2 - 13766 s + 0.001}{s^5 + 8.113 \times 10^4 s^4 + 3.2911 \times 10^9 s^3 + 8.251 \times 10^{13} s^2 + 1.2784 \times 10^{18} s + 9.9045 \times 10^{21}}$$

$Q(p)$ 与 $H_{HP}(s)$ 的损耗函数曲线如图 7.3.4 所示。

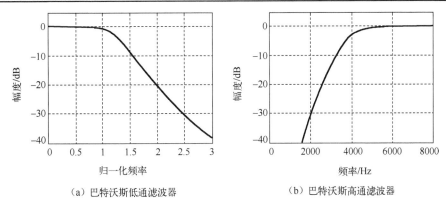

（a）巴特沃斯低通滤波器 （b）巴特沃斯高通滤波器

图 7.3.4 例 7.3.1 的巴特沃斯低通与高通滤波器的损耗函数曲线

注意：实际上也可以通过调用函数 buttord 和 butter 来直接设计巴特沃斯高通滤波器。设计程序 ep731b.m 如下。

```
wp=2*pi*5000; ws=2*pi*2000; Rp=0.5;As=30; %高通滤波器的技术指标
[N,wc]=buttord(wp,ws,Rp,As,'s'); %计算高通滤波器的阶数 N 和 3dB 截止频率
[B,A]=butter(N,wc,'high','s');%计算高通滤波器系统函数 Q(p) 的分子与分母多项式系数
```

上面第（2）步中设计切比雪夫 I 型高通滤波器的程序 ep731c.m 如下。

```
wp=1; ws=2.5; Rp=0.5;As=30; %滤波器的技术指标
[N1,wp1]=cheb1ord(wp,ws,Rp,As,'s'); %计算模拟滤波器的阶数 N 和通带截止频率
[B,A]=cheby1(N1, Rp, wp,'s');%计算滤波器系统函数的分子与分母多项式系数
k=0:511;fk=0:3/512:3;
Hk_l=freqs(B,A,fk);
wph=2*pi*5000; %高通滤波器的通带截止频率
[BH, AH]= lp2hp(B, A, wph)
fk1=0:8000/512:8000; wk=2*pi*fk1;
Hk_h=freqs(BH,AH,wk);
```

画图程序省略，可以参考 ep731a.m。

切比雪夫 I 型低通滤波器 $Q(p)$ 与高通滤波器 $H_{HP}(s)$ 的损耗函数曲线如图 7.3.5 所示。

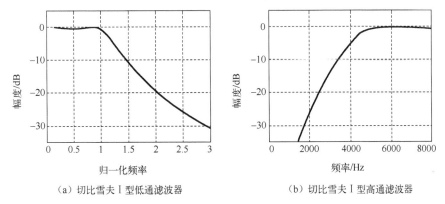

（a）切比雪夫 I 型低通滤波器 （b）切比雪夫 I 型高通滤波器

图 7.3.5 例 7.3.1 的切比雪夫 I 型低通与高通滤波器的损耗函数曲线

同样，也可以用函数 cheb1ord 和 cheby1 直接设计巴特沃斯高通滤波器（略）。

【例 7.3.2】设计切比雪夫 I 型模拟带通滤波器,要求通带下、上截止频率为 5kHz 和 8kHz,阻带下、上截止频率为 3kHz 和 10kHz,通带最大衰减为 1dB,阻带最小衰减为 20dB。

解:(1)根据所给的带通滤波器指标验证是否满足式(7.3.9)

$$f_{pl} = 5\text{kHz} , \quad f_{pu} = 8\text{kHz} , \quad f_{sl} = 3\text{kHz} , \quad f_{su} = 10\text{kHz}$$

$$f_{pl}f_{pu} = 5000 \times 8000 = 4 \times 10^7 \text{Hz}^2 \qquad \Omega_0 = 2\pi\sqrt{f_{pl}f_{pu}}$$

$$f_{sl}f_{su} = 3000 \times 10000 = 3 \times 10^7 \text{Hz}^2$$

因为 $f_{pl}f_{pu} > f_{sl}f_{su}$,所以不满足式(7.3.9),按照式(7.3.10)进行调整,增大 f_{sl} ,则修正后的 f_{sl} 为

$$f_{sl} = \frac{f_{pl}f_{pu}}{f_{su}} = \frac{4 \times 10^7}{10^4} = 4 \times 10^3 \text{Hz}$$

采用修正后的 f_{sl} 按如下步骤设计巴特沃斯模拟带通滤波器。

通过映射公式(7.3.7)将带通滤波器的指标转换成相应的低通滤波器 $Q(p)$ 的指标,通常为了计算简单,一般选择 $Q(p)$ 以通带截止频率归一化,即通带截止频率 $\lambda_p = 1$,则可求得低通归一化阻带截止频率为

$$\lambda_s = \lambda_p \frac{f_0^2 - f_{sl}^2}{f_{sl}B_w} = \frac{40 - 16}{4 \times 3} = 2$$

(2)低通滤波器的设计程序与例 7.3.1 的程序 ep731c.m 完全相同,留作读者练习。利用式(7.3.8)将 $Q(p)$ 转换成希望设计的高通滤波器的系统函数 $H_{BP}(s)$ 。本例调用函数 lp2bp 实现低通滤波器到带通滤波器的转换。lp2bp 的调用格式为

```
[BT,AT] = lp2bp(B, A,wo,Bw)
```

参数 B、A 为低通滤波器系统函数的分子和分母多项式系数向量,wo 和 Bw 分别为希望设计的带通滤波器的中心频率和通带宽度,返回值 BT 和 AT 是带通滤波器系统函数的分子和分母多项式系数向量。

```
%本例中低通滤波器设计程序部分省略,以下是由低通滤波器到带通滤波器的转换
w0=2*pi*sqrt(4*(10^7));   %带通滤波器的中心频率
Bw=2*pi*3000;      %带通滤波器的通带带宽
[BT,AT] = lp2bp(B, A,wo,Bw);
fk1=0:12000/512:12000; wk=2*pi*fk1;
Hk_b=freqs(BT,AT,wk);
```

画图程序省略,可以参考 ep731a.m。切比雪夫 I 型低通滤波器 $Q(p)$ 与带通滤波器 $H_{BP}(s)$ 的损耗函数曲线如图 7.3.6 所示。

利用函数 cheb1ord 和 cheby1 也可以直接设计带通滤波器,程序如下。

```
%直接利用 cheb1ord 和 cheby1 设计带通滤波器
wp=[5000*2*pi, 8000*2*pi]; ws=[4000*2*pi, 10000*2*pi]; Rp=1;As=20; %带
通滤波器的技术指标
[N1,wpo]=cheb1ord(wp,ws,Rp,As,'s'); %计算模拟滤波器的阶数 N 和通带截止频率
[B,A]=cheby1(N1, Rp, wpo,'s');%计算带通滤波器系统函数的分子与分母多项式系数
```

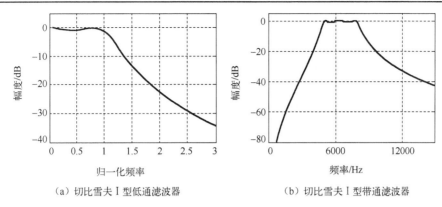

　　　　（a）切比雪夫 I 型低通滤波器　　　　　　　　（b）切比雪夫 I 型带通滤波器

图 7.3.6　例 7.3.1 的切比雪夫 I 型低通与带通滤波器的损耗函数曲线

【**例 7.3.3**】设计椭圆模拟带阻滤波器，要求阻带下、上截止频率为 5kHz 和 8kHz，通带下、上截止频率为 3kHz 和 10kHz，通带最大衰减为 1dB，阻带最小衰减为 20dB。

　　解：（1）根据所给的带阻滤波器指标验证是否满足式（7.3.14）

$$f_{sl} = 5\text{kHz}，\quad f_{su} = 8\text{kHz}，\quad f_{pl} = 3\text{kHz}，\quad f_{pu} = 10\text{kHz}$$

$$f_{sl}f_{su} = 5000 \times 8000 = 4 \times 10^7 \text{Hz}^2，\quad \Omega_0 = 2\pi\sqrt{f_{sl}f_{su}}$$

$$f_{pl}f_{pu} = 3000 \times 10000 = 3 \times 10^7 \text{Hz}^2$$

因为 $f_{sl}f_{su} > f_{pl}f_{pu}$，所以不满足式（7.3.14），按照式（7.3.10）进行调整，增加 f_{pl}，则修正后的 f_{pl} 为

$$f_{pl} = \frac{f_{sl}f_{su}}{f_{pu}} = \frac{4 \times 10^7}{10^4} = 4 \times 10^3 \text{Hz}$$

采用修正后的 f_{pl} 设计椭圆模拟带阻滤波器。

　　通过映射公式（7.3.12）将带阻滤波器的指标转换成相应的低通滤波器 $Q(p)$ 的指标，通常为了计算简单，一般选择 $Q(p)$ 以阻带截止频率归一化，即阻带截止频率 $\lambda_s = 1$，则可求得低通归一化通带截止频率为

$$\lambda_p = \lambda_s \frac{f_{pl}B_w}{f_0^2 - f_{pl}{}^2} = \frac{4 \times 3}{40 - 16} = 0.5$$

　　（2）本例利用 MATLAB 函数 ellipord 和 ellip 设计椭圆低通滤波器 $Q(p)$，再利用式（7.3.13）将 $Q(p)$ 转换成希望设计的带阻滤波器的系统函数 $H_{BS}(s)$。本例调用函数 lp2bs 实现低通滤波器到带通滤波器的转换。lp2bs 的调用格式为

```
[BT,AT] = lp2bs(B, A,wo,Bw)
```

参数 B、A 为低通滤波器系统函数的分子和分母多项式系数向量，wo 和 Bw 分别为希望设计的带阻滤波器的中心频率和通带宽度，返回值 BT 和 AT 是带阻滤波器系统函数的分子和分母多项式系数向量。

　　上面第（2）步中设计椭圆模拟带阻滤波器的程序 ep733a.m 如下。

```
wp=0.5; ws=1; Rp=1;As=20; %低通滤波器的技术指标
```

```
[Ne,wep]=ellipord（wp,ws,Rp,As,'s'）;%计算模拟滤波器的阶数 N 和 3dB 截止频率
[B,A]= ellip （Ne,Rp,As, wep,'s'）;%计算滤波器系统函数的分子与分母多项式系数
k=0:511;fk=0:3/512:3;
Hk_l=freqs（B,A,fk）;
w0=2*pi*sqrt（4*（10^7）） ; %带阻滤波器的中心频率
Bw=2*pi*3000;    %带阻滤波器的通带带宽
[BS, AS]= lp2bs （B, A,w0,Bw）;
fk1=0:12000/512:12000; wk=2*pi*fk1;
Hk_S=freqs（BS,AS,wk）;
```

画图程序省略，可以参考 ep731a.m，3 阶椭圆低通滤波器 $Q(p)$ 与 6 阶带阻滤波器 $H_{BS}(s)$ 的损耗函数曲线如图 7.3.7 所示。

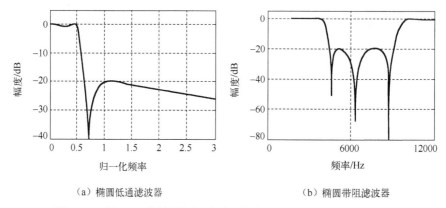

（a）椭圆低通滤波器　　　　　　　　（b）椭圆带阻滤波器

图 7.3.7　例 7.3.3 的椭圆低通滤波器与带阻滤波器的损耗函数曲线

利用函数 ellipord 和 ellip 也可以直接设计带阻滤波器，程序如下。

```
%直接利用 ellipord 和 ellip 设计带阻滤波器
ws=[5000*2*pi, 8000*2*pi]; wp=[4000*2*pi, 10000*2*pi]; Rp=1;As=20; %带
阻滤波器的技术指标
[Ne,wep]= ellipord （wp,ws,Rp,As,'s'）; %计算模拟滤波器的阶数 N 和通带截止频率
[BS,AS]= ellip （Ne, Rp, As, wep, 'stop','s'）;%计算带阻滤波器系统函数的分子
与分母多项式系数
```

7.4　用脉冲响应不变法设计 IIR 数字低通滤波器

IIR 数字低通滤波器常用的设计方法是间接设计法，其设计过程如下：

（1）将数字滤波器的技术指标转换为模拟滤波器的技术指标，利用成熟的模拟滤波器设计理论及方法设计一个过渡模拟低通滤波器 $H_a(s)$；

（2）按照一定的转换关系将 $H_a(s)$ 转换成数字低通滤波器的系统函数 $H(z)$。

因此，设计的关键步骤是找到转换关系。为保证转换后的 $H(z)$ 稳定且满足技术指标要求，对转换关系有以下两点要求：

① 因果稳定的模拟滤波器转换后的数字滤波器应该是因果稳定的。我们知道，模拟滤波器因果稳定的条件是其系统函数 $H_a(s)$ 的极点全部位于 s 平面的左半平面；数字滤波器因果稳

定的条件是 $H(z)$ 的极点全部在单位圆内。因此，转换关系应使 s 平面的左半平面映射到 z 平面的单位圆内。

②　数字滤波器的频率响应特性应该模仿模拟滤波器的频率响应特性，因此 s 平面的虚轴映射为 z 平面的单位圆，响应的频率之间呈线性关系。

将模拟滤波器的系统函数 $H_a(s)$ 从 s 平面转换到 z 平面的方法有多种，但工程上常用的是脉冲响应不变法和双线性变换法。本节先研究脉冲响应不变法。

7.4.1　脉冲响应不变法的基本思想

设模拟低通滤波器的系统函数为 $H_a(s)$，相应的单位脉冲响应为 $h_a(t)$，即

$$H_a(s) = \text{LT}[h_a(t)] \tag{7.4.1}$$

LT[·] 代表拉氏（拉普拉斯）变换，对 $h_a(t)$ 以 T 为抽样间隔进行等间隔抽样，得到

$$h(n) = h_a(nT) \tag{7.4.2}$$

将 $h(n)$ 作为数字滤波器的单位脉冲响应，因此数字低通滤波器的系统函数 $H(z)$ 便是 $h(n)$ 的 Z 变换。这就是脉冲响应不变法的基本思想，该方法是一种时域逼近方法，它使 $h(n)$ 在抽样点上等于 $h_a(t)$。

7.4.2　从模拟低通滤波器 $H_a(s)$ 到数字低通滤波器 $H(z)$ 的转换公式

下面基于脉冲响应不变法的思想，导出将模拟低通滤波器的系统函数 $H_a(s)$ 转换成数字低通滤波器的系统函数 $H(z)$ 的公式。

设模拟滤波器 $H_a(s)$ 只有单阶极点，且分母多项式的阶次高于分子多项式的阶次，将 $H_a(s)$ 用部分分式表示

$$H_a(s) = \sum_{i=1}^{N} \frac{A_i}{s - s_i} \tag{7.4.3}$$

式中，s_i 为 $H_a(s)$ 的单阶极点。将 $H_a(s)$ 进行拉氏反变换，得到

$$h_a(t) = \sum_{i=1}^{N} A_i \, \mathrm{e}^{s_i t} u(t) \tag{7.4.4}$$

其中，$u(t)$ 为单位阶跃函数。对 $h_a(t)$ 以 T 为抽样间隔进行等间隔抽样得到

$$h(n) = h_a(nT) = \sum_{i=1}^{N} A_i \, \mathrm{e}^{s_i nT} u(nT) \tag{7.4.5}$$

对式（7.4.5）进行 Z 变换，得到数字滤波器的系统函数 $H(z)$，即

$$H(z) = \sum_{i=1}^{N} \frac{A_i}{1 - \mathrm{e}^{s_i T} z^{-1}} \tag{7.4.6}$$

对比式（7.4.3）和式（7.4.6），$H_a(s)$ 的极点 s_i 映射到 z 平面的极点为 $\mathrm{e}^{s_i T}$，系数 A_i 不变。

下面分析在从模拟滤波器转换到数字滤波器的过程中 s 平面与 z 平面之间的映射关系，从而找到这种转换方法的优点和缺点。这里以理想抽样信号 $\hat{h}_a(t)$ 作为桥梁，推导其映射关系。

设 $h_a(t)$ 的理想抽样信号用 $\hat{h}_a(t)$ 表示，即

$$\hat{h}_{a}(t)=\sum_{n=-\infty}^{\infty} h_{a}(t)\delta(t-nT) \qquad (7.4.7)$$

对 $\hat{h}_{a}(t)$ 进行拉氏变换，得到

$$\hat{H}_{a}(s)=\int_{-\infty}^{\infty}\hat{h}_{a}(t)\mathrm{e}^{-st}\,\mathrm{d}t=\int_{-\infty}^{\infty}\left[\sum_{n=-\infty}^{\infty}h_{a}(t)\delta(t-nT)\right]\mathrm{e}^{-st}\mathrm{d}t$$

$$=\sum_{n=-\infty}^{\infty}h_{a}(nT)\mathrm{e}^{-snT}=\sum_{n=-\infty}^{\infty}h(n)\mathrm{e}^{-snT} \qquad (7.4.8)$$

令 $z=\mathrm{e}^{sT}$，则式（7.4.8）可以表示为

$$\hat{H}_{a}(s)=\sum_{n}h(n)z^{-n}\Big|_{z=\mathrm{e}^{sT}}=H(z)\Big|_{z=\mathrm{e}^{sT}} \qquad (7.4.9)$$

式（7.4.9）表明理想抽样信号 $\hat{h}_{a}(t)$ 的拉氏变换与相应的抽样序列 $h(n)$ 的 Z 变换之间的映射关系为

$$z=\mathrm{e}^{sT} \qquad (7.4.10)$$

因此式（7.4.10）给出了脉冲响应不变法对应的 s 平面和 z 平面之间的映射关系。

设 $s=\sigma+\mathrm{j}\Omega$，$z=r\mathrm{e}^{\mathrm{j}\omega}$（$\omega$ 为数字频率），根据式（7.4.10），得到

$$r\mathrm{e}^{\mathrm{j}\omega}=\mathrm{e}^{\sigma T}\mathrm{e}^{\mathrm{j}\Omega T}$$

所以有

$$r=\mathrm{e}^{\sigma T} \qquad (7.4.11)$$

$$\omega=\Omega T \qquad (7.4.12)$$

可见

$$\begin{cases}\sigma=0,\ r=1\\ \sigma<0,\ r<1\\ \sigma>0,\ r>1\end{cases} \qquad (7.4.13)$$

式（7.4.13）说明，s 平面的虚轴（$\sigma=0$）映射为 z 平面的单位圆（$r=1$）；s 平面的左半平面（$\sigma<0$）映射为 z 平面的单位圆内（$r<1$）；s 平面的右半平面（$\sigma>0$）映射为 z 平面的单位圆外（$r>1$）。这说明如果 $H_{a}(s)$ 因果稳定，转换后的 $H(z)$ 仍是因果稳定的。式（7.4.12）为模拟频率到数字频率的转换公式。

7.4.3　频谱混叠现象

注意到 $z=\mathrm{e}^{sT}$ 是一个周期函数，可写为

$$\mathrm{e}^{sT}=\mathrm{e}^{\sigma T}\mathrm{e}^{\mathrm{j}\Omega T}=\mathrm{e}^{\sigma T}\mathrm{e}^{\left(\Omega+\frac{2\pi}{T}M\right)T},\qquad M\text{ 为任意整数}$$

当 σ 不变，模拟频率 Ω 变化 π/T 的偶数倍时，映射值不变。或者说，将 s 平面沿着虚轴分割成一条条宽为 $2\pi/T$ 的水平带，每条水平带都对应着整个 z 平面。此时 $\hat{h}_{a}(s)$ 所在的 s 平面与 $H(z)$ 所在的 z 平面的映射关系如图 7.4.1 所示。当模拟频率从 $-\pi/T$ 变化到 π/T 时，数字频率 ω 则从 $-\pi$ 变化到 π，且按照式（7.4.12），Ω 与 ω 之间是线性关系。

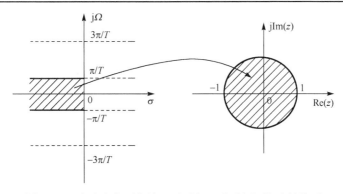

图 7.4.1 脉冲响应不变法 s 平面和 z 平面之间的映射关系

下面讨论数字滤波器的频率响应特性与模拟滤波器的频率响应特性之间的关系。因为 $h(n) = h_a(nT)$ ，由式（3.4.3）和式（3.4.4）得到

$$H(e^{j\Omega T}) = \frac{1}{T} \sum_{k=-\infty}^{\infty} H_a(j\Omega - j\frac{2\pi}{T}k) \tag{7.4.14}$$

$$H(e^{j\omega}) = \frac{1}{T} \sum_{k=-\infty}^{\infty} H_a(j\frac{\omega}{T} - j\frac{2\pi}{T}k) \tag{7.4.15}$$

上式说明，$H(e^{j\Omega T})$ 是 $H_a(j\Omega)$ 以 $2\pi/T$ 为周期延拓的周期函数（对数字频率 ω，则以 2π 为周期）。如果原 $h_a(t)$ 的频带不限于 $\pm\pi/T$ 之间，则会在奇数倍的 π/T 附近产生频谱混叠，对应的数字频率在 $\omega = \pm\pi$ 附近产生频谱混叠。脉冲响应不变法的频谱混叠现象如图 7.4.2 所示。这种频谱混叠现象会使设计出的数字滤波器在 $\omega = \pm\pi$ 附近的频率响应特性以不同程度偏离模拟滤波器在 π/T 附近的频率响应特性，严重时会使数字滤波器不满足给定的技术指标。为此，希望设计的模拟滤波器是带限滤波器，如果不是带限的，如高通滤波器、带阻滤波器，则需要在高通滤波器和带阻滤波器之前加保护滤波器，滤除高于折叠频率 π/T 的频率，以免产生频谱混叠现象。但这样会增加系统的成本、提高系统的复杂度，因此数字高通滤波器与带阻滤波器不适合用脉冲响应不变法设计。

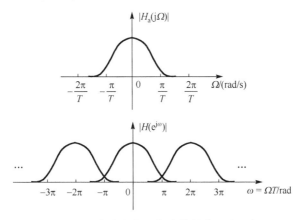

图 7.4.2 脉冲响应不变法的频谱混叠现象

7.4.4 改进的脉冲响应不变法

假设 $H(e^{j\Omega T})$ 没有频谱混叠现象，即满足

$$H_a(j\Omega) = 0 \qquad \Omega \geqslant \pi/T$$

由式（7.4.15）得到

$$H(e^{j\omega}) = \frac{1}{T} H_a\left(j\frac{\omega}{T}\right) \qquad |\omega| < \pi \qquad (7.4.16)$$

式（7.4.16）说明，如果不考虑频谱混叠现象，用脉冲响应不变法设计的数字滤波器可以很好地重现原模拟滤波器的频率响应特性。但是，$H(e^{j\omega})$ 的幅度与抽样间隔成反比，当 T 很小时，$|H(e^{j\omega})|$ 就会有过高的增益。为避免这一现象，令

$$h(n) = Th_a(nT) \qquad (7.4.17)$$

则

$$H(z) = \sum_{i=1}^{N} \frac{TA_i}{1 - e^{s_i T} z^{-1}} \qquad (7.4.18)$$

式（7.4.18）称为实用公式，此时

$$H(e^{j\omega}) = H_a\left(j\frac{\omega}{T}\right) \qquad |\omega| < \pi \qquad (7.4.19)$$

$H_a(s)$ 的极点 s_i 一般是一个复数，且以共轭形式成对出现，将式（7.4.3）中的一对复数共轭极点 s_i 和 s_i^* 放在一起，形成一个二阶基本节。如果模拟滤波器的二阶基本节的形式为

$$\frac{s + \sigma_i}{(s + \sigma_i)^2 + \Omega_i^2}，极点为 -\sigma_i \pm j\Omega_i \qquad (7.4.20)$$

可以推导出相应的数字滤波器的二阶基本节（只有实数乘法）的形式为

$$\frac{1 - z^{-1} e^{-\sigma_i T} \cos\Omega_i T}{1 - 2z^{-1} e^{-\sigma_i T} \cos\Omega_i T + z^{-2} e^{-2\sigma_i T}} \qquad (7.4.21)$$

如果模拟滤波器的二阶基本节的形式为

$$\frac{\Omega_i}{(s + \sigma_i)^2 + \Omega_i^2}，极点为 -\sigma_i \pm j\Omega_i \qquad (7.4.22)$$

则对应的数字滤波器的二阶基本节的形式为

$$\frac{z^{-1} e^{-\sigma_i T} \sin\Omega_i T}{1 - 2z^{-1} e^{-\sigma_i T} \cos\Omega_i T + z^{-2} e^{-2\sigma_i T}} \qquad (7.4.23)$$

利用以上转换关系，可以简化设计，使实现结构中没有复数乘法器。

综上，脉冲响应不变法的优点是：（1）频率转换关系是线性的，即 $\omega = \Omega T$，如果不存在频谱混叠现象，用这种方法设计的数字滤波器会很好地重现原模拟滤波器的频率响应特性；（2）数字滤波器的单位脉冲响应完全模仿模拟滤波器的单位脉冲响应，时域特性逼近得好。但是，有限阶的模拟滤波器不可能是理想带限的，所以脉冲响应不变法的最大缺点是会产生不同程度的频谱混叠现象，其适用于低通滤波器和带通滤波器的设计，不适用于高通滤波器和带阻滤波器的设计。

7.4.5 脉冲响应不变法设计数字滤波器举例

【例 7.4.1】已知模拟滤波器的系统函数 $H_a(s)$ 为

$$H_a(s) = \frac{0.5012}{s^2 + 0.6449s + 0.7079}$$

用脉冲响应不变法将 $H_a(s)$ 转换成数字滤波器的系统函数 $H(z)$。

解：首先将 $H_a(s)$ 写成部分分式

$$H_a(s) = \frac{-j0.3225}{s + 0.3225 - j0.7771} + \frac{j0.3225}{s + 0.3225 + j0.7771}$$

极点为：$s_1 = -0.3225 + 0.7771j$，$s_2 = -0.3225 - 0.7771j$。

由式（7.4.10）可以计算出 $H(z)$ 的极点为：$z_1 = e^{s_1 T}$，$z_2 = e^{s_2 T}$，将 $H(z)$ 的极点代入式（7.4.6）并整理得到

$$H(z) = \frac{2e^{-0.3225T} 0.3225 z^{-1} \sin(0.7771T)}{1 - 2z^{-1} e^{-0.3225T} \cos(0.7771T) + e^{-0.645T} z^{-2}}$$

式中，T 表示抽样间隔，T 越大，$2\pi/T$ 越小，会使 $\omega = \pi$ 附近的频谱混叠现象越严重。这里选取 $T = 1s$ 和 $T = 0.1s$ 比较两种情形的幅度特性。

当 $T = 1s$ 时

$$H_1(z) = \frac{0.3276 z^{-1}}{1 - 1.0328 z^{-1} + 0.5247 z^{-2}}$$

当 $T = 0.1s$ 时

$$H_2(z) = \frac{0.0485 z^{-1}}{1 - 1.9307 z^{-1} + 0.9375 z^{-2}}$$

将 $H_a(s)$ 转换为 $H(z)$ 时也可以利用式（7.4.22）与式（7.4.23）直接进行转换，即首先将 $H_a(s)$ 表示成式（7.4.22）的形式，令极点 $s_{1,2} = -\sigma_1 \pm j\Omega_1 = -0.3225 \pm 0.7771j$

$$H_a(s) = \frac{0.5012}{\Omega_1} \frac{\Omega_1}{(s + \sigma_1)^2 + \Omega_1^2} = 0.6450 \frac{\Omega_1}{(s + \sigma_1)^2 + \Omega_1^2}$$

再按照式（7.4.23），$H(z)$ 写成

$$H(z) = 0.6450 \times \frac{z^{-1} e^{-\sigma_1 T} \sin \Omega_1 T}{1 - 2z^{-1} e^{-\sigma_1 T} \cos \Omega_1 T + z^{-2} e^{-2\sigma_1 T}}$$

把 $T = 0.1s$ 和 $T = 0.01s$ 分别代入上式便可得到 $H_1(z)$ 和 $H_2(z)$。将 $H_a(j\Omega)$、$H_1(e^{j\omega})$ 和 $H_2(e^{j\omega})$ 的幅度特性用它们的最大值归一化，如图 7.4.3 所示。由图 7.4.3（a）可见，模拟滤波器 $H_a(s)$ 的通带很窄，但阻带衰减慢，有拖尾现象，不是带限滤波器。图 7.4.3（b）所示的是用 $T = 1s$ 和 $T = 0.1s$ 两种抽样间隔转换成数字滤波器的损耗函数 $20\lg|H_1(e^{j\omega})|$ dB（上边曲线）与 $20\lg|H_2(e^{j\omega})|$ dB（下边曲线），横坐标表示对 π 归一化的数字频率。图 7.4.3（a）、（b）的频率服从线性关系，即 $\omega = \Omega T$，图 7.4.3（a）中的 A、B、C、D、E 点对应于图 7.4.3（b）中的 a、b、c、d、e 点；图 7.4.3（a）中的 H、I、J 点对应于图 7.4.3（b）中的 h、i、j 点。从

图中可以看出，$T = 0.1\text{s}$ 时，模拟滤波器与数字滤波器的幅度特性很相似，只是在折叠频率 1（数字频率为 π，对应的模拟频率为 10π）附近有较轻的频谱混叠现象；而 $T = 1\text{s}$ 时频谱混叠现象严重。

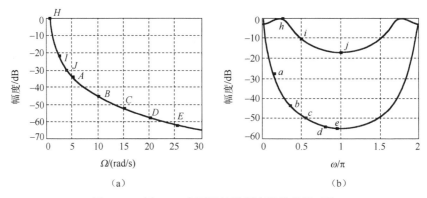

（a）　　　　　　　　　　　　（b）

图 7.4.3　例 7.4.1 中不同抽样频率转换结果对比

【例 7.4.2】用脉冲响应不变法设计数字低通滤波器，要求通带和阻带具有单调下降特性，指标参数如下：$\omega_p = 0.15\pi\,\text{rad}$，$\omega_s = 0.3\pi\,\text{rad}$，$\alpha_p = 1\text{dB}$，$\alpha_s = 10\text{dB}$。

解：利用脉冲响应不变法根据间接设计法的基本步骤进行设计。

（1）将数字滤波器的设计指标转换为相应的模拟滤波器的设计指标，并设计相应的模拟滤波器，设计方法与例 7.2.1 完全相同。不妨设抽样间隔为 T，由频率转换公式（7.4.12）得到

$$\Omega_p = \frac{\omega_p}{T} = \frac{0.15\pi}{T}\text{rad}/\text{s} \qquad \alpha_p = 1\text{dB}$$

$$\Omega_s = \frac{\omega_s}{T} = \frac{0.3\pi}{T}\text{rad}/\text{s} \qquad \alpha_s = 20\text{dB}$$

根据单调下降要求，选择巴特沃斯滤波器，计算其阶数 $N = 3$，求解过程留给读者练习。

（2）按照式（7.4.3）与式（7.4.18）

$$H_a(s) = \sum_{i=1}^{N} \frac{A_i}{s - s_i}, \qquad H(z) = \sum_{i=1}^{N} \frac{TA_i}{1 - e^{s_iT} z^{-1}}$$

将模拟滤波器的系统函数 $H_a(s)$ 转换成数字滤波器的系统函数 $H(z)$。这样计算相当复杂，本例调用 MATLAB 信号处理工具箱函数 impinvar 进行设计。impinvar 的调用格式为

```
[Bz,Az]= impinvar（B,A）;
```

实现用脉冲响应不变法将分子和分母多项式系数向量分别为 B 和 A 的模拟滤波器的系统函数 $H_a(s)$ 转换成分子和分母多项式系数向量分别为 Bz 和 Az 的数字滤波器的系统函数 $H(z)$。

```
%例 7.4.2 的程序 用脉冲响应不变法设计数字低通滤波器 ep744.m
T=1;
wp=0.15*pi/T;ws=0.3*pi/T;Rp=1;As=10; %滤波器的技术指标
[N,wc]=buttord（wp,ws,Rp,As,'s'）; %计算模拟滤波器的阶数 N 和 3dB 截止频率
[B,A]=butter（N,wc,'s'）;%计算滤波器系统函数的分子与分母多项式系数
k=0:511;fk=0:0.5/512:0.5; wk=2*pi*fk;
Hk=freqs（B,A,wk）;
[Bz,Az]= impinvar（B,A）;
```

```
wk=0:pi/512:pi;
Hz= freqs (Bz,Az,wk);
```

绘图部分省略，参考例 7.2.2 中的画图部分程序。$T=1s$ 时的运行结果：模拟滤波器系统函数 $H_a(s)$ 的分子与分母多项式系数向量 B 和 A 分别为

```
B=[0  0  0  0.2791]
A=[1.0000  1.3070  0.8541  0.2791]
```

数字滤波器的系统函数 $H(z)$ 的分子与分母多项式系数向量 Bz 与 Az 分别为

```
Bz=[ 0  0.0880  0.0571 0]
Az=[ 1  -1.7379  1.1537  -0.2706]
```

例 7.4.2 的模拟滤波器和数字滤波器的损耗函数曲线如图 7.4.4 所示。

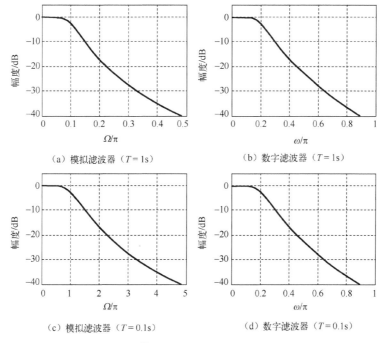

（a）模拟滤波器（$T=1s$）　　　　（b）数字滤波器（$T=1s$）

（c）模拟滤波器（$T=0.1s$）　　　　（d）数字滤波器（$T=0.1s$）

图 7.4.4　例 7.4.2 的模拟滤波器和数字滤波器的损耗函数曲线

从图 7.4.4 可以看出，$T=1s$ 和 $T=0.1s$ 时的 $H(z)$ 基本相同，但模拟滤波器差别较大。这说明给定数字滤波器指标时，不同的抽样间隔对频谱混叠程度的影响很小。所以在程序设计时，通常取 $T=1s$ 以便计算简单。$T=1s$ 时，设计的模拟滤波器和数字滤波器的损耗函数曲线如图 7.4.4（a）和（b）所示。$T=0.1s$ 时，设计的模拟滤波器和数字滤波器的损耗函数曲线如图 7.4.4（c）和（d）所示。图中数字滤波器满足指标要求，但是，由于频谱混叠失真，数字滤波器在 $\omega=\pi$ （对应模拟抽样频率 $F_s/2\,\mathrm{Hz}$）附近的衰减明显小于模拟滤波器在 $f=F_s/2$ 附近的衰减。

7.5　用双线性变换法设计 IIR 数字低通滤波器

脉冲响应不变法的主要缺点是会产生频谱混叠现象，使数字滤波器的频率响应特性在 $\omega=\pm\pi$ 附近偏离模拟滤波器的频率响应特性。其原因是模拟低通滤波器并不带限于折叠频率

π/T，在离散化（抽样）后产生了频谱混叠，再通过映射关系 $z = e^{sT}$，使数字滤波器在 $\omega = \pm\pi$ 附近形成频谱混叠。为了克服这一缺点，本节介绍用双线性变换法设计 IIR 数字低通滤波器。

7.5.1　双线性变换法的基本思想

为使模拟低通滤波器带限于折叠频率 π/T，可以采用非线性频率压缩方法，将整个模拟频率轴压缩到 $\pm\pi/T$ 之间，再用 $z = e^{sT}$ 转换到 z 平面上。

设模拟滤波器的系统函数为 $H_a(s)$，若 $s = j\Omega$，经过非线性频率压缩后得到系统函数 $\hat{H}_a(s_1)$，$s_1 = j\Omega_1$，这里用正切变换实现频率压缩

$$\Omega = \frac{2}{T}\tan\left(\frac{1}{2}\Omega_1 T\right) \tag{7.5.1}$$

式中，T 仍是抽样间隔。当 Ω_1 从 $-\pi/T$ 经过 0 变化到 π/T 时，Ω 由 $-\infty$ 经过 0 变化到 ∞，实现了将 s 平面上整个虚轴完全压缩到 s_1 平面上虚轴的 $\pm\pi/T$ 之间的转换。由式（7.5.1）有

$$j\Omega = \frac{2}{T}\frac{e^{j\Omega_1 T/2} - e^{-j\Omega_1 T/2}}{e^{j\Omega_1 T/2} + e^{-j\Omega_1 T/2}} = \frac{2}{T}\frac{1 - e^{-j\Omega_1 T/2}}{1 + e^{-j\Omega_1 T/2}} \tag{7.5.2}$$

代入 $s = j\Omega$ 和 $s_1 = j\Omega_1$，得到

$$s = \frac{2}{T}\frac{1 - e^{-s_1 T}}{1 + e^{-s_1 T}} \tag{7.5.3}$$

再通过 $z = e^{s_1 T}$ 从 s_1 平面转换到 z 平面，得到

$$s = \frac{2}{T}\frac{1 - z^{-1}}{1 + z^{-1}} \tag{7.5.4}$$

或

$$z = \frac{2/T + s}{2/T - s} \tag{7.5.5}$$

把式（7.5.4）或式（7.5.5）称为双线性变换。从 s 平面映射到 s_1 平面，再从 s_1 平面映射到 z 平面，其映射关系如图 7.5.1 所示。

由于从 s 平面到 s_1 平面的非线性频率压缩使 $\hat{H}_a(s_1)$ 带限于 $\pm\pi/T$，因此再用脉冲响应不变法从 s_1 平面映射到 z 平面不可能产生频谱混叠现象，这就是双线性变换法的最大优点。另外，从 s_1 平面映射到 z 平面仍然采用转换关系 $z = e^{s_1 T}$，s_1 平面的 $\pm\pi/T$ 之间水平带的左半部分映射到 z 平面单位圆的内部，虚轴映射为单位圆，这样 $H_a(s)$ 因果稳定，转换后的 $H(z)$ 也是因果稳定的。

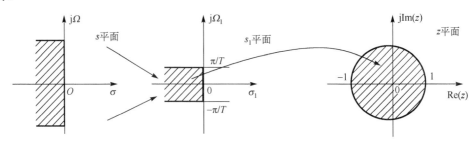

图 7.5.1　双线性变换映射关系的示意图

7.5.2　双线性变换法的性能分析

下面分析双线性变换法的转换性能，先分析模拟频率 Ω 和数字频率 ω 之间的关系。令 $s = \mathrm{j}\Omega$ ，$z = \mathrm{e}^{\mathrm{j}\omega}$ ，并代入式（7.5.4），得到

$$\mathrm{j}\Omega = \frac{2}{T}\frac{1-\mathrm{e}^{-\mathrm{j}\omega}}{1+\mathrm{e}^{-\mathrm{j}\omega}} \tag{7.5.6}$$

$$\Omega = \frac{2}{T}\tan\frac{\omega}{2} \tag{7.5.7}$$

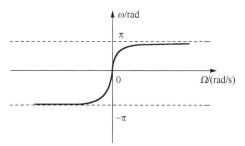

上式说明，s 平面上的 Ω 与 z 平面上的 ω 成非线性（正切）关系，如图 7.5.2 所示。在 $\omega = 0$ 附近接近线性关系；当 ω 增大时，Ω 增大得越来越快；当 ω 趋近于 π 时，Ω 趋近于 ∞ 。正是这种非线性关系消除了频谱混叠现象。

双线性变换法的缺点也是 Ω 与 ω 之间成非线性关系，使数字滤波器的频率响应曲线不能保真地模仿滤波器的频率响应曲线形状。幅度特性和相位特性失真的情况如图 7.5.3 所示。

图 7.5.2　双线性变换法的频率关系

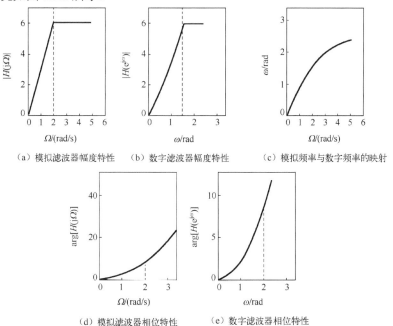

（a）模拟滤波器幅度特性　（b）数字滤波器幅度特性　（c）模拟频率与数字频率的映射

（d）模拟滤波器相位特性　（e）数字滤波器相位特性

图 7.5.3　双线性变换法幅度特性和相位特性失真的情况

这种非线性影响产生的实质问题是：如果 Ω 的刻度是均匀的，则其映像 ω 的刻度不是均匀的，而随 Ω 的增大而越来越密。因此，如果模拟滤波器的频率响应具有片段常数特性，则主要是数字滤波器频率响应特性曲线的转折点频率值与模拟滤波器频率响应特性曲线的转折点频率值并不成线性关系，如图 7.5.3（a）、（b）所示。当然，对于不具有片段常数的相位特性，仍有非线性失真，如图 7.5.3（d）、（e）所示。因此，双线性变换法适用于具体片段常数特性的滤波器的设计。实际中，一般选频滤波器的通带和阻带均要求具有片段常数特性，因

此双线性变换法得到了广泛的应用。但在设计时，要注意截止频率（如通带截止频率、阻带截止频率等）的转换关系要用式（7.5.7）计算。如果设计指标中的截止频率以数字频率给出，则必须按式（7.5.7）求出相应模拟滤波器的截止频率，将这种计算称为"预畸变校正"。只有这样，才能保证将设计的 $H_a(s)$ 转换成 $H(z)$ 后仍满足给定的数字滤波器技术指标。如果截止频率以模拟频率给出，则设计过程见本章后面的例 7.6.2 和例 7.6.3。

双线性变换法可用简单的代数公式（7.5.4）将 $H_a(s)$ 直接转换成 $H(z)$，这是该变换法的优点。但当阶数稍高时，将 $H(z)$ 整理成需要的形式也不是一件简单的事。MATLAB 信号处理工具箱提供的几种典型的滤波器设计函数在用于设计数字滤波器时，就采用了双线性变换法。所以，只要掌握了基本设计原理，在工程实际中设计就非常容易。

总而言之，利用模拟低通滤波器设计 IIR 数字低通滤波器的步骤如下。

（1）确定数字低通滤波器的技术指标：通带截止频率 ω_p、通带最大衰减 α_p、阻带截止频率 ω_s、阻带最小衰减 α_s。

（2）将数字低通滤波器的技术指标转换成相应的模拟低通滤波器的技术指标。这里主要是截止频率 ω_p 和 ω_s 的转换，α_p 和 α_s 指标不变。如果采用脉冲响应不变法，截止频率的转换关系为

$$\left.\begin{array}{l} \Omega_p = \dfrac{\omega_p}{T} \\[2mm] \Omega_s = \dfrac{\omega_s}{T} \end{array}\right\}$$

如果采用双线性变换法，截止频率的转换关系为

$$\left.\begin{array}{l} \Omega_p = \dfrac{2}{T}\tan\dfrac{\omega_p}{2} \\[2mm] \Omega_s = \dfrac{2}{T}\tan\dfrac{\omega_s}{2} \end{array}\right\}$$

（3）按照模拟低通滤波器的设计指标设计过渡模拟低通滤波器。

（4）用所选的转换方法，将过渡模拟低通滤波器的系统函数 $H_a(s)$ 转换成数字低通滤波器的系统函数 $H(z)$。

在设计过程中，要用到抽样间隔 T，下面介绍 T 的选择原则。如采用脉冲响应不变法，为避免产生频谱混叠现象，要求所设计的模拟低通带限于 $-\pi/T \sim \pi/T$ 区间。由于实际滤波器都是有限阶的，因此有一定宽度的过渡带，且频率特性不带限于 $\pm\pi/T$ 之间。当给定模拟低通滤波器的系统函数 $H_a(s)$ 要求单向转换成数字低通滤波器 $H(z)$ 且 α_s 足够大时，选择 T 满足 $|\Omega| < \pi/T$，可使频谱混叠足够小，满足数字滤波器的指标要求。但如果先给定数字低通滤波器的技术指标，情况则不一样。由于数字滤波器的频率响应函数 $H(e^{j\omega})$ 以 2π 为周期，最高频率在 $\omega = \pi$ 处，因此 $\omega_s < \pi$，按照线性关系 $\Omega_s = \omega_s/T$，那么一定满足 $\Omega_s < \pi/T$，这样 T 可以任选，一般选 $T = 1\text{s}$。这时，频谱混叠程度完全取决于 α_s，α_s 越大，混叠越小。对双线性变换法，不存在频谱混叠现象，尤其是对于设计具有片段常数特性的滤波器，T 也可以任选。为了简化计算，一般取 $T = 2\text{s}$。

7.5.3　双线性变换法的应用举例

【例 7.5.1】设某 RC 低通滤波器的系统函数为

$$H_a(s) = \frac{200}{s + 300}$$

用脉冲响应不变法和双线性变换法将 $H_a(s)$ 转换成数字滤波器的系统函数 $H(z)$。

解：用脉冲响应不变法转换成数字滤波器的系统函数 $H_1(z)$

$$H_1(z) = \frac{200}{1 - \mathrm{e}^{-300T} z^{-1}}$$

利用式（7.5.4）将 $H_a(s)$ 直接转换成 $H_2(z)$

$$H_2(z) = H_a(s) \bigg|_{s = \frac{2}{T} \frac{1-z^{-1}}{1+z^{-1}}} = \frac{200}{\frac{2}{T} \frac{1-z^{-1}}{1+z^{-1}} + 300} = \frac{200T(1+z^{-1})}{2 + 300T + (300T-2)z^{-1}}$$

取 $T = 0.001\mathrm{s}$ 与 $T = 0.003\mathrm{s}$，$H_1(z)$ 与 $H_2(z)$ 的归一化幅频特性分别如图 7.5.4（b）、（c）所示，模拟低通滤波器 $H_a(s)$ 的归一化幅频特性如图 7.5.4（a）所示。由图可见，由于阶数低、选择性差、拖尾严重，因此该模拟信号并非带限信号。图 7.5.4（b）是采用脉冲响应不变法转换成数字滤波器的幅频特性，图中 $\omega = \pi$ 处对应的模拟频率与抽样间隔有关，当 $T = 0.001\mathrm{s}$ 时，对应的模拟频率为 500Hz；当 $T = 0.003\mathrm{s}$ 时，对应的模拟频率为 167Hz。图 7.5.4（a）、（b）所示的数字滤波器与原模拟滤波器的幅度特性差别很大，且频率越高，差别越大，这是由频谱混叠现象引起的。$T = 0.001\mathrm{s}$ 时这种现象相对轻一些。图 7.5.4（c）是采用双线性变换法转换成的数字滤波器的幅频特性曲线，由于双线性变换法要对频率压缩，因此可以避免频谱混叠现象，但不能很好地保持原模拟滤波器幅频特性曲线的形状，这是由非线性造成的，$T = 0.003\mathrm{s}$ 时，非线性的影响很大，T 越小，非线性的影响越小。

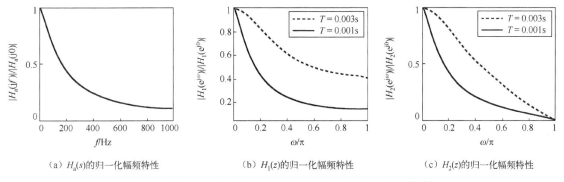

（a）$H_a(s)$ 的归一化幅频特性　　（b）$H_1(z)$ 的归一化幅频特性　　（c）$H_2(z)$ 的归一化幅频特性

图 7.5.4　例 7.5.1 中 $H_a(s)$、$H_1(z)$、$H_2(z)$ 的归一化幅频特性

【例 7.5.2】 利用双线性变换法设计 IIR 数字低通滤波器。要求通带截止频率 $\omega_p = 0.3\pi\ \mathrm{rad}$，通带最大衰减 1dB，阻带截止频率 $\omega_s = 0.5\pi\ \mathrm{rad}$，阻带最小衰减 15dB，指定模拟滤波器为巴特沃斯低通滤波器。

解：（1）为了计算简单，取 $T = 1\mathrm{s}$，通过预畸变校正计算模拟低通滤波器的技术指标为

$$\varOmega_p = \frac{2}{T} \tan\frac{\omega_p}{2} = 2\tan(0.3\pi / 2) \approx 1.0191\mathrm{rad/s} \qquad \alpha_p = 1\mathrm{dB}$$

$$\varOmega_s = \frac{2}{T} \tan\frac{\omega_s}{2} = 2\tan(0.5\pi / 2) \approx 2\mathrm{rad/s} \qquad \alpha_s = 15\mathrm{dB}$$

（2）设计巴特沃斯低通模拟滤波器。确定阶数 N 的计算过程如下

$$k_{sp} = \sqrt{\frac{(10^{\alpha_s/10} - 1)}{(10^{\alpha_p/10} - 1)}} \approx 10.8751$$

$$\lambda_{sp} = \frac{\Omega_s}{\Omega_p} = \frac{2}{1.0191} \approx 1.9625$$

$$N \geqslant \frac{\lg k_{sp}}{\lg \lambda_{sp}} \approx 3.5396 \qquad 取 \ N = 4$$

将 Ω_s、α_s 代入式（7.2.29）计算 Ω_c，使得阻带满足要求，通带有富余。

$$\Omega_c = 1.3040 \text{rad/s}$$

直接通过查表 7.2.1 得到归一化低通原型系统函数 $G_a(p)$，即

$$G_a(p) = \frac{1}{p^4 + 2.613p^3 + 3.4142p^2 + 2.6131p + 1}$$

将 $p = s/\Omega_c$ 代入 $G_a(p)$ 中去归一化得到实际的 $H_a(s)$

$$H_a(s) = \frac{2.8914}{s^4 + 3.4074s^3 + 5.8056s^2 + 5.7941s + 2.8914}$$

（3）用双线性变换法将 $H_a(s)$ 转换成数字滤波器 $H(z)$

$$H(z) = H_a(s)\Big|_{s = \frac{2}{T}\frac{1-z^{-1}}{1+z^{-1}}}$$

$$= \frac{2.8914(1+z^{-1})^4}{(1-z^{-1})^3(43.2592 + 11.2592z^{-1}) + 4 \times 5.8056(1-z^{-1})^2(1+z^{-1})^2 + (1+z^{-1})^3(14.4796 - 8.6968z^{-1})}$$

本例的设计程序为 ep752.m，程序中采用本例中的间接法——双线性变换法设计和直接调用 MATLAB 信号处理工具箱函数 buttord 和 butter 设计数字滤波器的结果相同，说明函数 butter 默认采用双线性变换法设计数字滤波器。

```
%例 7.5.2 设计程序 ep752.m
%用双线性变换法设计数字滤波器（DF）
T=1; Fs=1/T;
wpz=0.3; wsz=0.5;Rp=1;As=15;
wp=2*tan(wpz*pi/2);  ws=2*tan(wsz*pi/2);
[N,wc]= buttord(wp,ws,Rp,As,'s');
[B,A]=butter(N, wc,'s');
fk=0:0.8*pi/512:0.8*pi;
Hk=freqs(B,A,fk);
[Bz,Az]=bilinear(B,A,Fs);   %用双线性变换法转换成数字滤波器
Hz=freqs(Bz,Az,fk);
```

绘制的损耗函数曲线如图 7.5.5 所示（画图程序省略，参考 ep731.m）。

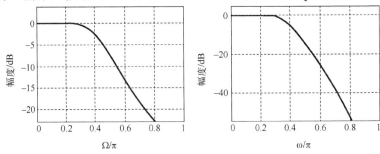

图 7.5.5 例 7.5.2 设计的模拟滤波器和数字滤波器的损耗函数曲线

7.6　数字高通、带通和带阻滤波器的设计

前面学习了模拟低通滤波器的设计方法、频率转换公式，以及设计模拟高通、带通和带阻滤波器的方法。对于数字高通、带通和带阻滤波器的设计，常用的设计方法仍为间接设计方法，即首先设计一个所需类型的过渡模拟滤波器，再通过一定关系转换成所需类型的数字滤波器，通用的转换方法为双线性变换法。具体步骤如下。

（1）将所需类型数字滤波器的截止频率转换成相应类型的过渡模拟滤波器的截止频率，转换公式为

$$\Omega = \frac{2}{T}\tan\frac{1}{2}\omega \qquad (7.6.1)$$

（2）将相应类型模拟滤波器的技术指标转换成模拟低通滤波器的技术指标（具体转换公式参见 7.3 节）。

（3）设计模拟低通滤波器。

（4）通过频率转换将模拟低通滤波器转换成相应类型的过渡模拟滤波器。

（5）采用双线性变换法将相应类型的过渡模拟滤波器转换成所需类型的数字滤波器。

MATLAB 信号处理工具箱中的各种 IIR 数字滤波器（Digital Filter，DF）设计函数就是按照以上步骤编程设计的，工程实际中可以直接调用这些函数设计各种类型的 IIR 数字滤波器。下面的例 7.6.1 说明按照如上步骤设计数字高通滤波器的方法，例 7.6.2 和例 7.6.3 说明通过直接调用 MATLAB 函数设计数字带通、带阻滤波器的方法。

【例 7.6.1】设计一个数字高通滤波器，通带截止频率 $\omega_p = 0.6\pi$ rad，通带最大衰减 $\alpha_p = 2$ dB，阻带截止频率 $\omega_s = 0.35\pi$ rad，阻带最小衰减 $\alpha_s = 30$ dB，要求采用巴特沃斯滤波器。

解：（1）令 $T = 1$ s，通过预畸变校正计算模拟高通滤波器的技术指标为

$$\Omega_p = \frac{2}{T}\tan\frac{\omega_p}{2} = 2\tan(0.6\pi/2) = 2.7528\,\text{rad/s} \qquad \alpha_p = 2\,\text{dB}$$

$$\Omega_s = \frac{2}{T}\tan\frac{\omega_s}{2} = 2\tan(0.35\pi/2) = 1.2256\,\text{rad/s} \qquad \alpha_s = 30\,\text{dB}$$

（2）将模拟高通滤波器的技术指标转换成模拟低通滤波器的技术指标，以通带截止频率（Ω_c）（3dB 截止频率）归一化，即

$$\lambda_p = \lambda_c = 1 \qquad \alpha_p = 2\,\text{dB}$$

$$\lambda_s = \frac{\Omega_{ph}}{\Omega_s} = \frac{2.7528}{1.2256} \approx 2.2461 \qquad \alpha_s = 30\,\text{dB}$$

（3）设计模拟低通滤波器

$$k_{sp} = \sqrt{\frac{(10^{\alpha_s/10}-1)}{(10^{\alpha_p/10}-1)}} \approx 41.3280$$

$$\lambda_{sp} = \frac{\lambda_s}{\lambda_p} \approx 2.2461$$

$$N \geq \frac{\lg k_{sp}}{\lg \lambda_{sp}} \approx 4.5991 \qquad 取 N = 5$$

查表 7.2.1 得到归一化模拟低通原型系统函数 $G_a(p)$，即

$$G_a(p) = \frac{1}{p^5 + 3.2361p^4 + 5.2361p^3 + 5.2361p^2 + 3.2361p + 1}$$

（4）将 $p = \dfrac{\Omega_{ph}}{s}$ 代入 $G_a(p)$，得到模拟高通滤波器的系统函数 $H_{HP}(s)$（这里代入的过程省略）。

（5）采用双线性变换法将相应类型的过渡模拟滤波器转换成所需类型的数字滤波器的系统函数 $H(z)$。

事实上，以上复杂的设计过程可以通过以下程序实现。

```
%例7.6.1的程序设计 ep761.m
%用双线性变换法实现数字高通滤波器
T=1;
wpz=0.6;wsz=0.35;Rp=2;As=20;  %数字高通滤波器的技术指标
[N,wc]=buttord(wpz,wsz,Rp,As);  %计算数字滤波器的阶数 N 和 3dB 截止频率
[Bz,Az]=butter(N,wc,'high');%计算高通数字滤波器系统函数的分子与分母多项式系数
wk=0:pi/512:pi;
Hz=freqz(Bz,Az,wk);
```

程序的绘图部分省略，数字高通滤波器的损耗函数如图 7.6.1 所示。

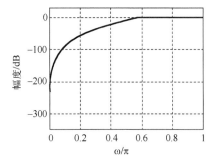

图 7.6.1   例 7.6.1 数字高通滤波器的损耗函数

【例 7.6.2】 设计一个数字带通滤波器，系统抽样频率 $F_s = 8\text{kHz}$，希望滤除模拟信号 $0 \sim 1800\,\text{Hz}$ 和 $3000\,\text{Hz}$ 以上频段的频率成分，衰减大于 $30\,\text{dB}$，保留 $2200 \sim 2450\,\text{Hz}$ 频段的频率成分，幅度失真小于 $3\,\text{dB}$。

解： 本例用数字滤波器对模拟信号进行带通滤波处理（把模拟信号用 ADC 转换成数字信号）。首先根据给定模拟信号的要求计算数字滤波器的技术指标

$$\omega_{pl} = \Omega_{pl}T = \frac{2\pi f_{pl}}{F_s} = \frac{2\pi \times 2200}{8000} = 0.55\pi\,\text{rad} \qquad \alpha_p = 3\,\text{dB}$$

$$\omega_{\mathrm{pu}} = \Omega_{\mathrm{pu}}T = \frac{2\pi f_{\mathrm{pu}}}{F_{\mathrm{s}}} = \frac{2\pi \times 2450}{8000} = 0.6125\pi \ \mathrm{rad}$$

$$\omega_{\mathrm{sl}} = \Omega_{\mathrm{sl}}T = \frac{2\pi f_{\mathrm{sl}}}{F_{\mathrm{s}}} = \frac{2\pi \times 1800}{8000} = 0.45\pi \ \mathrm{rad} \qquad \alpha_{\mathrm{s}} = 30\,\mathrm{dB}$$

$$\omega_{\mathrm{su}} = \Omega_{\mathrm{su}}T = \frac{2\pi f_{\mathrm{su}}}{F_{\mathrm{s}}} = \frac{2\pi \times 3000}{8000} = 0.75\pi \ \mathrm{rad}$$

如果考虑具有单调下降的幅频特性，可以选用巴特沃斯滤波器；如果考虑滤波器阶数最低，则可选用椭圆滤波器。这里选用椭圆滤波器并调用 MATLAB 信号处理工具箱函数 ellipord 和 ellip 直接设计数字带通滤波器，程序为 ep762.m。

```
%例 7.6.2 的程序设计 ep762.m
%调用函数 ellipord 和 ellip 直接设计数字带通滤波器
Fs=8000;
fpl=2200; fpu=2450; fsl=1800; fsu=3000;
wpz=[2*fpl/Fs,2*fpu/Fs];wsz=[2*fsl/Fs,2*fsu/Fs]; Rp=3;As=30; %数字带通滤
波器的技术指标
[N,wpo]=ellipord (wpz,wsz,Rp,As); %计算数字滤波器的阶数 N 和通带截止频率
[Bz,Az]=ellip (N,Rp,As, wpo');%计算数字带通滤波器系统函数的分子与分母多项式系数
wk=0:pi/512:pi;
Hz=freqz(Bz,Az,wk);
```

程序的绘图部分省略。程序运行结果：

```
N=2;
wpo=[[0.55,0.6125];
Bz=[ 0.0343  0.0300  0.0574  0.0300  0.0343];
Az=[1.0000  0.9787  2.0983  0.9198  0.8840];
```

根据系数向量 Bz 和 Az，系统函数的分子和分母是 $2N$ 阶多项式

$$H(z) = \frac{0.0343 + 0.03z^{-1} + 0.0574z^{-2} + 0.03z^{-3} + 0.0343z^{-4}}{1 + 0.9787z^{-1} + 2.0983z^{-2} + 0.9198z^{-3} + 0.8840z^{-4}}$$

数字带通滤波器的损耗函数如图 7.6.2 所示。

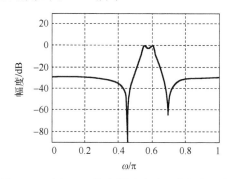

图 7.6.2　例 7.6.2 数字带通滤波器的损耗函数

【例 7.6.3】设计一个数字带阻滤波器，系统抽样频率 $F_{\mathrm{s}} = 8\mathrm{kHz}$，希望滤除模拟信号

$2200 \sim 2450\,\mathrm{Hz}$ 频段的频率成分，衰减大于 $30\,\mathrm{dB}$，保留 $0 \sim 1800\,\mathrm{Hz}$ 和 $3000\,\mathrm{Hz}$ 以上频段的频率成分，幅度失真小于 $3\,\mathrm{dB}$。

解： 首先根据给定模拟信号的要求计算数字滤波器的技术指标

$$\omega_{\mathrm{sl}} = \Omega_{\mathrm{sl}}T = \frac{2\pi f_{\mathrm{sl}}}{F_{\mathrm{s}}} = \frac{2\pi \times 2200}{8000} = 0.55\pi\,\mathrm{rad} \qquad \alpha_{\mathrm{p}} = 3\,\mathrm{dB}$$

$$\omega_{\mathrm{su}} = \Omega_{\mathrm{su}}T = \frac{2\pi f_{\mathrm{su}}}{F_{\mathrm{s}}} = \frac{2\pi \times 2450}{8000} = 0.6125\pi\,\mathrm{rad}$$

$$\omega_{\mathrm{pl}} = \Omega_{\mathrm{pl}}T = \frac{2\pi f_{\mathrm{pl}}}{F_{\mathrm{s}}} = \frac{2\pi \times 1800}{8000} = 0.45\pi\,\mathrm{rad} \qquad \alpha_{\mathrm{s}} = 30\,\mathrm{dB}$$

$$\omega_{\mathrm{pu}} = \Omega_{\mathrm{pu}}T = \frac{2\pi f_{\mathrm{pu}}}{F_{\mathrm{s}}} = \frac{2\pi \times 3000}{8000} = 0.75\pi\,\mathrm{rad}$$

这里选用椭圆滤波器并调用 MATLAB 信号处理工具箱函数 ellipord 和 ellip 直接设计数字带阻滤波器的程序为 ep763.m。

```
%例 7.6.3 的程序设计 ep763.m
%调用函数 ellipord 和 ellip 直接设计数字带阻滤波器
Fs=8000;
fsl=2200; fsu=2450; fpl=1800; fpu=3000;
wsz=[2*fpl/Fs,2*fpu/Fs];wpz=[2*fsl/Fs,2*fsu/Fs]; Rp=3;As=30; %数字带阻滤
波器的技术指标
[N,wpo]=ellipord (wpz,wsz,Rp,As); %计算数字滤波器的阶数 N 和通带截止频率
[Bz,Az]=ellip (N,Rp,As, wpo','stop');%计算数字带阻滤波器系统函数的分子与分母
多项式系数
wk=0:pi/512:pi;
Hz=freqz(Bz,Az,wk);
```

程序的绘图部分省略。程序运行结果：

```
N=2;
wpo=[0.45,0.75];
Bz=[0.6450  0.6542  1.4544  0.6542  0.6450];
Az=[1.0000  0.9633  2.0313  0.8848  0.8452];
```

本节仅介绍了用双线性变换法设计数字高通、数字带通和数字带阻滤波器的基本步骤，并举例说明了数字高通滤波器的设计过程。需要说明的是，如果设计的是数字低通或数字带通滤波器，则也可以采用脉冲响应不变法。但对于数字高通或数字带阻滤波器，则只能采用双线性变换法进行转换。

利用间接法设计数字滤波的计算过程较烦杂，MATLAB 信号处理工具箱提供的滤波器函数就是按照这种理论来实现各种类型滤波器的设计的。工程实际中调用相应函数就可以直接设计所需要的各种滤波器。

对于滤波器的频率转换，除本节介绍的模拟域的频率转换外，在数字域也可以进行频率转换。其过程是：先采用脉冲响应不变法或双线性变换法将模拟低通滤波器转换成数字低通

滤波器，再在数字域利用频率转换公式转换成所需类型的数字滤波器。感兴趣的读者可参考文献[12,18]。

最后要说明的是，前面介绍的 IIR 数字滤波器设计方法是一种间接方法，即通过先设计模拟滤波器，再进行 $s-z$ 平面转换，来达到设计数字滤波器的目的。这种设计方法使数字滤波器的幅度特性受到所选模拟滤波器幅度特性的限制。例如，巴特沃斯低通滤波器的幅度特性是单调下降的，而切比雪夫低通滤波器的幅度特性是带内或带外有上、下波动的等。所以，如果要求任意幅度特性的滤波器，则不适合采用这种间接方法。在数字域直接设计 IIR 数字滤波器和 FIR 数字滤波器的设计方法可以解决此问题。

IIR 数字滤波器的数字域直接设计方法有零极点累试法、频域幅度平方误差最小法和时域直接设计法，有兴趣的读者可以参考文献[1,3,12]。在 8.8 节将介绍的 MATLAB 滤波器分析设计工具（FDATool）中，也有任意形状频率响应特性数字滤波器的直接设计方法。

限于篇幅和高等学校本科教学要求，本书未编入直接设计方法的具体内容。

习题与上机题

1．填空题。

（1）经典数字滤波器从滤波特性上分类，可以分为＿＿＿＿、＿＿＿＿、＿＿＿＿、＿＿＿＿。

（2）数字滤波器的频率响应函数 $H(\mathrm{e}^{j\omega})$ 都是以＿＿＿＿为周期的，低通滤波器的通频带中心位于＿＿＿＿。

（3）数字滤波器从实现的网络结构或从单位脉冲响应长度来说，又可以分为＿＿＿＿。

（4）模拟频率到数字频率的转换公式为＿＿＿＿。

（5）双线性变换公式为＿＿＿＿。

（6）脉冲响应不变法的优点是＿＿＿＿，脉冲响应不变法的最大缺点是＿＿＿＿。

2．已知通带截止频率 $f_{\mathrm{p}}=4\mathrm{kHz}$，通带最大衰减 $\alpha_{\mathrm{p}}=1\mathrm{dB}$，阻带截止频率 $f_{\mathrm{s}}=12\mathrm{kHz}$，阻带最小衰减 $\alpha_{\mathrm{s}}=30\mathrm{dB}$，按照以上指标设计巴特沃斯和切比雪夫 I 型模拟低通滤波器。

3．已知通带截止频率 $f_{\mathrm{p}}=12\mathrm{kHz}$，通带最大衰减 $\alpha_{\mathrm{p}}=1\mathrm{dB}$，阻带截止频率 $f_{\mathrm{s}}=4\mathrm{kHz}$，阻带最小衰减 $\alpha_{\mathrm{s}}=30\mathrm{dB}$，按照以上指标设计巴特沃斯模拟高通滤波器。

4．设计切比雪夫 I 型模拟带通滤波器，要求通带下、上截止频率为 4kHz 和 7kHz，阻带下、上截止频率为 3kHz 和 9kHz，通带最大衰减为 1dB，阻带最小衰减为 20dB。

5．已知模拟滤波器的系统函数为 $H_{\mathrm{a}}(s)=\dfrac{3}{s^2+4s+3}$，试用脉冲响应不变法将 $H_{\mathrm{a}}(s)$ 转换成数字滤波器的系统函数 $H(z)$（设抽样周期 $T=1\mathrm{s}$）。

6．已知模拟滤波器的系统函数为 $H_{\mathrm{a}}(s)=\dfrac{s+a}{s^2+2as+a^2+b^2}$，试用双线性变换法将 $H_{\mathrm{a}}(s)$ 转换成数字滤波器的系统函数 $H(z)$（设抽样周期 $T=1\mathrm{s}$）。

7．分别用双线性变换法和脉冲响应不变法设计 IIR 巴特沃斯数字低通滤波器。抽样频率 $F_{\mathrm{s}}=6\mathrm{kHz}$，要求模拟滤波器的通带截止频率 $f_{\mathrm{p}}=2200\mathrm{Hz}$，通带最大衰减 0.1dB，阻带截止频率 $f_{\mathrm{s}}=3000\mathrm{Hz}$，阻带最小衰减 20dB。

8[*]．试用双线性变换法设计高通数字滤波器，并满足：通带和阻带都是频率的单调下降函数，通带截止频率为 $\omega_{\mathrm{p}}=0.75\pi\,\mathrm{rad}$，通带衰减不大于 1dB，阻带截止频率为 $\omega_{\mathrm{s}}=0.5\pi\,\mathrm{rad}$，阻带衰减不小于 15dB。

9*. 希望对输入模拟信号抽样并进行数字带通滤波处理，系统抽样频率为 $F_s = 8\text{kHz}$，并要求：滤除模拟信号 $0 \sim 1500\text{Hz}$ 和 2700Hz 以上频段的频率成分，衰减大于 30dB，保留 $2025 \sim 2225\text{Hz}$ 频段的频率成分，幅度失真小于 3dB。试设计满足上述要求的数字带通滤波器。

10*. 希望对输入模拟信号抽样并进行数字带阻滤波处理，系统抽样频率 $F_s = 8\text{kHz}$，希望滤除模拟信号 $2200 \sim 2450\text{Hz}$ 频段的频率成分，幅度失真小于 30dB，保留 $0 \sim 1500\text{Hz}$ 和 2700Hz 以上频段的频率成分，衰减大于 3dB。

第8章 有限脉冲响应数字滤波器的设计

8.1 引　　言

IIR 数字滤波器设计以模拟滤波器设计为基础，这是因为模拟滤波器的设计理论和方法已经非常成熟。但设计中只考虑了幅度特性，没有考虑相位特性，所设计的滤波器一般具有某种确定的非线性相位特性。与此相反，FIR 数字滤波器几乎完全受限于离散时间滤波器的实现问题，因此 FIR 数字滤波器的设计方法以直接逼近所需要的离散时间系统的频率响应为基础。在保证幅度特性满足技术要求的同时，可以做到满足严格的线性相位，这对图像处理、视频信号及数据信号的传输都是非常重要的。另外，由于 FIR 数字滤波器的单位脉冲响应 $h(n)$ 是有限长的，仅在原点处有一个多重极点，因此系统函数永远是稳定的。稳定和线性相位特性是 FIR 数字滤波器最突出的优点。

本章主要介绍三种设计方法：窗函数法、频率抽样法和等波纹最佳逼近法。

8.2　线性相位 FIR 数字滤波器的特点

本节主要介绍 FIR 数字滤波器具有线性相位的条件、幅度特性及其零点分布的特点。

8.2.1　线性相位的条件

设 FIR 数字滤波器的单位脉冲响应 $h(n)$ 的长度为 N，其频率响应函数为

$$H(\mathrm{e}^{\mathrm{j}\omega}) = \sum_{n=0}^{N-1} h(n)\mathrm{e}^{-\mathrm{j}n\omega} = |H(\mathrm{e}^{\mathrm{j}\omega})|\mathrm{e}^{\mathrm{j}\varphi(\omega)} \qquad (8.2.1)$$

其中 $|H(\mathrm{e}^{\mathrm{j}\omega})|$（正的实函数）为幅频特性函数，$\varphi(\omega)$ 为相频特性函数。但是在滤波器滤波过程中或讨论滤波器设计时，$H(\mathrm{e}^{\mathrm{j}\omega})$ 采用以下表达式

$$H(\mathrm{e}^{\mathrm{j}\omega}) = H_{\mathrm{g}}(\omega)\mathrm{e}^{\mathrm{j}\theta(\omega)} \qquad (8.2.2)$$

式（8.2.2）中把 $H_{\mathrm{g}}(\omega)$ 称为幅度函数，不同于 $|H(\mathrm{e}^{\mathrm{j}\omega})|$，即 $H_{\mathrm{g}}(\omega) \neq |H(\mathrm{e}^{\mathrm{j}\omega})|$，$H_{\mathrm{g}}(\omega)$ 可正可负，是一个实函数；实际上对于同一个 ω，有 $H_{\mathrm{g}}(\omega) = |H(\mathrm{e}^{\mathrm{j}\omega})|$ 或者 $H_{\mathrm{g}}(\omega) = -|H(\mathrm{e}^{\mathrm{j}\omega})|$。把 $\theta(\omega)$ 称为相位函数，区别于 $\varphi(\omega)$。

线性相位 FIR 数字滤波器是指 $\theta(\omega)$ 是 ω 的线性函数，即满足

（1）
$$\theta(\omega) = -\tau\omega$$

或者

（2）
$$\theta(\omega) = \theta_0 - \tau\omega$$

τ、θ_0 都是常数。满足条件（1）时称为第一类线性相位（严格线性相位）；满足条件（2）时

称为第二类线性相位。把 $-\dfrac{\mathrm{d}\theta(\omega)}{\mathrm{d}\omega}$ 称为相位函数的群延时，两类线性相位的群延时均为常数 τ。$\theta_0 = -\pi/2$ 是第二类线性相位特性常用的情况，所以本章仅介绍这种情况。

8.2.2　线性相位 FIR 数字滤波器对 $h(n)$ 的约束条件

1. 第一类线性相位对 $h(n)$ 的约束条件

第一类线性相位 FIR 数字滤波器的相位函数 $\theta(\omega) = -\tau\omega$，由式（8.2.1）和式（8.2.2）得到

$$H(\mathrm{e}^{\mathrm{j}\omega}) = \sum_{n=0}^{N-1} h(n)\mathrm{e}^{-\mathrm{j}\omega n} = H_{\mathrm{g}}(\omega)\mathrm{e}^{-\mathrm{j}\tau\omega}$$

由于

$$\mathrm{e}^{-\mathrm{j}\omega n} = \cos(\omega n) - \mathrm{j}\sin(\omega n)$$

$$\mathrm{e}^{-\mathrm{j}\tau\omega} = \cos(\tau\omega) - \mathrm{j}\sin(\tau\omega)$$

因此

$$\sum_{n=0}^{N-1} h(n)[\cos(\omega n) - \mathrm{j}\sin(\omega n)] = H_{\mathrm{g}}(\omega)[\cos(\tau\omega) - \mathrm{j}\sin(\tau\omega)] \tag{8.2.3}$$

于是

$$H_{\mathrm{g}}(\omega)\cos(\tau\omega) = \sum_{n=0}^{N-1} h(n)\cos(\omega n) \tag{8.2.4}$$

$$H_{\mathrm{g}}(\omega)\sin(\tau\omega) = \sum_{n=0}^{N-1} h(n)\sin(\omega n) \tag{8.2.5}$$

将式（8.2.4）与式（8.2.5）相除得到

$$\frac{\cos(\tau\omega)}{\sin(\tau\omega)} = \frac{\displaystyle\sum_{n=0}^{N-1} h(n)\cos(\omega n)}{\displaystyle\sum_{n=0}^{N-1} h(n)\sin(\omega n)}$$

即

$$\sum_{n=0}^{N-1} h(n)\sin(\omega n)\cos(\tau\omega) = \sum_{n=0}^{N-1} h(n)\cos(\omega n)\sin(\tau\omega)$$

利用三角公式化简得到

$$\sum_{n=0}^{N-1} h(n)\sin[\omega(n-\tau)] = 0 \tag{8.2.6}$$

只有当序列 $h(n)\sin[\omega(n-\tau)]$ 关于求和区间的中心点（$(N-1)/2$）奇对称（此处假设 N 为奇数），即

$$h(n)\sin[\omega(n-\tau)] = -h[N-1-n]\sin[\omega(N-1-n-\tau)]^{①}$$

$$n = 0, 1, \cdots, (N-1)/2 - 1 \text{ 且 } h\left(\frac{N-1}{2}\right)\sin\left[\omega\left(\frac{N-1}{2}-\tau\right)\right] = 0$$

时，式（8.2.6）才能成立。由于 $\sin[\omega(n-\tau)]$ 关于 $n=\tau$ 奇对称，如果取 $\tau=(N-1)/2$，则要求 $h(n)$ 关于 $(N-1)/2$ 偶对称，即 $h(n)=h(N-1-n)$，才能使式（8.2.6）成立。

由以上推导可知，如果 FIR 数字滤波器具有第一类线性相位，则要求 τ 和 $h(n)$ 满足以下要求

$$\tau = (N-1)/2$$

$$h(n) = h(N-1-n) \quad n = 0, 1, \cdots, N-1 \tag{8.2.7}$$

2. 第二类线性相位对 $h(n)$ 的约束条件

第二类线性相位 FIR 数字滤波器的相位函数 $\theta(\omega) = \theta_0 - \tau\omega$，$\theta_0 = -\dfrac{\pi}{2}$ 是第二类线性相位特性常用的情况，所以本章仅介绍这种情况。由式（8.2.1）和式（8.2.2）得

$$H(e^{j\omega}) = \sum_{n=0}^{N-1} h(n)e^{-j\omega n} = H_g(\omega)e^{-j(\pi/2+\tau\omega)}$$

与第一类线性相位的推导过程相同，可得到

$$\sum_{n=0}^{N-1} h(n)\cos[\omega(n-\tau)] = 0 \tag{8.2.8}$$

只有当序列 $h(n)\cos[\omega(n-\tau)]$ 关于求和区间的中心点（$(N-1)/2$）奇对称时，式（8.2.8）才能成立。由于 $\cos[\omega(n-\tau)]$ 关于 $n=\tau$ 偶对称，如果取 $\tau=(N-1)/2$，则要求 $h(n)$ 关于 $(N-1)/2$ 奇对称，即 $h(n)=-h(N-1-n)$，才能使式（8.2.8）成立。

因此，如果 FIR 数字滤波器具有第二类线性相位，则要求 τ 和 $h(n)$ 满足以下要求

$$\tau = (N-1)/2$$

$$h(n) = -h(N-1-n) \quad n = 0, 1, \cdots, N-1 \tag{8.2.9}$$

同时当 $\theta_0 = -\dfrac{\pi}{2}$ 时，具有第二类线性相位的 FIR 滤波器又称为线性相位 90° 的移相器。

8.2.3　两类线性相位 FIR 数字滤波器幅度函数 $H_g(\omega)$ 的特点

实质上，线性相位对 $h(n)$ 的约束条件是 FIR 数字滤波器的时域约束条件，而幅度函数 $H_g(\omega)$ 的特点则是 FIR 数字滤波器的频域约束条件。将时域约束条件代入式（8.2.1）即可推导出线性相位 FIR 数字滤波器的 $H_g(\omega)$ 的特点。当 $h(n)$ 的长度 N 取奇数或偶数时，对 $H_g(\omega)$ 的约束不同，因此对于两类线性相位特性，分 4 种情况讨论其幅度函数 $H_g(\omega)$ 的特点。

情况 1： $h(n)=h(N-1-n)$，N 为奇数，$\tau=(N-1)/2$。

将 $h(n)=h(N-1-n)$、$\theta(\omega)=-\tau\omega$ 代入式（8.2.1）和式（8.2.2），得

$$H(e^{j\omega}) = \sum_{n=0}^{N-1} h(n)e^{-j\omega n} = H_g(\omega)e^{-j\omega\tau}$$

---

① 当 N 为偶数时也可得到类似的结论，而 $n=0,1,\cdots,N/2-1$。

$$= h\left(\frac{N-1}{2}\right)\mathrm{e}^{-\mathrm{j}\omega(N-1)/2} + \left(\sum_{n=0}^{(N-1)/2-1} h(n)\mathrm{e}^{-\mathrm{j}\omega n} + \sum_{n=(N-1)/2+1}^{N-1} h(n)\mathrm{e}^{-\mathrm{j}\omega n}\right)$$

$$= h\left(\frac{N-1}{2}\right)\mathrm{e}^{-\mathrm{j}\omega\tau} + \sum_{n=0}^{(N-1)/2-1}[h(n)\mathrm{e}^{-\mathrm{j}\omega n} + h(N-n-1)\mathrm{e}^{-\mathrm{j}\omega(2\tau-n)}]$$

$$= h\left(\frac{N-1}{2}\right)\mathrm{e}^{-\mathrm{j}\omega\tau} + \sum_{n=0}^{(N-1)/2-1}[h(n)\mathrm{e}^{-\mathrm{j}\omega n} + h(n)\mathrm{e}^{-\mathrm{j}\omega(2\tau-n)}]$$

$$= \mathrm{e}^{-\mathrm{j}\omega\tau}\left[h(\tau) + \sum_{n=0}^{(N-1)/2-1} h(n)\left(\mathrm{e}^{-\mathrm{j}\omega(n-\tau)} + \mathrm{e}^{\mathrm{j}\omega(n-\tau)}\right)\right]$$

因此

$$H_{\mathrm{g}}(\omega) = h(\tau) + \sum_{n=0}^{(N-1)/2-1} h(n)[\mathrm{e}^{-\mathrm{j}\omega(n-\tau)} + \mathrm{e}^{-\mathrm{j}\omega(n+\tau)}]$$

$$= h(\tau) + \sum_{n=0}^{(N-1)/2-1} 2h(n)\cos[\omega(n-\tau)] \tag{8.2.10}$$

又因为 N 为奇数，$n-\tau = n-(N-1)/2 = M$，M 为整数，则

$$\left.\begin{array}{l} \cos(\omega M) = \cos(-\omega M) \\ \cos[(\pi-\omega)M] = \cos[(\pi+\omega)M] \\ \cos[(2\pi-\omega)M] = \cos[(2\pi+\omega)M] \end{array}\right\} \tag{8.2.11}$$

所以情况 1 中 $H_{\mathrm{g}}(\omega)$ 的特点为：$H_{\mathrm{g}}(\omega)$ 关于 $\omega = 0, \pi, 2\pi$ 三点偶对称。因此这种情况可以实现各种滤波器（低通、高通、带通、带阻滤波器）。

情况 2： $h(n) = h(N-1-n)$，N 为偶数，$\tau = (N-1)/2$。

将 $h(n) = h(N-1-n)$，$\theta(\omega) = -\tau\omega$ 代入式（8.2.1）和式（8.2.2），仿照情况 1 的推导过程可得

$$H(\mathrm{e}^{\mathrm{j}\omega}) = \sum_{n=0}^{N-1} h(n)\mathrm{e}^{-\mathrm{j}\omega n} = H_{\mathrm{g}}(\omega)\mathrm{e}^{-\mathrm{j}\omega\tau} = \sum_{n=0}^{N/2-1} 2h(n)\cos[\omega(n-\tau)]$$

因此

$$H_{\mathrm{g}}(\omega) = \sum_{n=0}^{N/2-1} 2h(n)\cos[\omega(n-\tau)] \tag{8.2.12}$$

因为 N 为偶数，$\tau = (N-1)/2 = N/2-1/2$，$n-\tau = M+1/2$，M 为整数，则

$$\left.\begin{array}{l} \cos[\omega(M+1/2)] = \cos[-\omega(M+1/2)] \\ \cos[\pi(M+1/2)] = 0 \\ \cos[(\pi-\omega)(M+1/2)] = -\cos[(\pi+\omega)(M+1/2)] \\ \cos[(2\pi-\omega)(M+1/2)] = \cos[(2\pi+\omega)(M+1/2)] \end{array}\right\} \tag{8.2.13}$$

所以情况 2 中 $H_{\mathrm{g}}(\omega)$ 的特点为：$H_{\mathrm{g}}(\omega)$ 关于 $\omega = 0, 2\pi$ 两点偶对称，$H_{\mathrm{g}}(\pi) = 0$，且关于 $\omega = \pi$ 奇对称。因此情况 2 不能实现高通和带阻滤波器。

情况 3： $h(n) = -h(N-1-n)$，N 为奇数，$\tau = (N-1)/2$。

由 $h(n) = -h(N-1-n)$ 可知 $h[(N-1)/2] = 0$，并将 $\theta(\omega) = -\pi/2-\tau\omega$ 及 $h(n) = -h(N-1-n)$ 代入式（8.2.1）和式（8.2.2），仿照情况 1 的推导过程可得

$$H(\mathrm{e}^{\mathrm{j}\omega}) = \sum_{n=0}^{N-1} h(n)\mathrm{e}^{-\mathrm{j}\omega n} = H_{\mathrm{g}}(\omega)\mathrm{e}^{-\mathrm{j}\theta(\omega)}$$

$$= h\left(\frac{N-1}{2}\right)\mathrm{e}^{-\mathrm{j}\omega(N-1)/2} + \left(\sum_{n=0}^{(N-1)/2-1} h(n)\mathrm{e}^{-\mathrm{j}\omega n} + \sum_{n=(N-1)/2+1}^{N-1} h(n)\mathrm{e}^{-\mathrm{j}\omega n}\right)$$

$$= \sum_{n=0}^{(N-1)/2-1}\left[h(n)\mathrm{e}^{-\mathrm{j}\omega n} - h(N-n-1)\mathrm{e}^{-\mathrm{j}\omega(N-1-n)}\right]$$

$$= \sum_{n=0}^{(N-1)/2-1} h(n)\left[\mathrm{e}^{-\mathrm{j}\omega n} - \mathrm{e}^{-\mathrm{j}\omega(N-1-n)}\right]$$

$$= \mathrm{e}^{-\mathrm{j}\omega\frac{N-1}{2}} \sum_{n=0}^{(N-1)/2-1} h(n)\left[\mathrm{e}^{-\mathrm{j}\omega\left(n-\frac{N-1}{2}\right)} - \mathrm{e}^{\mathrm{j}\omega\left(n-\frac{N-1}{2}\right)}\right]$$

$$= -\mathrm{j}\mathrm{e}^{-\mathrm{j}\omega\tau} \sum_{n=0}^{(N-1)/2-1} 2h(n)\sin[\omega(n-\tau)]$$

$$= \mathrm{e}^{-\mathrm{j}(\omega\tau+\pi/2)} \sum_{n=0}^{(N-1)/2-1} 2h(n)\sin[\omega(n-\tau)]$$

因此

$$H_{\mathrm{g}}(\omega) = \sum_{n=0}^{(N-1)/2-1} 2h(n)\sin[\omega(n-\tau)] \tag{8.2.14}$$

因为 N 为奇数，$n-\tau = n-(N-1)/2 = M$，M 为整数，则

$$\left.\begin{array}{l} \sin(\omega M) = -\sin(-\omega M) \\ \sin[(\pi-\omega)M] = -\sin[(\pi+\omega)M] \\ \sin[(2\pi-\omega)M] = -\sin[(2\pi+\omega)M] \\ \omega = 0,\pi,2\pi \quad \sin[\omega(n-\tau)] = 0 \end{array}\right\} \tag{8.2.15}$$

由式（8.2.15）可知，情况 3 中 $H_{\mathrm{g}}(\omega)$ 的特点为：$H_{\mathrm{g}}(\omega)$ 关于 $\omega=0,\pi,2\pi$ 三点奇对称，当 $\omega=0,\pi,2\pi$ 时，$H_{\mathrm{g}}(\omega)=0$，所以情况 3 只能实现带通滤波器。

情况 4：$h(n) = -h(N-1-n)$，N 为偶数，$\tau=(N-1)/2$。

与情况 3 的推导过程相同，可以得到

$$H_{\mathrm{g}}(\omega) = \sum_{n=0}^{N/2-1} 2h(n)\sin[\omega(n-\tau)] \tag{8.2.16}$$

因为 N 为偶数，$\tau=(N-1)/2=N/2-1/2$，$n-\tau=M+1/2$，M 为整数，则

$$\left.\begin{array}{l} \sin[\omega(M+1/2)] = -\sin[-\omega(M+1/2)] \\ \sin[(2\pi-\omega)(M+1/2)] = -\sin[(2\pi+\omega)(M+1/2)] \\ \sin[(\pi-\omega)(M+1/2)] = \sin[(\pi+\omega)(M+1/2)] \\ \omega = 0,\ 2\pi \quad \sin[\omega(n-\tau)] = 0 \quad \sin[\pi(n-\tau)] = (-1)^M \end{array}\right\} \tag{8.2.17}$$

由式（8.2.17）可知情况 4 中 $H_{\mathrm{g}}(\omega)$ 的特点为：$H_{\mathrm{g}}(\omega)$ 关于 $\omega=0,2\pi$ 两点奇对称，当 $\omega=\pi$ 时位于峰值点且 $H_{\mathrm{g}}(\omega)$ 关于峰值点偶对称。所以情况 4 不能实现低通滤波器和带阻滤波器。

为了便于掌握，将以上 4 种情形的 $h(n)$ 及其幅度函数需要满足的条件列于表 8.2.1。注意对每种情况都仅画出满足幅度特性要求的一种例图。

表 8.2.1 线性相位 FIR 数字滤波器的时域和频域特性一览表

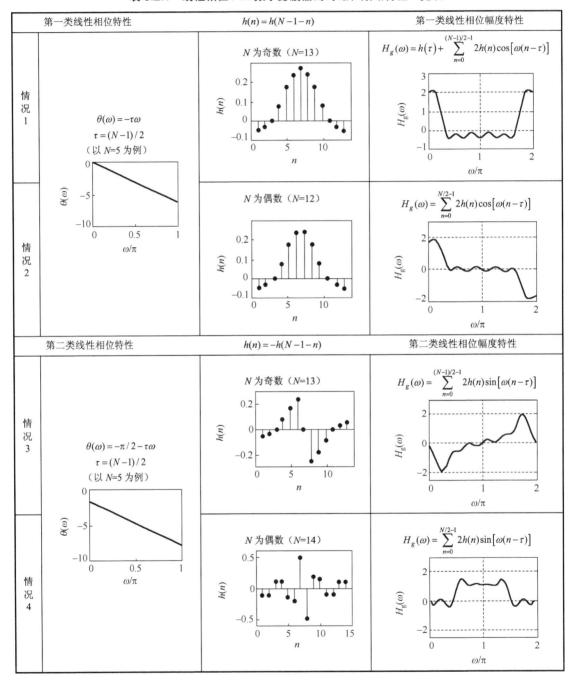

8.2.4 线性相位 FIR 数字滤波器零点分布的特点

将 $h(n) = \pm h(N-1-n)$ 代入 FIR 数字滤波器的系统函数

$$H(z) = \sum_{n=0}^{N-1} h(n) z^{-n} = \pm \sum_{n=0}^{N-1} h(N-1-n) z^{-n}$$

$$= \pm \sum_{m=0}^{N-1} h(m) z^{-(N-1-m)} = \pm z^{-(N-1)} H(z^{-1}) \tag{8.2.18}$$

由式（8.2.18）可以看出，如果 $z = z_i$ 是 $H(z)$ 的零点，其倒数 z_i^{-1} 也必然是其零点；由于 $h(n)$ 是实序列，因此 $H(z)$ 的零点是复数且必定共轭成对。这样只要确定一个复零点，就可以确定另外三个零点，如图 8.2.1 中的 z_4、z_4^{-1}、z_4^* 和 $(z_4^*)^{-1}$。当然如果零点是以下几种情形，则不能同时确定三个零点：（1）z_1 为实数且不为 1（仅能确定另外一个零点 z_1^{-1}）；（2）$z_2 = \pm 1$（无法确定其他零点）；（3）$z_3 = \pm j$（仅能确定另外一个零点 z_3^{-1}）。

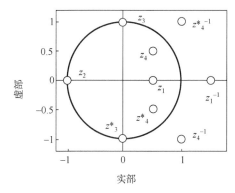

图 8.2.1　线性相位 FIR 数字滤波器的零点分布

8.3　利用窗函数法设计 FIR 数字滤波器

8.3.1　窗函数法设计 FIR 数字滤波器的基本思想

根据希望逼近的理想滤波器频率响应 $H_d(e^{j\omega})$，求出对应的单位脉冲响应 $h_d(n)$，由于 $h_d(n)$ 是无限长序列，因此要用一个有限长的"窗函数"序列将 $h_d(n)$ 截断（相乘）得到 $h(n)$，最后计算加窗后实际的频率响应 $H(e^{j\omega})$，并检验 $H(e^{j\omega})$ 是否满足 $H_d(e^{j\omega})$ 的要求，如不满足，则需要考虑改变窗函数的形状或改变窗函数的长度。

8.3.2　各种理想滤波器频率响应函数 $H_d(e^{j\omega})$ 及 $h_d(n)$ 的表达式

设希望逼近的滤波器的频率响应函数为 $H_d(e^{j\omega})$，其单位脉冲响应是 $h_d(n)$，二者的关系为

$$H_d(e^{j\omega}) = \sum_{n=-\infty}^{\infty} h_d(n) e^{-j\omega n} \tag{8.3.1}$$

$$h_d(n) = \frac{1}{2\pi} \int_{-\pi}^{\pi} H_d(e^{j\omega}) e^{j\omega n} \, d\omega \tag{8.3.2}$$

以下给出一个周期（$\omega \in [-\pi,\ \pi]$）上各种理想滤波器的频率响应函数 $H_d(e^{j\omega})$ 和单位脉冲响应 $h_d(n)$ 的表达式，为了满足线性相位，以下都有 $\tau = (N-1)/2$。

（1）理想低通滤波器的频率响应函数为

$$H_{\mathrm{d}}(\mathrm{e}^{\mathrm{j}\omega}) = \begin{cases} \mathrm{e}^{-\mathrm{j}\tau\omega}, & |\omega| \leqslant \omega_{\mathrm{c}} \\ 0, & \omega_{\mathrm{c}} < |\omega| \leqslant \pi \end{cases} \qquad (8.3.3)$$

利用式（8.3.2）得到单位脉冲响应为

$$h_{\mathrm{d}}(n) = \frac{1}{2\pi} \int_{-\pi}^{\pi} H_{\mathrm{d}}(\mathrm{e}^{\mathrm{j}\omega}) \mathrm{e}^{\mathrm{j}\omega n} \,\mathrm{d}\omega$$

$$= \frac{1}{2\pi} \int_{-\omega_{\mathrm{c}}}^{\omega_{\mathrm{c}}} \mathrm{e}^{\mathrm{j}\omega(n-\tau)} \,\mathrm{d}\omega = \begin{cases} \dfrac{\sin[\omega_{\mathrm{c}}(n-\tau)]}{\pi(n-\tau)}, & n \neq \tau \\ \omega_{\mathrm{c}} / \pi, & n = \tau\,(\tau\text{为整数时}) \end{cases} \qquad (8.3.4)$$

（2）理想高通滤波器的频率响应函数为

$$H_{\mathrm{d}}(\mathrm{e}^{\mathrm{j}\omega}) = \begin{cases} \mathrm{e}^{-\mathrm{j}\tau\omega}, & \omega_{\mathrm{c}} \leqslant |\omega| \leqslant \pi \\ 0, & 0 \leqslant |\omega| < \omega_{\mathrm{c}} \end{cases} \qquad (8.3.5)$$

单位脉冲响应为

$$h_{\mathrm{d}}(n) = \frac{1}{2\pi} \int_{-\pi}^{\pi} H_{\mathrm{d}}(\mathrm{e}^{\mathrm{j}\omega}) \mathrm{e}^{\mathrm{j}\omega n} \,\mathrm{d}\omega$$

$$= \frac{1}{2\pi} \int_{-\pi}^{-\omega_{\mathrm{c}}} \mathrm{e}^{\mathrm{j}\omega(n-\tau)} \,\mathrm{d}\omega + \frac{1}{2\pi} \int_{\omega_{\mathrm{c}}}^{\pi} \mathrm{e}^{\mathrm{j}\omega(n-\tau)} \,\mathrm{d}\omega \qquad (8.3.6)$$

$$= \begin{cases} -\dfrac{\sin[\omega_{\mathrm{c}}(n-\tau)]}{\pi(n-\tau)}, & n \neq \tau \\ 1 - \omega_{\mathrm{c}} / \pi, & n = \tau\,(\tau\text{为整数时}) \end{cases}$$

以上公式中的 ω_{c} 称为理想低通、理想高通滤波器的截止频率。

（3）理想带通滤波器的频率响应函数为

$$H_{\mathrm{d}}(\mathrm{e}^{\mathrm{j}\omega}) = \begin{cases} \mathrm{e}^{-\mathrm{j}\tau\omega}, & \omega_1 \leqslant |\omega| \leqslant \omega_2 \\ 0, & 0 \leqslant |\omega| < \omega_1, \omega_2 < |\omega| \leqslant \pi \end{cases} \qquad (8.3.7)$$

单位脉冲响应为

$$h_{\mathrm{d}}(n) = \frac{1}{2\pi} \int_{-\pi}^{\pi} H_{\mathrm{d}}(\mathrm{e}^{\mathrm{j}\omega}) \mathrm{e}^{\mathrm{j}\omega n} \,\mathrm{d}\omega$$

$$= \frac{1}{2\pi} \int_{-\omega_2}^{-\omega_1} \mathrm{e}^{\mathrm{j}\omega(n-\tau)} \,\mathrm{d}\omega + \frac{1}{2\pi} \int_{\omega_1}^{\omega_2} \mathrm{e}^{\mathrm{j}\omega(n-\tau)} \,\mathrm{d}\omega$$

$$= \begin{cases} \dfrac{1}{\pi(n-\tau)} \{\sin[\omega_2(n-\tau)] - \sin[\omega_1(n-\tau)]\}, & n \neq \tau \\ (\omega_2 - \omega_1) / \pi, & n = \tau\,(\tau\text{为整数时}) \end{cases} \qquad (8.3.8)$$

（4）理想带阻滤波器的频率响应函数为

$$H_{\mathrm{d}}(\mathrm{e}^{\mathrm{j}\omega}) = \begin{cases} \mathrm{e}^{-\mathrm{j}\tau\omega}, & 0 \leqslant |\omega| \leqslant \omega_1, \omega_2 \leqslant |\omega| \leqslant \pi \\ 0, & \omega_1 < |\omega| < \omega_2 \end{cases} \qquad (8.3.9)$$

单位脉冲响应为

$$h_{\mathrm{d}}(n) = \frac{1}{2\pi} \int_{-\pi}^{\pi} H_{\mathrm{d}}(\mathrm{e}^{\mathrm{j}\omega}) \mathrm{e}^{\mathrm{j}\omega n} \,\mathrm{d}\omega$$

$$= \frac{1}{2\pi} \int_{-\pi}^{-\omega_2} e^{j\omega(n-\tau)} d\omega + \frac{1}{2\pi} \int_{-\omega_1}^{\omega_1} e^{j\omega(n-\tau)} d\omega + \frac{1}{2\pi} \int_{\omega_2}^{\pi} e^{j\omega(n-\tau)} d\omega$$

$$= \begin{cases} \dfrac{1}{\pi(n-\tau)} \{\sin[\pi(n-\tau)] - \sin[\omega_2(n-\tau)] + \sin[\omega_1(n-\tau)]\} & n \neq \tau \\ 1 - \omega_2/\pi + \omega_1/\pi & n = \tau\ (\tau\text{为整数时}) \end{cases} \tag{8.3.10}$$

以上公式中的 ω_1、ω_2 分别称为理想带通（理想带阻）滤波器的通带下（下通带）截止频率及通带上（上通带）截止频率。

可得到如下结论。

（1）通过对比高通滤波器与低通滤波器的频率响应函数可知：一个高通滤波器可以由一个全通滤波器减去一个低通滤波器来实现，且低通滤波器的截止频率与高通滤波器的截止频率 ω_c 是一样的，如图 8.3.1（e）所示。

（2）通过对比带通滤波器与低通滤波器的频率响应函数可知：一个带通滤波器可以由一个截止频率为 ω_2 的低通滤波器减去一个截止频率为 ω_1 的低通滤波器来实现（$\omega_2 > \omega_1$），如图 8.3.1（c）所示；一个带阻滤波器可以由一个截止频率为 ω_2 的高通滤波器加上一个截止频率为 ω_1 的低通滤波器实现，也可以看成由一个全通滤波器减去一个截止频率为 ω_2 的低通滤波器再加上一个截止频率为 ω_1 的低通滤波器来实现，如图 8.3.1（d）所示。

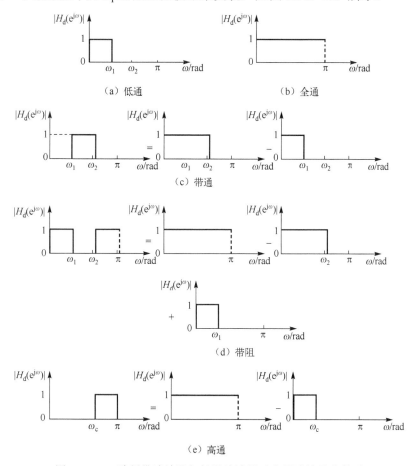

图 8.3.1　三种频带滤波器与低通滤波器及全通滤波器的关系

8.3.3　窗函数法设计 FIR 数字滤波器的性能分析

1. 窗函数法设计的 FIR 数字滤波器的幅度函数

设希望逼近的理想滤波器的频率响应为 $H_d(e^{j\omega})$，单位脉冲响应为 $h_d(n)$，由于 $h_d(n)$ 是无限长序列，因此必须要用偶对称的有限长窗函数（长度为 N）序列 $w(n)$ 对其加以截断，即

$$h(n) = h_d(n)w(n) \qquad 0 \leqslant n \leqslant N-1 \tag{8.3.10}$$

由此可见，截断后的 $h(n)$ 与窗函数 $w(n)$ 直接有关。为了分析截断后的频率响应函数 $H(e^{j\omega})$ 对理想的 $H_d(e^{j\omega})$ 的逼近情况，设

$$H_d(e^{j\omega}) = H_{dg}(\omega)e^{-j\omega\tau} \tag{8.3.11}$$

$$W(e^{j\omega}) = \mathrm{DTFT}[w(n)] = W_g(\omega)e^{-j\omega\tau} \tag{8.3.12}$$

$$H(e^{j\omega}) = \mathrm{DTFT}[h(n)] = H_g(\omega)e^{-j\omega\tau} \tag{8.3.13}$$

其中 $\tau = (N-1)/2$，根据 DTFT 的频域卷积定理可得到

$$H(e^{j\omega}) = \frac{1}{2\pi}H_d(e^{j\omega}) * W(e^{j\omega}) = \frac{1}{2\pi}\int_{-\pi}^{\pi}H_d(e^{j\theta})W(e^{j(\omega-\theta)})\mathrm{d}\theta \tag{8.3.14}$$

把式（8.3.11）与式（8.3.12）代入式（8.3.14），得

$$H(e^{j\omega}) = \frac{1}{2\pi}\int_{-\pi}^{\pi}H_{dg}(e^{j\theta})e^{-j\theta\tau}W_g(\omega-\theta)e^{-j(\omega-\theta)\tau}\mathrm{d}\theta$$

$$= \frac{1}{2\pi}\left[\int_{-\pi}^{\pi}H_{dg}(e^{j\theta})W_g(\omega-\theta)\mathrm{d}\theta\right]e^{-j\omega\tau} = H_g(\omega)e^{-j\omega\tau} \tag{8.3.15}$$

$$H_g(\omega) = \frac{1}{2\pi}\left[\int_{-\pi}^{\pi}H_{dg}(\theta)W_g(\omega-\theta)\mathrm{d}\theta\right] = \frac{1}{2\pi}\left[H_{dg}(\omega) * W_g(\omega)\right] \tag{8.3.16}$$

由式（8.3.15）可以看出理想滤波器和窗函数都是线性相位的，利用窗函数法设计的滤波器 $H(e^{j\omega})$ 也是线性相位的，并且其幅度函数仍为理想频率响应的幅度函数 $H_{dg}(\omega)$ 与窗函数频率响应 $W_g(\omega)$ 的卷积除以 2π。

2. 窗函数法设计的 FIR 数字滤波器的性能分析

下面以用矩形窗截断理想线性相位低通滤波器为例来分析逼近的情况。

设希望逼近的理想滤波器频率响应 $H_d(e^{j\omega})$ 为式（8.3.3），$h_d(n)$ 为式（8.3.4），矩形窗为

$$w(n) = w_R(n) = R_N(n)$$

且

$$W(e^{j\omega}) = W_R(e^{j\omega}) = \frac{\sin(\omega N/2)}{\sin(\omega/2)}e^{-j\frac{N-1}{2}\omega} = W_{Rg}(\omega)\cdot e^{-j\frac{N-1}{2}\omega}$$

因此

$$h(n) = h_d(n)w(n)$$

$$= \begin{cases} \dfrac{\omega_c}{\pi}\dfrac{\sin[\omega_c(n-\tau)]}{\omega_c(n-\tau)}, & 0 \leqslant n \leqslant N-1 \\ 0, & \text{其他} n \end{cases}$$

$h(n)$ 满足第一类线性相位条件，即 $h(n) = h(N-1-n)$。图 8.3.2 给出了 $h_d(n)$、$H_{dg}(\omega)$、$R_N(n)$ 及 $W_{Rg}(\omega)$ 的图形。

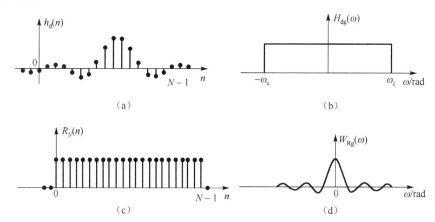

图 8.3.2 理想低通滤波器的 $h_d(n)$、$H_{dg}(\omega)$ 与矩形窗函数的 $R_N(n)$、$W_{Rg}(\omega)$

图 8.3.3 所示为 $H_{dg}(\omega)$ 与 $W_{Rg}(\omega)$ 卷积形成 $H_g(\omega)$ 的过程。

将窗函数的幅度函数 $W_{Rg}(\omega)$ 在 $\omega = 0$ 附近（左、右）的两个零点之间的部分称为主瓣，矩形窗的主瓣宽度为 $4\pi/N$，如图 8.3.3（b）所示。$W_{Rg}(\omega)$ 的其他振荡部分称为旁瓣，每个旁瓣的宽度都是 $2\pi/N$。

在图 8.3.3 所示的 $H_{dg}(\omega)$ 与 $W_{Rg}(\omega)$ 卷积形成 $H_g(\omega)$ 的过程中，如果将 $H_g(0)$ 归一化为 1，当 $\omega = \omega_c$ 时如图 8.3.3（d）所示，$H_g(\omega)$ 的值相当于 $W_{Rg}(\theta)$ 一般波形的积分，其值近似为 $\frac{1}{2}$；当 $\omega = \omega_c - 2\pi/N$ 时如图 8.3.3（c）所示，$W_{Rg}(\theta)$ 的主瓣完全在区间 $[-\omega_c, \omega_c]$ 之内，而一个最大负旁瓣在区间 $[-\omega_c, \omega_c]$ 之外，$H_g(\omega)$ 达到了一个最大的正峰；当 $\omega = \omega_c + 2\pi/N$ 时如图 8.3.3（e）所示，$W_{Rg}(\theta)$ 的主瓣完全移出区间 $[-\omega_c, \omega_c]$，而一个最大负旁瓣在区间 $[-\omega_c, \omega_c]$ 之内，$H_g(\omega)$ 达到了一个最大的负峰。通过以上分析可知：$H_g(\omega)$ 与 $H_{dg}(\omega)$ 之间存在逼近误差，具体讨论如下。

（1）理想低通滤波器 $H_{dg}(\omega)$ 的过渡带为零（过渡带即为阻带截止频率与通带截止频率之差）。加窗后 $H_g(\omega)$ 在 ω_c 左右两边形成了过渡带，其宽度近似等于窗函数 $W_{Rg}(\omega)$ 的主瓣的宽度 $4\pi/N$，$H_g(\omega)$ 的最大正峰与负峰对应频率间距称为近似过渡带宽度，其精确值为 $1.8\pi/N$，见 8.3.4 节的表 8.3.2。

（2）理想低通滤波器 $H_{dg}(\omega)$ 的通带幅度为 1 且没有波纹，阻带幅度为 0；而 $H_g(\omega)$ 通带内产生了波纹，如图 8.3.3（f）所示，在 $\omega = \omega_c \pm 2\pi/N$ 处出现了最大的正负峰。通带与阻带中波纹的情况与窗函数的幅度函数 $W_{Rg}(\omega)$ 特性有关，波纹的幅度取决于 $W_{Rg}(\omega)$ 旁瓣的相对幅度，而波纹的多少取决于 $W_{Rg}(\omega)$ 旁瓣的多少。

以上（1）与（2）就是对 $h_d(n)$ 加（矩形）窗截断产生的频域反映，把这种现象称为吉布斯效应。这种效应会直接影响滤波器的性能，通带内的波纹影响滤波器的平稳性，阻带内的波纹影响阻带内的衰减，使最小衰减不满足技术要求。当然，我们希望设计的滤波器过渡带越窄越好。下面研究如何减小吉布斯效应的影响，设计一个满足要求的 FIR 数字滤波器。

（3）增大截断长度 N（即窗函数的长度），则窗函数幅度函数在主瓣附近可近似为

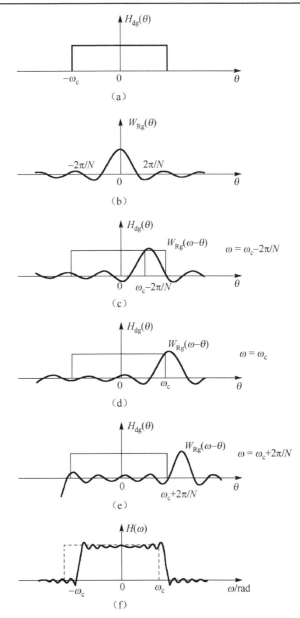

图 8.3.3　$H_{dg}(\omega)$ 与 $W_{Rg}(\omega)$ 卷积的过程

$$W_{Rg}(\omega) = \frac{\sin(\omega N/2)}{\sin(\omega/2)} \approx \frac{\sin(\omega N/2)}{\omega/2} = N\frac{\sin x}{x} \quad (x = \frac{\omega N}{2}) \tag{8.3.17}$$

由此可见，增大 N，一方面 $W_{Rg}(\omega)$ 的形状不会改变，主瓣与旁瓣的幅度增大，保持主瓣和旁瓣幅度相对值不变；另一方面减小了 $W_{Rg}(\omega)$ 主瓣的宽度 $4\pi/N$，即 $H_g(\omega)$ 的过渡带变窄，波动的频率加快。因此增大 N 并不是减小吉布斯效应影响的有效方法。要减小带内波动及增大阻带衰减，只能从窗函数的形状上找解决问题的方法。构造新的窗函数形状，使其幅度函数的主瓣包含更多的能量，使相应旁瓣幅度尽可能小。旁瓣的减小可使通带和阻带波动减小，从而增大阻带衰减，但是这样做总是以过渡带变宽为代价的。

8.3.4　典型窗函数介绍

本节主要介绍几种常用窗函数的时域表达式、时域波形、幅度函数（衰减用 dB 计量）曲线，以及用各种窗函数设计的 FIR 数字滤波器的 $h(n)$ 和损耗曲线。

1.　矩形窗（Rectangle Window）

时域表示

$$w_{\mathrm{R}}(n) = R_N(n) \tag{8.3.18}$$

频谱函数

$$W_{\mathrm{R}}(\mathrm{e}^{\mathrm{j}\omega}) = W_{\mathrm{Rg}}(\omega)\mathrm{e}^{-\mathrm{j}\frac{N-1}{2}\omega} = \frac{\sin(\omega N/2)}{\sin(\omega/2)}\mathrm{e}^{-\mathrm{j}\frac{N-1}{2}\omega} \tag{8.3.19}$$

幅度函数为

$$W_{\mathrm{Rg}}(\omega) = \frac{\sin(\omega N/2)}{\sin(\omega/2)} \tag{8.3.20}$$

为了叙述方便，定义窗函数的几个参数：

（1）旁瓣峰值 α_{n} —— 窗函数的幅频响应 $|W_{\mathrm{g}}(\omega)|$ 的最大旁瓣的最大值相对主瓣最大值的衰减值（dB）；

（2）过渡带宽度 B_{t} —— 用窗函数设计的 FIR 数字滤波器的过渡带宽度；

（3）阻带最小衰减 α_{s} —— 用窗函数设计的 FIR 数字滤波器的阻带最小衰减。

图 8.3.4 所示的矩形窗的参数为：$B_{\mathrm{t}} = \dfrac{4\pi}{N}$，$\alpha_{\mathrm{n}} = -13\mathrm{dB}$，$\alpha_{\mathrm{s}} = 21\mathrm{dB}$。

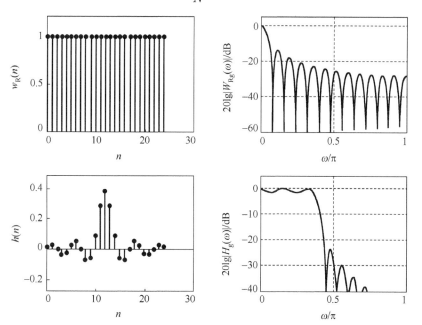

图 8.3.4　矩形窗的时/频域波形（上）及设计的低通滤波器的时/频域波形（下）（$N{=}25$，$\omega_{\mathrm{c}} = 0.4\pi$）

2. 三角窗（Bartlett Window）

时域表示

$$w_{\mathrm{B}}(n) = \begin{cases} \dfrac{2n}{N-1}, & 0 \leqslant n \leqslant \dfrac{1}{2}(N-1) \\[2mm] 2 - \dfrac{2n}{N-1}, & \dfrac{1}{2}(N-1) < n \leqslant (N-1) \end{cases} \tag{8.3.21}$$

频谱函数

$$W_{\mathrm{B}}(\mathrm{e}^{\mathrm{j}\omega}) = W_{\mathrm{Bg}}(\omega)\mathrm{e}^{-\mathrm{j}\frac{N-1}{2}\omega} = \frac{2}{N}\left[\frac{\sin(\omega N/4)}{\sin(\omega/2)}\right]^2 \mathrm{e}^{-\mathrm{j}\frac{N-1}{2}\omega} \tag{8.3.22}$$

幅度函数为

$$W_{\mathrm{Bg}}(\omega) = \frac{2}{N}\left[\frac{\sin(\omega N/4)}{\sin(\omega/2)}\right]^2 \tag{8.3.23}$$

三角窗的波形如图 8.3.5 所示，参数为：$B_{\mathrm{t}} = \dfrac{8\pi}{N}$，$\alpha_{\mathrm{n}} = -25\,\mathrm{dB}$，$\alpha_{\mathrm{s}} = 25\,\mathrm{dB}$。

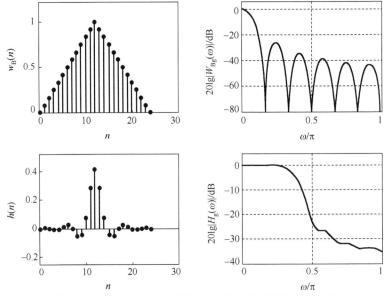

图 8.3.5　三角窗的时/频域波形（上）及设计的低通滤波器的时/频域波形（下）（$N=25$，$\omega_{\mathrm{c}} = 0.4\pi$）

3. 汉宁窗（Hanning Window）—— 升余弦窗

时域表示

$$w_{\mathrm{Hn}}(n) = 0.5\left[1 - \cos\left(\frac{2\pi n}{N-1}\right)\right]R_N(n) \tag{8.3.24}$$

频谱函数

$$\begin{aligned} W_{\mathrm{Hn}}(\mathrm{e}^{\mathrm{j}\omega}) &= W_{\mathrm{Hng}}(\omega)\mathrm{e}^{-\mathrm{j}\frac{N-1}{2}\omega} \\ &= \left\{0.5W_{\mathrm{Rg}}(\omega) + 0.25\left[W_{\mathrm{Rg}}\left(\omega + \frac{2\pi}{N-1}\right) + W_{\mathrm{Rg}}\left(\omega - \frac{2\pi}{N-1}\right)\right]\right\}\mathrm{e}^{-\mathrm{j}\frac{N-1}{2}\omega} \end{aligned} \tag{8.3.25}$$

当 $N \gg 1$ 时，$N-1 \approx N$，幅度函数为

$$W_{\text{Hng}}(\omega) = 0.5W_{\text{Rg}}(\omega) + 0.25\left[W_{\text{Rg}}\left(\omega + \frac{2\pi}{N}\right) + W_{\text{Rg}}\left(\omega - \frac{2\pi}{N}\right)\right] \tag{8.3.26}$$

由式（8.3.26）可以看出，汉宁窗的幅度函数 $W_{\text{Hng}}(\omega)$ 由矩形窗的幅度函数及其移位加权和构成，使得旁瓣互相对消，能量更集中在主瓣。

汉宁窗的波形如图 8.3.6 所示，参数为：$B_t = \dfrac{8\pi}{N}$，$\alpha_n = -31\text{dB}$，$\alpha_s = 44\text{dB}$。

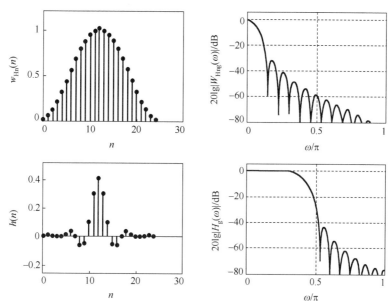

图 8.3.6　汉宁窗的时/频域波形（上）及设计的低通滤波器的时/频域波形（下）（$N=25$，$\omega_c = 0.4\pi$）

4. 哈明窗（Hamming Window）—— 改进的升余弦窗

时域表示

$$w_{\text{Hm}}(n) = \left[0.54 - 0.46\cos\left(\frac{2\pi n}{N-1}\right)\right]R_N(n) \tag{8.3.27}$$

频谱函数

$$\begin{aligned}
W_{\text{Hm}}(e^{j\omega}) &= W_{\text{Hmg}}(\omega)e^{-j\frac{N-1}{2}\omega} \\
&= \left\{0.54W_{\text{Rg}}(\omega) + 0.23\left[W_{\text{Rg}}\left(\omega + \frac{2\pi}{N-1}\right) + W_{\text{Rg}}\left(\omega - \frac{2\pi}{N-1}\right)\right]\right\}e^{-j\frac{N-1}{2}\omega}
\end{aligned} \tag{8.3.28}$$

当 $N \gg 1$ 时，$N-1 \approx N$，幅度函数为

$$W_{\text{Hmg}}(\omega) = \left\{0.54W_{\text{Rg}}(\omega) + 0.23\left[W_{\text{Rg}}\left(\omega + \frac{2\pi}{N}\right) + W_{\text{Rg}}\left(\omega - \frac{2\pi}{N}\right)\right]\right\} \tag{8.3.29}$$

对于这种改进的升余弦窗，能量更集中在主瓣，但主瓣宽度和汉宁窗的主瓣宽度相同，仍为 $\dfrac{8\pi}{N}$，

因此哈明窗是一种高效窗函数，所以用 MATLAB 窗函数设计函数的默认窗函数就是哈明窗。

哈明窗的波形如图 8.3.7 所示，参数为：$B_t = \dfrac{8\pi}{N}$，$\alpha_n = -41\text{dB}$，$\alpha_s = 53\text{dB}$。

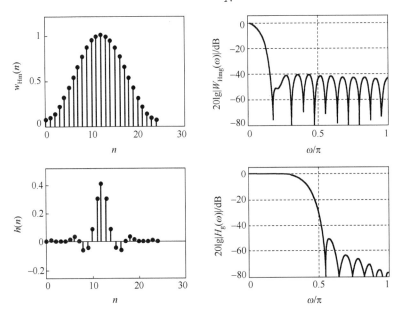

图 8.3.7　哈明窗的时/频域波形（上）及设计的低通滤波器的时/频域波形（下）（$N=25$，$\omega_c = 0.4\pi$）

5. 布莱克曼窗（Blackman Window）—— 二阶升余弦窗

时域表示

$$w_{\text{Bl}}(n) = \left[0.42 - 0.5\cos\left(\frac{2\pi n}{N-1}\right) + 0.08\cos\left(\frac{4\pi n}{N-1}\right) \right] R_N(n) \tag{8.3.30}$$

频谱函数

$$
\begin{aligned}
W_{\text{Bl}}(\text{e}^{\text{j}\omega}) &= W_{\text{BLg}}(\omega)\text{e}^{-\text{j}\frac{N-1}{2}\omega} \\
&= \left\{ 0.42 W_{\text{Rg}}(\omega) + 0.25\left[W_{\text{Rg}}\left(\omega + \frac{2\pi}{N-1}\right) + W_{\text{Rg}}\left(\omega - \frac{2\pi}{N-1}\right) \right] + \right. \\
&\quad \left. 0.04\left[W_{\text{Rg}}\left(\omega + \frac{4\pi}{N-1}\right) + W_{\text{Rg}}\left(\omega - \frac{4\pi}{N-1}\right) \right] \right\} \text{e}^{-\text{j}\frac{N-1}{2}\omega}
\end{aligned}
\tag{8.3.31}
$$

当 $N \gg 1$ 时，$N - 1 \approx N$，幅度函数为

$$
\begin{aligned}
W_{\text{BLg}}(\omega) &= \left\{ 0.42 W_{\text{Rg}}(\omega) + 0.25\left[W_{\text{Rg}}\left(\omega + \frac{2\pi}{N}\right) + W_{\text{Rg}}\left(\omega - \frac{2\pi}{N}\right) \right] + \right. \\
&\quad \left. 0.04\left[W_{\text{Rg}}\left(\omega + \frac{4\pi}{N}\right) + W_{\text{Rg}}\left(\omega - \frac{4\pi}{N}\right) \right] \right\}
\end{aligned}
\tag{8.3.32}
$$

由式（8.3.32）可知，布莱克曼窗函数的幅度函数是 5 个 $W_{\text{Rg}}(\omega)$ 的不同移位与加权和，使旁

瓣再进一步抵消。旁瓣峰值幅度进一步增大，其幅度谱的主瓣宽度是矩形窗的主瓣宽度的 3 倍。

布莱克曼窗波形如图 8.3.8 所示，参数为：$B_t = \dfrac{12\pi}{N}$，$\alpha_n = -57\,\text{dB}$，$\alpha_s = 74\,\text{dB}$。

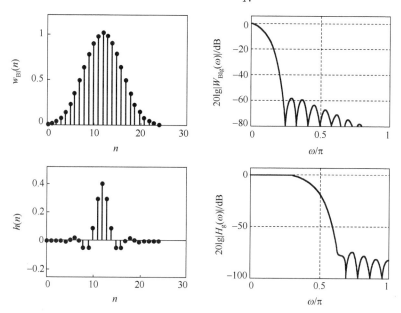

图 8.3.8　布莱克曼窗的时/频域波形（上）及设计的低通滤波器的时/频域波形（下）（$N=25$，$\omega_c = 0.4\pi$）

6. 凯塞-贝塞尔窗（Kaiser-Basel Window）

以上 5 种窗函数都称为参数固定窗函数，每种窗函数的旁瓣幅度都是固定的。而凯塞-贝塞尔窗是一种参数可调的窗函数，是一种最优窗函数。

时域表示

$$w_K(n) = \frac{I_0(\beta)}{I_0(\alpha)} \qquad 0 \le n \le N-1 \tag{8.3.33}$$

其中

$$\beta = \alpha\sqrt{1-\left(\frac{2n}{N-1}-1\right)^2}$$

$I_0(\beta)$ 是零阶第一类修正贝塞尔函数，可用以下级数计算

$$I_0(\beta) = 1 + \sum_{k=1}^{\infty}\left[\frac{1}{k!}\left(\frac{\beta}{2}\right)^k\right]^2$$

一般 $I_0(\beta)$ 取 15～25 项便可以满足精度要求。α 参数可以控制窗的形状，一般 α 增大，主瓣加宽，旁瓣幅度减小，典型数据为 $4 < \alpha < 9$，可以达到窗的旁瓣幅度和主瓣宽度之间的某种折中。当 $\alpha = 5.44$ 时，窗函数接近哈明窗；当 $\alpha = 7.865$ 时，窗函数接近布莱克曼窗。当给定设计指标时，可以调整 α 值，使滤波器阶数最低，所以其性能最优。凯塞（Kaiser）给出了由设计指标确定 α 的公式和估算滤波器阶数 M（$h(n)$ 的长度为 $N = M+1$）的公式

$$\alpha = \begin{cases} 0.112(\alpha_s - 8.7), & \alpha_s \geq 50\,\mathrm{dB} \\ 0.5842(\alpha_s - 21)^{0.4} + 0.07886(\alpha_s - 21), & 21\,\mathrm{dB} < \alpha_s < 50\,\mathrm{dB} \\ 0, & \alpha_s \leq 21\,\mathrm{dB} \end{cases} \qquad (8.3.34)$$

$$M = \frac{\alpha_s - 8}{2.285 B_t} \qquad (8.3.35)$$

式中，$B_t = |\omega_s - \omega_p|$，为数字滤波器的过渡带宽度。要注意的是，式（8.3.35）用于滤波器阶数估计，所以必须对设计结果进行检验。另外，凯塞-贝塞尔窗函数无法独立地控制通带波纹幅度，实际中应取通带波纹与阻带波纹近似相等。其时域与频域波形如图 8.3.9 所示。

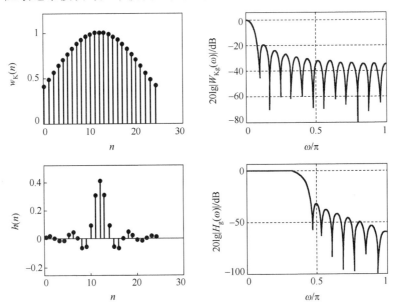

图 8.3.9　凯塞-贝塞尔窗的时/频域波形（上）（$\alpha = 2.12$，$\alpha_s = 30\,\mathrm{dB}$）
及设计的低通滤波器的时/频域波形（下）（$N = 25$，$\omega_c = 0.4\pi$）

幅度函数

$$W_{Kg}(\omega) = w_K(0) + 2 \sum_{n=1}^{(N-1)/2} w_K(n) \cos(\omega n) \qquad (8.3.36)$$

对 α 的 8 种典型值，将凯塞-贝塞尔窗函数的性能列于表 8.3.1。由表可知，当 $\alpha = 5.568$ 时，各项指标都优于哈明窗。6 种典型窗函数的基本参数归纳在表 8.3.2 中，设计时可供参考。

表 8.3.1　凯塞-贝塞尔窗参数对滤波器的性能影响

α	过渡带宽度	通带波纹/dB	阻带最小衰减/dB
2.120	$3.00\pi/N$	± 0.27	30
3.384	$4.46\pi/N$	± 0.0864	40
4.538	$5.86\pi/N$	± 0.0274	50
5.568	$7.24\pi/N$	± 0.00868	60
6.764	$8.64\pi/N$	± 0.00275	70
7.865	$10.0\pi/N$	± 0.000868	80
8.960	$11.4\pi/N$	± 0.000275	90
10.056	$12.8\pi/N$	± 0.000087	100

表 8.3.2 6 种典型窗函数的基本参数

窗函数类型	旁瓣峰值 α_n/dB	过渡带宽度 B_t		阻带最小衰减 α_s/dB
		近似值	精确值	
矩形窗	-13	$4\pi/N$	$1.8\pi/N$	21
三角窗	-25	$8\pi/N$	$6.1\pi/N$	25
汉宁窗	-31	$8\pi/N$	$6.2\pi/N$	44
哈明窗	-41	$8\pi/N$	$6.6\pi/N$	53
布莱克曼窗	-57	$12\pi/N$	$11\pi/N$	74
凯塞-贝塞尔窗（$\beta=7.865$）	-57		$10\pi/N$	80

　　表中的过渡带宽度和阻带最小衰减是用对应点的窗函数设计的 FIR 数字滤波器的频率响应指标。随着 DSP 技术的不断发展，学者们提出的窗函数已经多达几十种，除上述 6 种窗函数外，比较有名的还有 Chebyshev 窗、Gaussian 窗[5,6]。MATLAB 信号处理工具箱提供了 14 种窗函数的产生函数，下面列出上述 6 种窗函数的产生函数及其调用格式。

```
wn=boxcar（N）          %返回为长度为 N 的矩形窗函数列向量 wn
wn=bartlett（N）        %返回为长度为 N 的三角窗函数列向量 wn
wn=hann（N）            %返回为长度为 N 的汉宁窗函数列向量 wn
wn=hamming（N）         %返回为长度为 N 的哈明窗函数列向量 wn
wn=blackman（N）        %返回为长度为 N 的布莱克曼窗函数列向量 wn
wn=kaiser（N,beta）     %返回为长度为 N 的凯塞-贝塞尔窗函数列向量 wn
```

8.3.5 用窗函数法设计 FIR 数字滤波器的步骤

　　用窗函数法设计 FIR 数字滤波器的步骤如下。

　　（1）根据对阻带衰减及过渡带宽度的指标要求选择窗函数的类型，并估计窗口长度 N。先根据阻带衰减选择窗函数类型，原则是在保证阻带衰减满足要求的情况下，尽量选择主瓣窄的窗函数。然后根据过渡带宽度估计窗口长度 N。待求滤波器的过渡带宽度 B_t 近似等于窗函数的主瓣宽度，且近似值与窗口长度 N 成反比，$N \approx A/B_t$，A 取决于窗口类型，例如，矩形窗的 $A=4\pi$、哈明窗的 $A=8\pi$ 等，参数 A 的近似值和精确值参考表 8.3.2 中的 B_t 的近似值和精确值。

　　（2）构造希望逼近的频率响应函数 $H_d(\mathrm{e}^{\mathrm{j}\omega})$，即

$$H_d(\mathrm{e}^{\mathrm{j}\omega}) = H_{dg}(\omega)\mathrm{e}^{-\mathrm{j}\omega\tau} \qquad \tau = (N-1)/2$$

所谓的"标准窗函数法"，就是选择 $H_d(\mathrm{e}^{\mathrm{j}\omega})$ 为线性相位理想滤波器（理想低通、理想高通、理想带通、理想带阻滤波器）。以理想低通滤波器为例，$H_{dg}(\omega)$ 应满足

$$H_{dg}(\omega) = \begin{cases} 1, & |\omega| \leqslant \omega_c \\ 0, & \omega_c < |\omega| \leqslant \pi \end{cases} \qquad （8.3.37）$$

理想低通滤波器的截止频率 ω_c 近似位于最终设计的 FIR 数字滤波器的过渡带的中心频率点，幅度函数衰减一半（约-6dB）。所以如果设计指标给定通带截止频率和阻带截止频率 ω_p 和 ω_s，一般取

$$\omega_c = \frac{\omega_p + \omega_s}{2} \qquad （8.3.38）$$

（3）计算 $h_d(n)$。如果给出待求滤波器的频率响应函数 $H_d(e^{j\omega})$，那么单位脉冲响应可用下式求出

$$h_d(n) = \frac{1}{2\pi} \int_{-\pi}^{\pi} H_d(e^{j\omega}) e^{j\omega n} \, d\omega \tag{8.3.39}$$

如果 $H_d(e^{j\omega})$ 较复杂或者不能用封闭公式表示，则不能用上式求出 $h_d(n)$。可以对 $H_d(e^{j\omega})$ 在 $\omega \in [0, 2\pi]$ 内抽样 M 点，抽样值为

$$H_{dM}(k) = H_{dM}(e^{j2\pi k/M}) \qquad k = 0, 1, \cdots, M-1 \tag{8.3.40}$$

然后进行 M 点 IDFT（IFFT），得到

$$h_{dM}(n) = \text{IDFT}[H_{dM}(k)]_M \tag{8.3.41}$$

根据频域抽样理论，$h_{dM}(n)$ 与 $h_d(n)$ 应满足如下关系

$$h_{dM}(n) = \sum_{r=-\infty}^{\infty} h_d(n+rM) R_M(n)$$

如果 M 选得较大，则可以保证在窗口内 $h_{dM}(n)$ 有效逼近 $h_d(n)$。如果选取具有线性相位的理想低通滤波器作为 $H_d(e^{j\omega})$，由式（8.3.39）可求出单位脉冲响应 $h_d(n)$

$$h_d(n) = \begin{cases} \dfrac{\sin[\omega_c(n-\tau)]}{\pi(n-\tau)}, & n \neq \tau \\ 0, & n \neq \tau \ (\tau \text{为整数}) \end{cases}$$

其中 $\tau = (N-1)/2$。

（4）加窗得到设计结果 $h(n) = h_d(n) w(n)$。

【例 8.3.1】 用窗函数法设计线性相位高通 FIR 数字滤波器，要求通带截止频率 $\omega_p = 2\pi/3 \text{rad}$，阻带截止频率 $\omega_s = \pi/3 \text{rad}$，通带最大衰减 $\alpha_p = 1\text{dB}$，阻带最小衰减 $\alpha_s = 40\text{dB}$。

解：（1）选择窗函数 $w(n)$，计算窗函数的长度 N。阻带最小衰减 $\alpha_s = 40\text{dB}$，由表 8.3.2 可知汉宁窗和哈明窗均满足要求，选择汉宁窗。本例中过渡带宽度 $B_t \leq \omega_p - \omega_s = \pi/3$，汉宁窗的精确过渡带宽度 $B_t = 6.2\pi/N$，所以要求 $6.2\pi/N \leq \pi/3$，解得 $N \geq 18.6$。对高通滤波器，N 必须取奇数，取 $N = 19$。由式（8.3.24）有

$$w_{Hn}(n) = 0.5 \left[1 - \cos\left(\frac{\pi n}{9}\right) \right] R_{19}(n)$$

（2）构造 $H_d(e^{j\omega})$。由式（8.3.5）有

$$H_d(e^{j\omega}) = \begin{cases} e^{-j\tau\omega}, & \omega_c \leq |\omega| \leq \pi \\ 0, & 0 \leq |\omega| < \omega_c \end{cases}$$

其中 $\tau = (N-1)/2 = 9$，$\omega_c = \dfrac{\omega_p + \omega_s}{2} = \pi/2$。

（3）计算 $h_d(n)$。

$$\begin{aligned} h_d(n) &= \frac{1}{2\pi} \int_{-\pi}^{\pi} H_d(e^{j\omega}) e^{j\omega n} \, d\omega \\ &= \frac{1}{2\pi} \left[\int_{-\pi}^{-\omega_c} e^{-j\tau\omega} e^{j\omega n} \, d\omega + \int_{\omega_c}^{\pi} e^{-j\tau\omega} e^{j\omega n} \, d\omega \right] \\ &= \frac{\sin[\pi(n-\tau)]}{\pi(n-\tau)} - \frac{\sin[\omega_c(n-\tau)]}{\pi(n-\tau)} \end{aligned}$$

将 $\tau = 9$、$\omega_c = \pi / 2$ 代入得

$$h_d(n) = \frac{\sin[\pi(n-9)]}{\pi(n-9)} - \frac{\sin[\pi / 2(n-9)]}{\pi(n-9)}$$

$\dfrac{\sin \pi(n-9)}{\pi(n-9)} = \delta(n-9)$ 为全通滤波器的单位脉冲响应，$\dfrac{\sin \pi / 2(n-9)}{\pi(n-9)}$ 为截止频率为 $\pi / 2$ 的理想低通滤波器的单位脉冲响应，因此二者的差 $h_d(n)$ 就是理想高通滤波器的单位脉冲响应。

（4）加窗。

$$h(n) = h_d(n)w(n)$$
$$= 0.5\left[\frac{\sin[\pi(n-9)]}{\pi(n-9)} - \frac{\sin[\pi / 2(n-9)]}{\pi(n-9)}\right]\left[1 - \cos\left(\frac{\pi n}{9}\right)\right]R_{19}(n)$$

8.3.6 窗函数法的 MATLAB 设计函数简介

实际设计时一般用 MATLAB 信号处理工具箱函数。可调用工具箱函数 fir1 实现 8.3.5 节中设计步骤（2）～（4）的解题过程。

（1）fir1 是用窗函数法设计线性相位 FIR 数字滤波器的工具箱函数，可用来实现线性相位 FIR 数字滤波器的标准窗函数法设计。这里所谓的"标准"，是指在设计低通、高通、带通和带阻 FIR 数字滤波器时，$H_d(e^{j\omega})$ 分别表示相应的线性相位理想低通、高通、带通和带阻滤波器的频率响应函数，因而将所设计的滤波器的频率响应称为标准频率响应。

fir1 的调用格式及功能如下。

hn=fir1(M, wc)，返回 6dB 截止频率为 wc 的 M 阶（单位脉冲响应 $h(n)$ 的长度 $N=M+1$）FIR 低通（wc 为标量）滤波器系数向量 hn，默认选用哈明窗。滤波器的单位脉冲响应 $h(n)$ 与向量 hn 的关系为

$$h(n) = \text{hn}(n+1) \quad n = 0, 1, 2, \cdots, M$$

而且满足第一类线性相位条件：$h(n) = h(N-1-n)$。其中 wc 为对 π 归一化的数字频率，$0 \leqslant \text{wc} \leqslant 1$。

当 wc=[wcl, wcu]时，得到的是带通滤波器，其通带为 wcl≤wc≤wcu。

hn=fir1(M, wc, 'ftype')，可设计高通和带阻 FIR 数字滤波器。当 type=high 时，设计高通 FIR 数字滤波器；当 ftype=stop 且 wc=[wcl, wcu]时，设计带阻 FIR 数字滤波器。

应当注意，在设计高通和带阻 FIR 数字滤波器时，阶数 M 只能取偶数（$h(n)$ 长度 $N=M+1$ 为奇数）。不过，当用户将 M 设置为奇数时，fir1 会自动对 M 加 1。

hn=fir1(M, wc, window)，可以指定窗函数向量 window。如果缺省 window 参数，则 firl 默认为哈明窗。例如：

hn=fir1(M, wc, bartlett(M+1))，使用三角窗设计；

hn=fir1(M, wc, blackman(M+1))，使用布莱克曼窗设计；

hn=fir1(M, wc, 'ftype', window)，通过选择 wc、ftype 和 window 参数（含义同上），可以设计各种加窗滤波器。

（2）fir2 为任意形状幅度特性的窗函数法设计函数，用 fir2 设计时，可以指定任意形状的 $H_d(e^{j\omega})$，它实质上是一种频率抽样法与窗函数法的综合设计函数，主要用于设计幅度特

性形状特殊的滤波器（如数字微分器和多带滤波器等）。用 help 命令可查阅其调用格式及调用参数的含义。

例 8.3.1 的设计程序 ep831.m 如下。

```
%ep831.m：例 8.3.1 用窗函数法设计线性相位高通 FIR 数字滤波器
wp=2*pi/3;ws=pi/3;
Bt=wp-ws;
N0=ceil（6.2*pi/Bt）; %计算过渡带宽度
%根据表 8.3.2 选择汉宁窗，计算所需 h（n）长度为 N0
N=N0+mod（N0+1，2）; %确保 h（n）的长度 N 是奇数
wc=（wp+ws）/2/pi; %计算理想高通滤波器的通带截止频率（关于 π 归一化）
hn=fir1（N-1,wc,'high',hanning（N））;%调用 fir1 计算高通 FIR 数字滤波器 h（n）
%略去绘图部分
```

运行上面程序可得到 $h(n)$ 的 19 个值，然后计算其损耗函数，FIR 数字滤波器的 $h(n)$ 及损耗函数如图 8.3.10 所示。

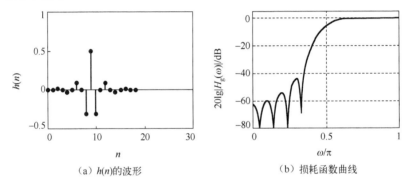

（a）$h(n)$的波形　　　　　（b）损耗函数曲线

图 8.3.10　例 8.3.1 设计的 FIR 数字滤波器的 $h(n)$ 和损耗函数曲线

【例 8.3.2】对模拟信号进行低通滤波处理，要求在通带 $0 \leqslant f \leqslant 0.8\,\text{kHz}$ 内衰减小于 1dB，在阻带 $f \geqslant 2\,\text{kHz}$ 衰减大于 40dB。希望模拟信号抽样后用线性相位 FIR 数字滤波器实现上述滤波，抽样频率 F_s=10kHz。用窗函数法设计满足要求的 FIR 数字低通滤波器，求出 $h(n)$，并画出损耗函数曲线。为了减小运算量，希望滤波器阶数尽量低。

解：（1）确定相应的数字滤波器指标。

通带截止频率为

$$\omega_p = \frac{2\pi f_p}{F_s} = 2\pi \times \frac{800}{10000} = 0.16\pi \ \text{rad}$$

阻带截止频率为

$$\omega_s = \frac{2\pi f_s}{F_s} = 2\pi \times \frac{2000}{10000} = 0.4\pi \ \text{rad}$$

（2）用窗函数法设计低通 FIR 数字滤波器，为了降低阶数，选择凯塞-贝塞尔窗。根据式（8.3.34）计算凯塞-贝塞尔窗的控制参数为

$$\alpha = 0.5842(\alpha_s - 21)^{0.4} + 0.07886(\alpha_s - 21) \approx 3.3953$$

指标要求过渡带宽度 $B_t = \omega_s - \omega_p = 0.24\pi$，根据式（8.3.35）计算滤波器阶数为

$$M = \frac{\alpha_s - 8}{2.285B_t} \approx 18.5739$$

取满足要求的最小整数 $M = 19$，所以 $h(n)$ 的长度为 $N = M + 1 = 20$，如果选用汉宁窗，$h(n)$ 的长度为 $N = 26$。理想低通 FIR 数字滤波器的通带截止频率 $\omega_c = \dfrac{\omega_p + \omega_s}{2} = 0.28\pi$，所以

$$h(n) = h_d(n)w(n) = \frac{\sin[0.28\pi(n-9.5)]}{\pi(n-9.5)}w(n)$$

实现本例设计的 MATLAB 程序为 ep832.m。

```
%ep832.m：例 8.3.2 用凯塞-贝塞尔窗函数设计线性相位低通 FIR 数字滤波器
fp=800;fs=2000;rs=40; Fs=10000;
wp=2*pi*fp/Fs;ws=2*pi*fs/Fs;
Bt=ws-wp; %计算过渡带宽度
alph=0.5842*（rs-21）^0.4+0.07886*（rs-21）; %根据式（8.3.34）计算凯塞-贝塞尔窗的控制参数 alph
M=ceil（(rs-8）/2.285/Bt）;%根据式（8.3.35）计算凯塞-贝塞尔窗所需的阶数 M
wc=（wp+ws）/2/pi; %计算理想低通滤波器的通带截止频率（关于 π 归一化）hn=fir1（M,wc,kaiser（M+1,alph））;%调用 kaiser 函数计算低通 FIR 数字滤波器的 h（n）
%绘图部分省略
```

运行程序可得到 $h(n)$的 20 个值：

```
h(n)=[ 0.0043  0.0086  0.0047  -0.0125  -0.0344  -0.0369  0.0047  0.0933
       0.1984   0.2700   0.2700   0.1984   0.0933   0.0047   -0.0369
     -0.0344  -0.0125    0.0047   0.0086   0.0043]
```

低通 FIR 数字滤波器的 $h(n)$波形和损耗函数曲线如图 8.3.11 所示。

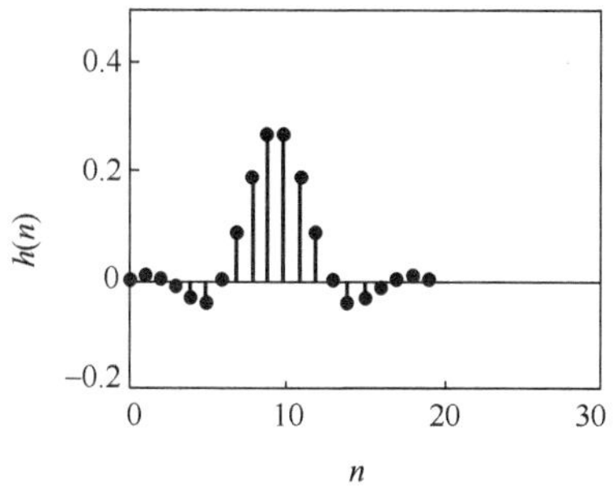

（a）$h(n)$的波形

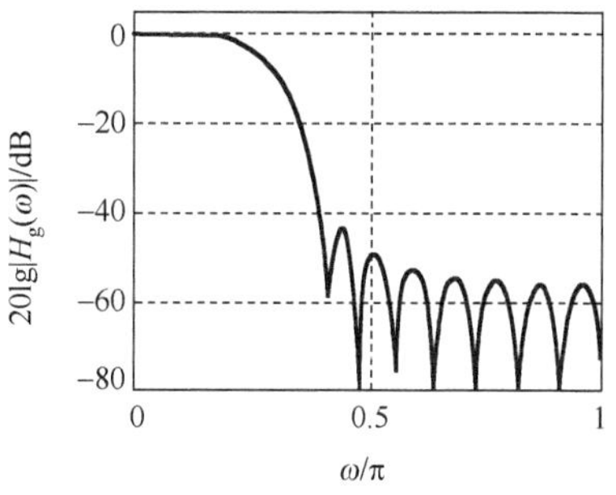

（b）损耗函数曲线

图 8.3.11　例 8.3.2 设计的低通 FIR 数字滤波器的 $h(n)$ 和损耗函数曲线

【例 8.3.3】用窗函数法设计一个线性相位带通 FIR 数字滤波器，要求通带下截止频率 $\omega_{lp} = 0.35\pi\text{rad}$，阻带下截止频率 $\omega_{ls} = 0.2\pi\text{rad}$，通带上截止频率 $\omega_{up} = 0.65\pi\text{rad}$，阻带上截止频率 $\omega_{us} = 0.8\pi\text{rad}$，通带衰减小于 1dB，阻带衰减大于 50dB。

解：本例直接利用 fir1 函数设计，因为阻带最小衰减为 50dB，所以选择哈明窗函数，根据过渡带宽度选择滤波器的长度为 N，哈明窗的过渡带宽度为 $B_t = 6.6\pi/N$，所以 $N \geqslant 44$，取 $N = 44$。

实现本例设计的 MATLAB 程序为 ep833.m。

```
%ep833.m: 例 8.3.3 用哈明窗函数设计线性相位带通 FIR 数字滤波器
wlp=0.35*pi/;wls=0.2*pi; wup=0.65*pi;wus=0.8*pi;
Bt=wlp-wls; %计算过渡带宽度
N=ceil(6.6*pi/Bt); %根据表 8.3.2 选择哈明窗，计算所需 h(n) 的长度 M+1
M=N-1; %计算滤波器的阶数
wc=[(wlp+wls)/2/pi, (wup+wus)/2/pi]; %计算理想带通滤波器的通带截止频率
%（关于 π 归一化）
hn=fir1(N-1,wc, hamming(N));%调用 fir1 计算带通 FIR 数字滤波器的 h(n)
%略去绘图部分
```

运行上面程序可得到 $h(n)$ 的 44 个值，然后计算其损耗函数，带通 FIR 数字滤波器的 $h(n)$ 及损耗函数如图 8.3.12 所示。

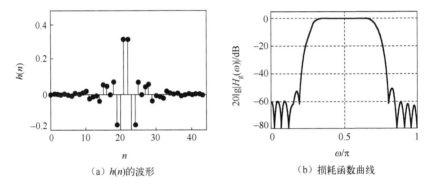

（a）$h(n)$的波形　　　　　　　　　　（b）损耗函数曲线

图 8.3.12　例 8.3.3 设计的带通 FIR 数字滤波器的 $h(n)$ 和损耗函数曲线

8.4　利用频率抽样法设计 FIR 数字滤波器

8.4.1　频率抽样法设计 FIR 数字滤波器的基本思想

设希望逼近的理想滤波器的频率响应为 $H_d(e^{j\omega})$，对其在 $\omega \in [0, 2\pi]$ 上进行 N 点等间隔抽样，得到 $H_d(k)$

$$H_d(k) = H_d(e^{j\omega})\big|_{\omega=2\pi k/N} \qquad k = 0, 1, \cdots, N-1 \qquad (8.4.1)$$

对 $H_d(k)$ 进行 N 点 IDFT，得到 $h(n)$

$$h(n) = \text{IDFT}[H_d(k)]_N$$
$$= \frac{1}{N}\sum_{k=0}^{N-1} H_d(k) W_N^{-nk} \qquad n = 0, 1, \cdots, N-1 \qquad (8.4.2)$$

$h(n)$ 即为所设计的 FIR 数字滤波器的单位脉冲响应，其系统函数为

$$H(z) = \sum_{n=0}^{N-1} h(n) z^{-n} \qquad (8.4.3)$$

由第 4 章的频域内插公式（4.4.7b）与式（4.4.10）得

$$H(z) = \frac{1}{N}\sum_{k=0}^{N-1}H_d(k)\frac{1-z^{-N}}{1-W_N^{-k}z^{-1}} \tag{8.4.4}$$

$$H(e^{j\omega}) = \sum_{k=0}^{N-1}H_d(k)\varphi\left(\omega - \frac{2\pi}{N}k\right) \tag{8.4.5}$$

$$\varphi(\omega) = \frac{1}{N}\frac{\sin(\omega N/2)}{\sin(\omega/2)}e^{-j\omega\left(\frac{N-1}{2}\right)}$$

式（8.4.4）得到实际所设计的滤波器的系统函数 $H(z)$，而式（8.4.5）得到其频率响应函数 $H(e^{j\omega})$。式（8.4.3）适用于 FIR 直接型结构，式（8.4.4）适用于 FIR 频率抽样结构。以上就是频率抽样法设计的基本思路，在设计时应注意以下几个问题。

（1）为了设计线性相位 FIR 数字滤波器，频域抽样序列 $H_d(k)$ 应满足的条件；

（2）$H(e^{j\omega})$ 逼近 $H_d(e^{j\omega})$ 的误差问题及其改进措施。

8.4.2　设计线性相位滤波器对 $H_d(k)$ 的约束条件

如果所设计的 FIR 数字滤波器具有线性相位，则不妨设希望逼近的理想滤波器的频率响应 $H_d(e^{j\omega})$

$$H_d(e^{j\omega}) = H_{dg}(\omega)e^{j\theta(\omega)} \tag{8.4.6}$$

$\theta(\omega)$ 满足第一类或第二类线性相位。当所设计的 FIR 数字滤波器的单位脉冲响应 $h(n)$ 为实数时，由式（8.4.2）可知其 N 点 DFT 为 $H_d(k)$，根据 DFT 的共轭对称性，$H_d(k)$ 满足

$$H_d(k) = H_d^*(N-k) \tag{8.4.7}$$

由式（8.4.1）得

$$\begin{aligned}
H_d(k) &= H_d(e^{j\omega})\Big|_{\omega=2\pi k/N} \\
&= H_{dg}\left(\frac{2\pi}{N}k\right)e^{j\theta\left(\frac{2\pi}{N}k\right)} \\
&= H_g(k)e^{j\theta(k)} \quad k=0,1,\cdots,N-1
\end{aligned} \tag{8.4.8}$$

其中，$H_g(k)$、$\theta(k)$ 分别为 $H_{dg}(\omega)$、$\theta(\omega)$ 在 $\omega\in[0,2\pi]$ 上的 N 点等间隔抽样。下面讨论两类线性相位对 $H_d(k)$ 的约束条件。

1. 第一类线性相位对 $H_d(k)$ 的约束条件

若所设计的 FIR 数字滤波器为第一类线性相位，则要求理想滤波器的频率响应的相位函数 $\theta(\omega)$ 满足

$$\theta(\omega) = -\frac{N-1}{2}\omega \tag{8.4.9}$$

而所设计的 FIR 数字滤波器的单位脉冲响应 $h(n)$ 是长度为 N 的实序列，且满足 $h(n)=h(N-1-n)$，同时，理想滤波器的幅度函数 $H_{dg}(\omega)$ 应满足

$$H_{dg}(\omega) = H_{dg}(2\pi-\omega) \quad N\text{ 为奇数} \tag{8.4.10}$$

$$H_{\mathrm{dg}}(\omega) = -H_{\mathrm{dg}}(2\pi - \omega) \qquad N\ \text{为偶数} \qquad （8.4.11）$$

因此，由式（8.4.8）可以看出 $H_{\mathrm{g}}(k)$ 与 $\theta(k)$ 满足

$$H_{\mathrm{g}}(k) = H_{\mathrm{g}}(N-k) \qquad N\ \text{为奇数} \qquad （8.4.12）$$

$$H_{\mathrm{g}}(k) = -H_{\mathrm{g}}(N-k) \qquad N\ \text{为偶数} \qquad （8.4.13）$$

$$\theta(k) = -\frac{N-1}{N}\pi k \qquad （8.4.14）$$

且 $\qquad\qquad\qquad \theta(k) = -\theta(N-k) \qquad （N\ \text{为奇数时}） \qquad （8.4.15）$

以设计线性相位的低通 FIR 数字滤波器为例，设希望逼近的理想低通滤波器为 $H_{\mathrm{d}}(\mathrm{e}^{\mathrm{j}\omega})$，截止频率为 ω_{c}，如果设计指标分别是：抽样点数为 N（也是滤波器的长度），则 $H_{\mathrm{d}}(k)$ 与 $\theta(k)$ 的计算公式如下。

N 为奇数时

$$\begin{cases} H_{\mathrm{g}}(k) = H_{\mathrm{g}}(N-k) = 1, & k = 0,1,\cdots,k_{\mathrm{c}} \\ H_{\mathrm{g}}(k) = 0, & k = k_{\mathrm{c}}+1, k_{\mathrm{c}}+2,\cdots,N-k_{\mathrm{c}}-1 \\ \theta(k) = -\theta(N-k) = -\dfrac{N-1}{N}\pi k, & k = 0,1,\cdots,\dfrac{N-1}{2}-1 \\ \theta\left(\dfrac{N-1}{2}\right) = -\dfrac{(N-1)^2}{2N}\pi, & \end{cases}$$

N 为偶数时

$$\begin{cases} H_{\mathrm{g}}(k) = 1, & k = 0,1,\cdots,k_{\mathrm{c}} \\ H_{\mathrm{g}}(k) = 0, & k = k_{\mathrm{c}}+1, k_{\mathrm{c}}+2,\cdots,N-k_{\mathrm{c}}-1 \\ H_{\mathrm{g}}(N-k) = -1, & k = 1,2,\cdots,k_{\mathrm{c}} \\ \theta(k) = -\dfrac{N-1}{N}\pi k, & k = 0,1,\cdots,N-1 \end{cases}$$

以上公式中的 k_{c} 为频带 $[0,\omega_{\mathrm{c}}]$ 内最后一个抽样点的序号，所以 k_{c} 的值为不大于 $[\omega_{\mathrm{c}}N/(2\pi)]$ 的最大整数。对于高通滤波器和带阻滤波器，N 只能为奇数。

2. 第二类线性相位对 $H_{\mathrm{d}}(k)$ 的约束条件

若所设计的 FIR 数字滤波器为第二类线性相位，则要求理想滤波器的频率响应的相位函数 $\theta(\omega)$ 满足

$$\theta(\omega) = -\pi/2 - \frac{N-1}{2}\omega \qquad （8.4.16）$$

而所设计数字滤波器的单位脉冲响应 $h(n)$ 是长度为 N 的实序列，且满足

$$h(n) = -h(N-1-n)$$

同时理想滤波器的幅度函数 $H_{\mathrm{dg}}(\omega)$ 应满足

$$H_{\mathrm{dg}}(\omega) = -H_{\mathrm{dg}}(2\pi - \omega) \qquad N\ \text{为奇数} \qquad （8.4.17）$$

$$H_{\mathrm{dg}}(\omega) = H_{\mathrm{dg}}(2\pi - \omega) \qquad N\text{为偶数} \tag{8.4.18}$$

因此，由式（8.4.8）可以看出 $H_{\mathrm{d}}(k)$ 与 $\theta(k)$ 满足

$$H_{\mathrm{g}}(k) = -H_{\mathrm{g}}(N-k) \qquad N\text{为奇数} \tag{8.4.19}$$

$$H_{\mathrm{g}}(k) = H_{\mathrm{g}}(N-k) \qquad N\text{为偶数} \tag{8.4.20}$$

$$\theta(k) = -\pi/2 - \frac{N-1}{N}\pi k \tag{8.4.21}$$

且

$$\theta(k) = -\theta(N-k) \qquad (N\text{为偶数时}) \tag{8.4.22}$$

由 8.2 节知识可知，第二类线性相位当 N 为奇数时，只能实现带通滤波器；当 N 为偶数时，只能实现高通和带通滤波器。以设计线性相位的高通 FIR 数字滤波器为例，如果设计指标分别是：希望逼近的理想高通滤波器为 $H_{\mathrm{d}}(\mathrm{e}^{\mathrm{j}\omega})$，截止频率为 ω_{c}，抽样点数为 N（N 仅为偶数），$H_{\mathrm{d}}(k)$ 与 $\theta(k)$ 的计算公式如下

$$\begin{cases} H_{\mathrm{g}}(k) = H_{\mathrm{g}}(N-k) = 0 & k = 0,1,\cdots,k_{\mathrm{c}}-1 \\ H_{\mathrm{g}}(k) = H_{\mathrm{g}}(N-k) = 1 & k = k_{\mathrm{c}},k_{\mathrm{c}}+1,\cdots,N/2 \\ \theta(k) = -\theta(N-k) = -\pi/2 - \dfrac{N-1}{N}\pi k & k = 0,1,\cdots,\dfrac{N}{2}-1 \end{cases}$$

以上公式中的 k_{c} 为频带 $[0,\omega_{\mathrm{c}}]$ 内的第一个抽样点的序号，所以 k_{c} 的值为不小于 $[\omega_{\mathrm{c}}N/(2\pi)]$ 的最大整数。第二类线性相位无法实现低通和带阻滤波器。对于 N 为奇数的情况，仅能实现带通滤波器，其设计公式略，读者可以仿照上面的公式自行写出。

8.4.3　逼近误差及其改进措施

希望逼近的滤波器为 $H_{\mathrm{d}}(\mathrm{e}^{\mathrm{j}\omega})$，其单位脉冲响应为 $h_{\mathrm{d}}(n)$，对 $H_{\mathrm{d}}(\mathrm{e}^{\mathrm{j}\omega})$ 在 $\omega \in [0,2\pi]$ 上进行 N 点等间隔抽样得到 $H_{\mathrm{d}}(k)$，其 N 点 IDFT 为所设计的滤波器的单位脉冲响应 $h(n)$，则由频率抽样定理可知，$h(n)$ 应是 $h_{\mathrm{d}}(n)$ 以 N 为周期进行周期延拓的主值区间序列，即

$$h(n) = \sum_{i=-\infty}^{\infty} h_{\mathrm{d}}(n+iN)R_N(n) \tag{8.4.23}$$

一般理想滤波器的 $H_{\mathrm{d}}(\mathrm{e}^{\mathrm{j}\omega})$ 在一个周期上是带限的，那么相应的单位脉冲响应 $h_{\mathrm{d}}(n)$ 是无限长序列。这样会导致时域混叠及截断，使 $h_{\mathrm{d}}(n)$ 与 $h(n)$ 有偏差。所以，频域的抽样点数 N 越大，时域混叠越小，设计出的数字滤波器的频率响应特性 $H(\mathrm{e}^{\mathrm{j}\omega})$ 越逼近 $H_{\mathrm{d}}(\mathrm{e}^{\mathrm{j}\omega})$。以上是从时域分析其设计误差的来源的，下面以第一类线性相位为例，从频域分析误差的原因。

实际设计出的数字滤波器的频率响应特性 $H(\mathrm{e}^{\mathrm{j}\omega})$ 由抽样值 $H_{\mathrm{d}}(k)$ 按照内插公式获得，如式（8.4.5）所示，同时有

$$H_{\mathrm{g}}(\omega) = \sum_{k=0}^{N-1} H_{\mathrm{g}}(k)\varphi_{\mathrm{g}}\left(\omega - \frac{2\pi}{N}k\right) \tag{8.4.24}$$

其中

$$H(\mathrm{e}^{\mathrm{j}\omega}) = H_{\mathrm{g}}(\omega)\mathrm{e}^{-\mathrm{j}\omega\frac{N-1}{2}}$$

$$H_{\mathrm{d}}(k) = H_{\mathrm{g}}(k)\mathrm{e}^{-\mathrm{j}\frac{N-1}{N}\pi k}$$

$$\varphi(\omega) = \varphi_{\mathrm{g}}(\omega)\mathrm{e}^{-\mathrm{j}\omega\frac{N-1}{2}}$$

$$\varphi_{\mathrm{g}}(\omega) = \frac{1}{N}\frac{\sin(N\omega/2)}{\sin(\omega/2)}$$

式中，在抽样点 $\omega_k = \dfrac{2\pi}{N}k$ 处，$\varphi\left(\omega - \dfrac{2\pi}{N}k\right) = 1$。因此抽样点处的 $H_{\mathrm{g}}(k)$ 与 $H_{\mathrm{g}}(\omega)$ 相等，$H(\mathrm{e}^{\mathrm{j}\omega_k})$ 与 $H_{\mathrm{d}}(k)$ 相等，逼近误差为 0。但抽样点之间 $H(\mathrm{e}^{\mathrm{j}\omega})$ 的值是 $\varphi\left(\omega - \dfrac{2\pi}{N}k\right)$ 的 N 项加权和，权值为 $H_{\mathrm{d}}(k)$。$H_{\mathrm{g}}(k)$ 及 $H(\mathrm{e}^{\mathrm{j}\omega})$ 的幅度函数 $H_{\mathrm{g}}(\omega)$ 图形如图 8.4.1 所示。

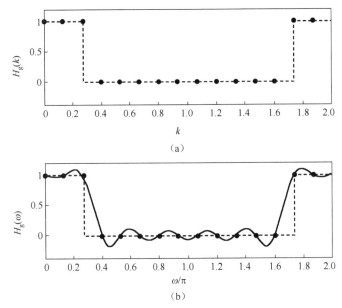

图 8.4.1　频域幅度抽样序列 $H_{\mathrm{g}}(k)$ 及其内插幅度函数 $H_{\mathrm{g}}(\omega)$

　　图 8.4.1(a)中，虚线表示希望逼近的理想低通滤波器的幅度函数 $H_{\mathrm{dg}}(\omega)$，黑点表示 $N = 15$ 时的抽样序列 $H_{\mathrm{g}}(k)$；图 8.4.1（b）中，实线 $H_{\mathrm{g}}(\omega)$ 与虚线 $H_{\mathrm{dg}}(\omega)$ 的误差和 $H_{\mathrm{dg}}(\omega)$ 的平滑程度有关，$H_{\mathrm{dg}}(\omega)$ 越平滑的区域，误差越小，间断处的误差最大。表现形式为间断处变成倾斜下降的过渡带曲线，从图上可以看出过渡带宽度近似为 $2\pi/N$（通带内最后一个抽样点和阻带第一个抽样点间的距离）。通带和阻带内产生振荡波纹，且间断点附近的振荡幅度最大，使阻带衰减减小，往往不能满足要求。当然，可以通过增大 N 使过渡带变窄，如图 8.4.2 所示，但是通带最大衰减和阻带最小衰减随 N 的增大并无明显改善。同时 N 太大，会增大滤波器的阶数，即增加运算量和成本。图 8.4.2 给出了 $N = 15$ 和 $N = 75$ 时的幅度内插函数 $H_{\mathrm{g}}(\omega)$，图中粗实线与细实线分别表示 $N = 15$ 和 $N = 75$ 时的 $H_{\mathrm{g}}(\omega)$。$N = 15$ 时，通带最大衰减

$\alpha_p = 0.8341\text{dB}$，阻带最小衰减 $\alpha_s = 15.0779\text{dB}$；$N = 75$ 时，通带最大衰减 $\alpha_p = 1.0848\text{dB}$，阻带最小衰减 $\alpha_s = 16.5664\text{dB}$。所以直接对理想滤波器的频率响应抽样的"直接频率抽样设计法"不能满足一般工程对阻带衰减的要求。

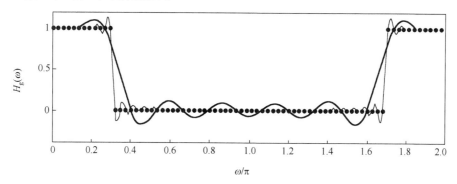

图 8.4.2　$N = 15$ 和 $N = 75$ 的幅度内插函数 $H_g(\omega)$

在窗函数法设计过程中，通过增大过渡带宽度可以换取阻带衰减的增大。频率抽样同样满足这一规律。提高阻带衰减的具体方法是在频响间断点附近区间插一个或几个过渡点，使不连续点变成缓慢过渡带，这样虽然增大了过渡带，但阻带中相邻内插函数的旁瓣正负对消，明显增大了阻带衰减。

过渡带抽样点的个数与阻带最小衰减 α_s 的关系及使阻带最小衰减 α_s 最大化的每个过渡带抽样值求解都要用优化算法解决，该内容已超出本书要求。为了说明这种优化的有效性和上述改进措施的正确性，例 8.4.1 中程序采用累试法得到满足技术指标要求的过渡抽样值。

将过渡带抽样点的个数 m 与滤波器的阻带最小衰减 α_s 的经验数据列于表 8.4.1，以便编程时可以参考。

表 8.4.1　过渡带抽样点的个数 m 与滤波器的阻带最小衰减 α_s 的经验数据

m	1	2	3
α_s	44～54dB	65～75dB	85～95dB

8.4.4　用频率抽样法设计 FIR 数字滤波器的步骤

综上所述，频率抽样法的设计步骤如下。

（1）根据阻带最小衰减 α_s 选择过渡带抽样点的个数 m。

（2）确定过渡带宽度 B_t，估算频域抽样点数 N。如果增加 m 个过渡带抽样点，则过渡带宽度近似为 $(m+1)2\pi/N$。当 N 确定时，m 越大，过渡带越宽；若已知过渡带宽度 B_t，则要求 $(m+1)2\pi/N \le B_t$，因此滤波器的长度 N 需满足

$$(m+1)2\pi/B_t \le N \tag{8.4.25}$$

（3）构造一个希望逼近的频率响应函数

$$H_d(e^{j\omega}) = H_{dg}(\omega)e^{j\theta(\omega)}$$

$\theta(\omega)$ 满足第一类或第二类线性相位，$H_{dg}(\omega)$ 为相应的理想滤波器的幅度函数，且满足表 8.2.1 要求的特性。

（4）按照式（8.4.8）进行频域抽样

$$H_\mathrm{d}(k) = H_\mathrm{d}(\mathrm{e}^{\mathrm{j}\omega})\Big|_{\omega=2\pi k/N} = H_\mathrm{g}(k)\mathrm{e}^{-\mathrm{j}\frac{N-1}{N}\pi k} = H_\mathrm{g}(k)\mathrm{e}^{-\mathrm{j}\frac{N-1}{N}\pi k}$$

$$H_\mathrm{g}(k) = H_\mathrm{dg}\left(\frac{2\pi}{N}k\right) \quad k = 0, 1, \cdots, N-1$$

并加入过渡带抽样。过渡带抽样值可以设置为经验值，或用累试法确定，也可以采用优化算法估算。

（5）对 $H_\mathrm{d}(k)$ 进行 N 点 IDFT，得到线性相位 FIR 数字滤波器的单位脉冲响应

$$\begin{aligned}h(n) &= \mathrm{IDFT}[H_\mathrm{d}(k)]_N \\ &= \frac{1}{N}\sum_{k=0}^{N-1} H_\mathrm{d}(k)W_N^{-nk} \quad n = 0, 1, \cdots, N-1\end{aligned}$$

（6）检验设计结果。若阻带最小衰减未达到指标要求，则要改变过渡带抽样值和抽样点数，直到满足技术指标。如果滤波器的截止频率未达到指标要求，则要微调 $H_\mathrm{dg}(\omega)$ 的截止频率。

以下滤波器设计举例借助 MATLAB 语言编程实现。

【例 8.4.1】 用频率抽样法设计第一类线性相位低通 FIR 数字滤波器，要求通带截止频率 $\omega_\mathrm{p} = \dfrac{\pi}{3}$ rad，阻带最小衰减大于 40dB，过渡带宽度 $B_\mathrm{t} \le \pi/16$。

解：根据表 8.4.1 估算过渡带抽样点数 $m=1$。将 $B_\mathrm{t} \le \pi/16$ 和 $m=1$ 代入式（8.4.25）估算滤波器的长度

$$N \ge \frac{4\pi}{\pi/16} = 64$$

为了留出富余，取 $N=65$。设计程序 ep841.m 如下。

```
%例 8.4.1 的程序 ep841.m
T=input（'T='）; %输入过渡带抽样值
Bt=pi/16;wp=pi/3; %过渡带宽度 pi/16，通带截止频率 pi/3
m=1;N=ceil（m+1）*2*pi/Bt; %按式（8.4.25）估算滤波器的长度
N=N+mod（N+1,2）; %使滤波器的长度为奇数
Np=fix（wp/（2*pi/N））; %Np 为通带[0,wp]上的抽样点数
Ns=N-2*Np-1; %Ns 为阻带[wp,2*pi-wp]上的抽样点数
Hk=[ones（1,Np+1）,zeros（1,Ns）,ones（1,Np）];
                %N 为奇数，幅度抽样向量偶对称
Hk（Np+2）=T; Hk（N-Np）=T; %加一个过渡抽样
thetak=-pi*（N-1）*（0:N-1）/N; %相位抽样向量θ(k)=（N-1）πk/N
Hdk=Hk.*exp（j* thetak）; %构造频域抽样向量 Hd（k）
hn=real（ifft（Hdk））; %只取实部，忽略计算误差引起的虚部
Hw=fft（hn,1024）; %计算频率响应函数 DFT[h（n）]
wk=2*pi*[0:1023]/1024;
Hgw=Hw.*exp（j*wk*（N-1）/2）; %计算幅度响应函数 Hg（w）
%计算通带最大衰减 Rp 和阻带最小衰减 Rs
Rp=max（20*log10（abs（Hgw）））
hgmin=min（real（Hgw））;Rs=20*log10（abs（hgmin））
```

%绘图部分可参考前面的程序

运行程序，输入 T=0.4 时，得到

```
Rp = 0.4438; Rs =-39.6385
```

例 8.4.1 的设计结果如图 8.4.3 所示。

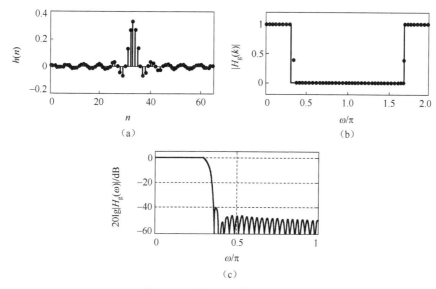

图 8.4.3　例 8.4.1 的设计结果

图 8.4.3（c）表示理想低通 FIR 数字滤波器的损耗函数曲线。总之，如果过渡带抽样点给定，但抽样值取不同的值，则逼近误差不同。如 T=0.5 时，阻带最小衰减为 29.6896dB，T=0.6 时，阻带最小衰减为 25.0690 dB，所以对过渡带抽样值进行优化设计才是有效的方法。

8.4.5　利用 MATLAB 实现频率抽样和窗函数相结合的滤波器设计

MATLAB 信号处理工具箱函数 fir2 是一种频率抽样法与窗函数法相结合的 FIR 数字滤波器设计函数，其语法格式为

```
hn=fir2(M, F, A, window(M+1))
```

设计一个 M 阶线性相位 FIR 数字滤波器，返回长度为 N=M+1 的单位脉冲响应序列向量 hn。window 表示窗函数名，缺省该项时默认选用哈明窗。可供选择的窗函数有 boxcar、bartlett、hann、hamming、blackman、kaiser 和 chebwin。当 window=boxcar 时，fir2 就是纯粹的频率抽样法。希望逼近的幅度特性由截止频率向量 F 和相应的幅度向量 A 确定，plot(F, A)画出的就是希望逼近的幅度特性曲线。F 为对 π 归一化的数字频率向量，0≤F≤1，而且 F 的元素必须是单调递增的，以 0 开始，以 1 结束，1 对应于模拟频率 $F_s/2$。

如例 8.4.1，F=[0, wp/pi, wp/pi +2/N, wp/pi + 4/N, 1]；

A=[1,1,T,0,0]。

其中，wp/pi+2/N 为过渡带抽样点频率，T 为过渡带抽样值。plot(F, A)画出的就是希望逼近的幅度特性曲线，如图 8.4.4 所示。调用 fir2 求解例 8.4.1 的程序为 ep841b.m，与程序 ep841.m 比较，ep841b.m 更加简单。

应当注意，在用 fir2 设计 FIR 数字滤波器时，应灵活利用其频率抽样法与窗函数法相结合的特性，既可以采用优化过渡带抽样设计希望逼近的幅度特性，来控制阻带最小衰减（程序 ep841b.m 中即采用这种方法），又可以不加过渡带抽样，通过选用合适的窗函数来控制阻带最小衰减，但优化过渡带抽样会使滤波器阶数降低。

```
%调用 fir2 求解例 8.4.1 的程序 ep841b.m
T=input（T=）；%输入过渡抽样值 T
m=1；%过渡点个数 m=1
Bt=pi/16；wp=pi/3；  %过渡带宽度 pi/16，通带截止频率为 pi/3；
N=ceil（（m+1）*2*pi/Bt）+1；%按式（8.4.25）估算滤波器长度
F=[0,wp/pi,wp/pi+2/N,wp/pi+4/N,1]；A=[1,1,T,0,0]；%设置调用参数向量 F 和 A
hn=fir2（N-1,F,A,boxcar（N））；%选用矩形窗函数
Hk=fft（hn）；  %计算 DFT[h（n）]=Hk
Hw=fft（hn,1024）；%计算频率响应函数 H（e^{jω}）
wk=2*pi*[0:1023]/1024；
Hgw=Hw.*exp（j*wk*（N-1）/2）；  %计算幅度响应函数 Hg（w）
%绘图部分可参考前面的程序
```

运行结果如图 8.4.4 所示，将图 8.4.4（c）与图 8.4.3（c）相比可以明显地看出，运用频率抽样法和窗函数法结合的方法设计的 FIR 数字滤波器的性能更好。

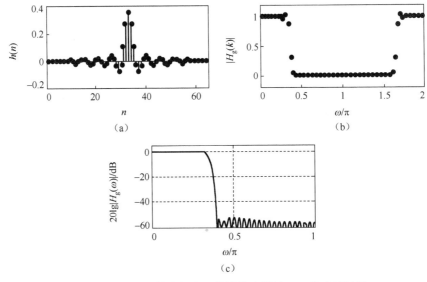

图 8.4.4   频率抽样法与窗函数法结合设计 FIR 数字滤波器

窗函数法和频率抽样法简单方便，易于实现，但它们存在以下缺点：（1）滤波器截止频率不易精确控制；（2）窗函数法总使通带和阻带波纹幅度相等，频率抽样法只能依靠优化过渡带抽样点的取值来控制阻带波纹幅度，所以两种方法都不能分别控制通带和阻带波纹幅度，但是工程上对二者的要求是不同的，希望能分别控制；（3）所设计的滤波器在阻带截止频率附近的衰减最小，距阻带截止频率越远，衰减越大，所以，如果在阻带截止频率附近的衰减刚好达到设计指标要求，则阻带中其他频段的衰减就有很大富余量。这说明这两种设计方法存在较大的资源浪费，或者说所设计的滤波器的性价比低。下一节将介绍一种能克服上述缺点的最佳逼近设计方法。

8.5　利用等波纹最佳逼近法设计 FIR 数字滤波器

等波纹最佳逼近法是一种优化设计法，它克服了窗函数法和频率抽样法的缺陷，使最大误差（即波纹的峰值）最小化，并在整个逼近频段上使最大误差均匀分布。用等波纹最佳逼近法设计的 FIR 数字滤波器的幅频响应在通带和阻带都是等波纹的，而且可以分别控制通带和阻带的波纹幅度，这也是等波纹的含义。最佳逼近是指在滤波器长度给定的条件下，使加权误差波纹幅度最小化。与窗函数法和频率抽样法比较，这种设计法可使最大误差均匀分布，所以设计的滤波器的性价比最高。当阶数相同时，这种设计法使滤波器的最大逼近误差最小，即通带最大衰减最小、阻带最小衰减最大；在指标相同时，这种设计法可使滤波器的阶数最低。

等波纹最佳逼近法的数学证明较复杂，所以本节略去复杂的数学推导，只介绍其基本思想和实现线性相位 FIR 数字滤波器的用等波纹最佳逼近法设计的 MATLAB 信号处理工具箱函数 remez 和 remezord。由于切比雪夫（Chebyshev）和雷米兹（Remez）对解决该问题做出了贡献，所以又称之为切比雪夫逼近法或雷米兹逼近法。

8.5.1　等波纹最佳逼近法的基本思想

设希望逼近的理想滤波器的频率响应为 $H_d(e^{j\omega})$，其幅度函数为 $H_{dg}(\omega)$，即

$$H_d(e^{j\omega}) = H_{dg}(\omega)e^{j\theta(\omega)}$$

$\theta(\omega)$ 满足第一类或第二类线性相位，$H_{dg}(\omega)$ 满足线性相位的约束条件。实际设计的滤波器的频率响应为 $H(e^{j\omega})$，其幅度函数为 $H_g(\omega)$。定义加权误差函数 $E(\omega)$ 为

$$E(\omega) = W(\omega)[H_{dg}(\omega) - H_g(\omega)] \tag{8.5.1}$$

式中，$W(\omega)$ 称为误差加权函数，用来控制不同频段（一般指通带和阻带）的逼近精度。

等波纹最佳逼近法的基本思想是：等波纹最佳逼近基于切比雪夫逼近，在通带和阻带以 $|E(\omega)|$ 的最大值最小化为准则，采用雷米兹多重迭代算法求解滤波器系数 $h(n)$ [3]。由式（8.5.1）可以看出，$W(\omega)$ 取值越大的频段，逼近程度越高，开始设计时应根据逼近精度的要求确定 $W(\omega)$，雷米兹多重迭代过程中的 $W(\omega)$ 是确定函数。

在进行等波纹最佳逼近设计时，通常把数字频段分为"逼近（或研究）区域"和"无关区域"。所谓的逼近区域，一般是指通带和阻带，而无关区域一般是指过渡带。设计中只考虑逼近区域的最佳逼近。应当注意，无关区域的宽度不能为零，即 $H_{dg}(\omega)$ 不能是理想滤波特性。

利用等波纹最佳逼近法进行线性相位 FIR 数字滤波器的数学模型的建立及其求解方法的推导比较复杂，在求解计算时必须借助计算机，目前已经开发出 MATLAB 信号处理工具箱函数 remezord 和 remez，只要简单地调用这两个函数，就可以完成线性相位 FIR 数字滤波器的等波纹最佳逼近设计。

8.5.2　等波纹滤波器的技术指标及其描述参数

在介绍 MATLAB 信号处理工具箱函数 remezord 和 remez 之前，先介绍等波纹滤波器的技术指标及其描述参数。

图 8.5.1 给出了等波纹滤波器的技术指标的两种描述参数。图 8.5.1（a）用损耗函数描述，

即 $\omega_p = \dfrac{\pi}{2}\,\mathrm{rad}$，$\alpha_p = 2\,\mathrm{dB}$，$\omega_s = \dfrac{11\pi}{20}\,\mathrm{rad}$，$\alpha_s = 20\,\mathrm{dB}$，这是工程实际中常用的指标描述方法。

但是，在用等波纹最佳逼近法求滤波器阶数 N 和误差加权函数 $W(\omega)$ 时，要求给出滤波器通带和阻带的振荡波纹幅度 δ_1 和 δ_2。图 8.5.1（b）给出了用通带和阻带的振荡波纹幅度 δ_1 和 δ_2 描述的技术指标。显然，两种描述参数之间可以换算。如果设计指标以 α_p 和 α_s 给出，为了调用 MATLAB 信号处理工具箱函数 remezord 和 remez 进行设计，就必须由 α_p 和 α_s 换算出通带和阻带的振荡波纹幅度 δ_1 和 δ_2。

由第 7 章的知识可知

$$\alpha_p = 20\lg\frac{\max|H_g(\omega)|}{\min|H_g(\omega)|}\,\mathrm{dB} \qquad 0 \leqslant |\omega| \leqslant \omega_p \tag{8.5.2}$$

$$\alpha_s = 20\lg\frac{\text{通带}\max|H_g(\omega)|}{\text{阻带}\max|H_g(\omega)|}\,\mathrm{dB} \tag{8.5.3}$$

其中通带要求 $1 - \delta_1 < |H_g(\omega)| \leqslant 1 + \delta_1$，阻带要求 $|H_g(\omega)| \leqslant \delta_2$，因此 α_p 和 α_s 又可表示为

$$\alpha_p = 20\lg\left(\frac{1+\delta_1}{1-\delta_1}\right)\mathrm{dB} \tag{8.5.4}$$

$$\alpha_s = 20\lg\frac{1+\delta_1}{\delta_2}\,\mathrm{dB} \approx -20\lg\delta_2 \tag{8.5.5}$$

因此

$$\delta_1 = \frac{10^{\alpha_p/20}-1}{10^{\alpha_p/20}+1} \tag{8.5.6}$$

$$\delta_2 = 10^{-\alpha_s/20} \tag{8.5.7}$$

根据式（8.5.6）与式（8.5.7）计算可得到图 8.5.1（b）的参数：$\delta_1 = 0.1146$，$\delta_2 = 0.1$。实际中，δ_1 和 δ_2 一般很小，这里为了观察等波纹特性及参数 δ_1 和 δ_2 的含义，特意取较大的值。

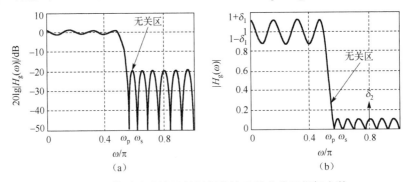

图 8.5.1　等波纹滤波器的幅频特性函数曲线及指标参数

下面举例说明误差加权函数 $W(\omega)$ 的作用，以及滤波器阶数 N 和波纹幅度 δ_1、δ_2 的制约关系。设期望逼近的低通滤波器的通带和阻带分别为 $[0, \pi/4]$ 和 $[5\pi/16, \pi]$，$\alpha_p = 1\,\mathrm{dB}$，

$\alpha_s = 40\text{dB}$，对下面 4 种不同的控制参数，等波纹逼近的损耗函数曲线分别如图 8.5.2（a）、（b）、（c）和（d）所示。图中 $w = [\omega_1, \omega_2]$ 表示第一个逼近区域 $[0, \pi/4]$ 上的误差加权函数为 $W(\omega) = \omega_1$，第二个逼近区域 $[5\pi/16, \pi]$ 上的误差权函数为 $W(\omega) = \omega_2$。

比较图 8.5.2（a）、（b）、（c）和（d）可以得到以下结论：当 N 确定时，误差加权函数 $W(\omega)$ 较大的频带逼近精度较高，$W(\omega)$ 较小的频带逼近精度较低，如果改变 $W(\omega)$ 使通（阻）带逼近精度提高，则必然使阻（通）带逼近精度降低。增大滤波器阶数 N 才能使通带和阻带逼近精度同时提高，所以 $W(\omega)$ 和 N 由滤波器设计指标确定。所以，用等波纹最佳逼近法设计 FIR 数字滤波器的过程如下。

（1）根据给定的逼近指标估算滤波器阶数 N 和误差加权函数 $W(\omega)$，采用 remezord 函数可以确定 N 和 $W(\omega)$；

（2）采用 remez 函数可得到滤波器的单位脉冲响应 $h(n)$。

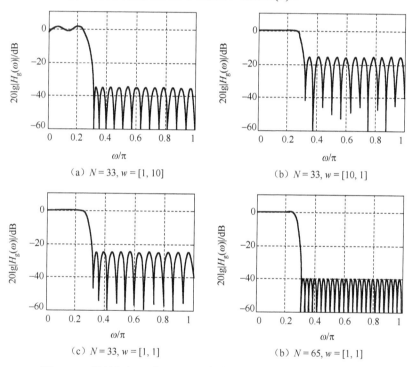

（a）$N = 33$，$w = [1, 10]$　　　　（b）$N = 33$，$w = [10, 1]$

（c）$N = 33$，$w = [1, 1]$　　　　（b）$N = 65$，$w = [1, 1]$

图 8.5.2　误差加权函数 $W(\omega)$ 和滤波器阶数 N 对逼近精度的影响

8.5.3　remezord 和 remez 函数及各种滤波器设计指标

1. remez 和 remezord 函数

（1）remez

remez 函数实现线性相位 FIR 数字滤波器的等波纹最佳逼近设计，其调用格式为

```
hn=remez(M, f, m, w)
```

返回结果为 FIR 数字滤波器的单位脉冲响应 hn。调用参数 M、f、m、w 一般通过调用 remezord 函数来计算。各参数的含义如下：

M 为所设计 FIR 数字滤波器的阶数，hn 长度 N=M+1。

f 和 m 给出希望逼近的幅度特性。f 为截止频率向量，0≤f≤1 且 f 为单调增向量（即 $f(k)<f(k+1)$，$k=1,2,\cdots$）。m 与 f 长度相等，是与 f 对应的幅度向量。

例如，图 8.5.2 中的通带和阻带分别为 $[0,\pi/4]$ 和 $[5\pi/16,\pi]$，f 和 m 的取值如下

```
f=[0,1/4,5/16,1];
m=[1,1, 0,0];
plot（f,m）
```

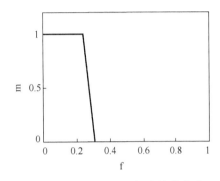

图 8.5.3　希望逼近的幅度特性曲线

画出其幅度特性曲线，如图 8.5.3 所示，图中奇数段（第一、三段）的水平幅度为希望逼近的幅度特性，偶数段（第二段）的下降斜线为无关部分，逼近时形成了过渡带，并不考虑该频段的幅频响应形状。

w 为误差加权向量，其长度为 f 的一半，$w(i)$ 表示对 m 中第 i 个逼近频段的误差加权值。图 8.5.2（a）中，w=[1,10]。缺省 w 时，默认 w 为全 1（即每个逼近频段的误差加权值相同）。除了可以设计选频 FIR 数字滤波器，remez 函数还可以设计两种特殊滤波器：希尔伯特变换器和数字微分器，调用格式分别为

```
hn=remez（M, f, m, w,'hilbert'）
hn=remez（M,f, m, w, 'defferentiator'）
```

希尔伯特变换器和数字微分器设计与应用的详细内容请参考文献[10,19]。

（2）remezord

采用 remezord 函数，可根据逼近指标估算等波纹最佳逼近 FIR 数字滤波器的最低阶数 M、误差加权向量 w 和归一化截止频率向量 f，使滤波器在满足指标的前提下成本最低。其返回参数作为 remez 函数的调用参数。其调用格式为

```
[M, fo, mo, w]=remezord（f, m, rip, Fs）
```

参数说明：

f 与 remez 函数中的类似，这里 f 可以是模拟频率（单位为 Hz）或归一化数字频率（模拟频率/Fs），但必须从 0 开始，到 Fs/2（用归一化频率时对应 1）结束，有时也可以省略 0 和 Fs/2 两个频点。Fs 为抽样频率，缺省时默认 Fs=2Hz。但是这里 f 的长度（包括省略的 0 和 Fs/2 两个频点）是 m 的两倍，m 中的每个元素都表示 f 给定的一个逼近频段上希望逼近的幅度值。例如，对图 8.5.3，f=[1/4, 5/16]，m=[1,0]。

注意：①省略 Fs 时，f 必须为归一化数字频率；②有时估算的阶数 M 略小，使设计结果达不到指标要求，这时要取 M+1 或 M+2（必须注意对滤波器长度 N=M+1 的奇偶性要求），所以必须检验设计结果；③当无关区域（过渡带）太窄，或者截止频率太接近零频率和 Fs/2 时，设计结果可能不正确。

rip 表示 f 和 m 描述的各逼近频段允许的振荡波纹幅度（幅频响应最大偏差），f 的长度是 rip 的 2 倍。

一般以函数 remezord 返回的参数作为 remez 的调用参数，来计算单位脉冲响应 hn=remez(M, f, m, w)。对比前面介绍的 remez 调用参数，可清楚地看出 remezord 返回参数 M、 fo、mo 和 w 的含义。

综上所述，在调用 remez 和 remezord 函数设计线性相位 FIR 数字滤波器时，关键是根据设计指标求出 remezord 函数的调用参数 f、m、rip 和 Fs，其中 Fs 一般是已知的，或根据实际信号处理要求（根据奈奎斯特抽样定理）确定。下面给出用各种滤波器设计指标确定 remezord 函数的调用参数的 f、m、rip 的公式，方便编程时使用。

2. 滤波器设计指标

（1）低通滤波器设计指标

通带频率：$[0,\omega_p]$，通带最大衰减：α_p dB ；阻带频率：$[\omega_s,\pi]$，阻带最小衰减：α_s dB 。remezord 函数的调用参数

$$f=\left(\frac{\omega_p}{\pi},\frac{\omega_s}{\pi}\right) \qquad m=(1,\ 0) \qquad \mathrm{rip}=(\delta_1,\ \delta_2)$$

其中 f 省去了起点频率 0 和终点频率 1，δ_1 和 δ_2 分别为通带和阻带波纹幅度，由式（8.5.6）与式（8.5.7）可计算得到，下面相同。

（2）高通滤波器设计指标

通带频率：$[\omega_p,\pi]$，通带最大衰减：α_p dB ；阻带频率：$[0,\omega_s]$，阻带最小衰减：α_s dB 。remezord 函数的调用参数

$$f=\left(\frac{\omega_s}{\pi},\frac{\omega_p}{\pi}\right) \qquad m=(0,\ 1) \qquad \mathrm{rip}=(\delta_2,\ \delta_1)$$

（3）带通滤波器设计指标

通带频率：$[\omega_{pl},\omega_{pu}]$，通带最大衰减：$\alpha_p$ dB ；阻带频率：$[0,\omega_{sl}]$，$[\omega_{su},\pi]$，阻带最小衰减：α_s dB 。remezord 函数的调用参数

$$f=\left(\frac{\omega_{sl}}{\pi},\frac{\omega_{pl}}{\pi},\frac{\omega_{pu}}{\pi},\frac{\omega_{su}}{\pi}\right) \qquad m=(0,1,0) \qquad \mathrm{rip}=(\delta_2,\delta_1,\delta_2)$$

（4）带阻滤波器设计指标

阻带频率：$[\omega_{sl},\omega_{su}]$，阻带最小衰减：$\alpha_s$ dB ；通带频率：$[0,\omega_{pl}]$，$[\omega_{pu},\pi]$，通带最大衰减：α_p dB 。remezord 函数的调用参数

$$f=\left(\frac{\omega_{pl}}{\pi},\frac{\omega_{sl}}{\pi},\frac{\omega_{su}}{\pi},\frac{\omega_{pu}}{\pi}\right) \qquad m=(1,0,1) \qquad \mathrm{rip}=(\delta_1,\delta_2,\delta_1)$$

工程实际中常给出的技术指标针对的是对模拟信号的要求，设计数字滤波器时，应对输入模拟信号抽样后进行数字滤波，这时调用参数 f 可以用模拟频率表示，但是调用 remezord 函数时一定要给定抽样频率参数 Fs。这种情形的调用格式见例 8.5.2。

8.5.4　等波纹最佳逼近法设计 FIR 数字滤波器举例

【例 8.5.1】利用等波纹最佳逼近法设计带通 FIR 数字滤波器。技术指标要求为：通带频率 $[0.35\pi,0.65\pi]$，通带最大衰减 $\alpha_p=1\mathrm{dB}$，阻带频率 $[0,0.2\pi]$ 和 $[0.8\pi,\pi]$，阻带最小衰减 $\alpha_s=60\mathrm{dB}$ 。

解：调用 remezord 和 remez 函数求解。首先根据设计滤波器的特性确定 remezord 函数的调用参数 f、m、rip，参数 rip 可根据式（8.5.6）与式（8.5.7）计算。程序如下，设计的带通 FIR 数字滤波器的 $h(n)$ 及损耗函数曲线如图 8.5.4 所示。

```
%ep854.m 例 8.5.1用 remez 函数设计带通 FIR 数字滤波器
f=[0.2,0.35,0.65,0.8];
m=[0,1,0];
ap=1;as=60;
%rip 利用式（8.5.6）与式（8.5.7）计算
delta1=(10^(ap/20-1))/(10^(ap/20+1));
delta2=(10^(-as/20));
rip=[delta2,delta1,delta2];
[M,fo,mo,w]=remezord(f,m,rip);
hn=remez(M,fo,mo,w);
L=length(hn);
n=0:L-1;
N=1500;
w2=0:2*pi/N:2*pi-2*pi/N;
Hg=fft(hn,N);
subplot(2,2,1);
stem(n,hn,'k.');grid on
axis([0 30 -0.4 0.6])
set(gca,'XTick',0:10:30);
set(gca,'YTick',-0.4:0.2:0.6);
xlabel('\fontname{Times New Roman}\itn');
ylabel('\fontname{Times New Roman}\ith{\rm (}\itn\rm)');
subplot(2,2,2);
plot(w2/pi,20*log10(abs(Hg)),'k-');grid on
axis([0 1 -80 10])
set(gca,'XTick',0:0.2:0.8);
set(gca,'YTick',-80:20:0);
xlabel('\it\omega/{\rm\pi}');
ylabel('\fontname{Times New Roman}20lg|\itH\rm_{g}(\it\omega)|\rmdB');
```

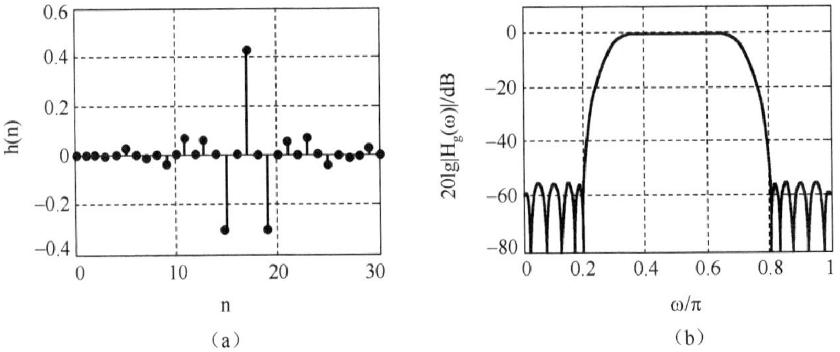

图 8.5.4　设计的带通 FIR 数字滤波器的 $h(n)$ 及损耗函数曲线

【**例 8.5.2**】利用等波纹最佳逼近法设计高通 FIR 数字滤波器。技术指标为：模拟滤波器的通带截止频率 $f_p=3500\text{Hz}$，通带最大衰减 $\alpha_p=1\text{dB}$，阻带截止频率 $f_s=2500\text{Hz}$，阻带最

小衰减 $\alpha_s = 40\text{dB}$ ，对模拟信号的抽样频率 $F_s = 10\text{kHz}$ 。

解： 调用 remezord 和 remez 函数求解，程序为 ep855.m。设计的高通 FIR 数字滤波器的 $h(n)$ 及损耗函数曲线如图 8.5.5 所示。

```
%ep855.m 例 8.5.2 用 remez 函数设计高通 FIR 数字滤波器
Fs=10000;
f=[2500,3500];
m=[0,1];
ap=1;as=40;
%rip 利用式（8.5.6）与式（8.5.7）计算
delta1=(10^(ap/20-1))/(10^(ap/20+1));
delta2=(10^(-as/20));
rip=[delta1,delta2];
[M,fo,mo,w]=remezord(f,m,rip,Fs);
hn=remez(M,fo,mo,w);
L=length(hn);
n=0:L-1;
N=1500;
w2=0:2*pi/N:2*pi-2*pi/N;
Hg=fft(hn,N);
subplot(2,2,1);
stem(n,hn,'k.');grid on
axis([0 30 -0.4 0.6])
set(gca,'XTick',0:10:30);
set(gca,'YTick',-0.4:0.2:0.6);
xlabel('\fontname{Times New Roman}\itn');
ylabel('\fontname{Times New Roman}\ith{\rm (}\itn\rm )');
subplot(2,2,2);
plot(w2/pi,20*log10(abs(Hg)),'k-');grid on
axis([0 1 -80 10])
set(gca,'XTick',0:0.2:0.8);
set(gca,'YTick',-80:20:0);
xlabel('\it\omega/{\rm\pi}');
ylabel('\fontname{Times New Roman}20lg|\itH\rm_{g}(\it\omega)|\rmdB');
```

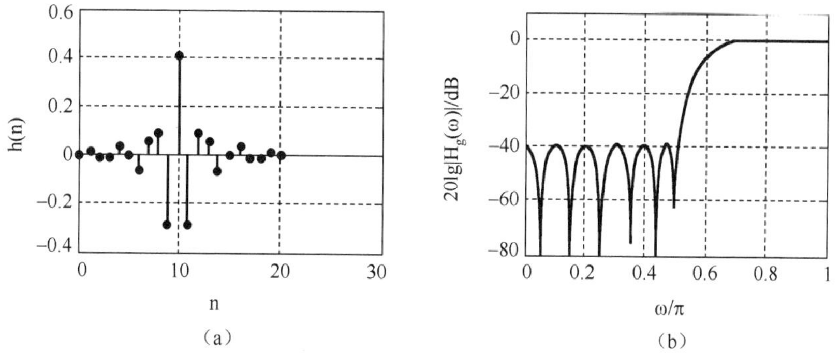

(a)   (b)

图 8.5.5   设计的高通 FIR 数字滤波器的 $h(n)$ 及损耗函数曲线

8.6 IIR 和 FIR 数字滤波器的比较

前面我们讨论了 IIR 和 FIR 两种滤波器的设计方法,这两种滤波器各自有什么特点呢?在实际运用时应该如何选择它们呢?为此,下面对这两种滤波器进行简单的比较。

首先,从性能上来说,IIR 数字滤波器系统函数的极点可位于单位圆内的任何地方,因此零点和极点相结合,可用较低的阶数获得较好的选择性,所用的存储单元少,计算量小,所以经济高效,但是高效率是以相位的非线性为代价的。相反,FIR 数字滤波器可以得到严格的线性相位,然而由于 FIR 数字滤波器系统函数的极点固定在原点,因而只能用较高的阶数达到较好的选择性。对于同样的滤波器幅频特性指标,FIR 数字滤波器所要求的阶数一般是 IIR 数字滤波器的 5~10 倍,因此成本较高,信号延时也较大。如果按相同的选择性和相同的线性相位要求来说,则 IIR 数字滤波器必须加全通网络进行相位校正,同样会大幅增大滤波器的阶数、提高复杂性。

从结构上看,IIR 数字滤波器必须采用递归结构,极点位置必须在单位圆内,否则系统将不稳定。另外,在这种结构中,由于运算过程中对序列进行了舍入处理,因此这种有限字长效应有时会引起寄生振荡。相反,FIR 数字滤波器主要采用非递归结构,不论是在理论上还是在实际的有限精度运算中,都不存在稳定性问题,运算误差引起的输出信号噪声功率也较小。此外,FIR 数字滤波器可以采用 FFT 算法实现,在相同阶数的条件下,运算速度可以大幅提高。

从设计工具看,IIR 数字滤波器可以借助成熟的模拟滤波器设计成果,因此一般都有封闭形式的设计公式可供准确计算,计算工作量比较小,对计算工具的要求不高。用 FIR 滤波计算通带和阻带衰减等仍无显式表达式,其截止频率也不易精确控制。一般 FIR 滤波设计只有计算程序可循,因此对计算工具的要求较高。但在计算机普及的今天,很容易实现其计算。

另外,也应看到 IIR 数字滤波器虽然设计简单,但主要用于设计具有片断常数特性的选频型滤波器,如低通、高通、带通及带阻滤波器等,往往脱离不了几种典型模拟滤波器的频率响应特性的约束。而 FIR 数字滤波器则灵活得多,易于适应某些特殊的应用,如构成微分器或积分器,或用于巴特沃斯、切比雪夫等逼近不可能达到预定指标的情况,例如,由于某些原因,要求三角形幅频响应或一些更复杂的幅频响应形状,因此 FIR 数字滤波器有更好的适应性和更广阔的应用场合。

从以上简单的比较可以看到,IIR 与 FIR 数字滤波器各有所长,所以在实际应用时应该从多方面考虑并加以选择。例如,从使用要求上看,在对相位要求不敏感的场合,如语音通信等,用 IIR 数字滤波器较为合适,这样可以充分发挥其经济高效的特点;而图像信号处理、数据传输等以波形携带信号的系统,则对线性相位的要求较高,因此采用 FIR 数字滤波器较好。

8.7 几种特殊类型滤波器简介

前面详细介绍了 IIR 和 FIR 数字滤波器的通用分析与设计方法,可以根据选频型滤波器技术指标要求,用通用的设计方法设计出满足要求的滤波器。但是通用的设计方法不能满足工程实际中的一些特殊需求。例如[4,10,19]:(1)梳状滤波器;(2)希尔伯特变换器;(3)数字微分器;(4)全通滤波器;(5)最小相位滤波器;(6)数字谐振器;(7)正弦波发生器;(8)

数字陷波器；（9）简单整系数滤波器等。这些滤波器各有特点，其设计分别涉及一些特殊的方法或理论，不能简单地用前面介绍的通用方法进行设计。如果用通用的滤波器设计方法设计特殊滤波器，其结果可能复杂得多。例如，梳状滤波器的系统函数为 $H(z)=1-z^{-N}$，非常简单，但是如果用频域最小均方误差优化设计法设计，其系统函数就可能非常复杂。

　　不过，这些都属于实际应用技术，掌握了滤波的概念和滤波器分析与设计理论，这些技术都很容易掌握。而且，随着集成电路技术和计算机技术的发展，有些特殊滤波器没有以前那么重要了。例如，简单整系数滤波器是指滤波网络中的乘法增益均为简单整数的滤波器，其优点是避免乘法运算，缺点是只能实现选择性要求不高的简单滤波，适用于要求处理速度快、对滤波器性能要求较低、设计与实现简单的场合。现在实现数字硬件乘法器非常容易，速度也很快，所以在很多实时处理场合中可以采用滤波性能更好的滤波器代替简单整系数滤波器，所以这些内容不再详细叙述，感兴趣的读者请参考文献[4]。

8.8　滤波器分析设计工具 FDATool

　　FDATool（Filter Design and Analysis Tool）是 MATLAB 中一个功能强大的数字滤波器设计与分析工具，它覆盖了信号处理工具箱中所有的滤波器设计方法。利用它可以方便地设计出满足各种性能指标的滤波器，并可查看该滤波器的各种分析图形。待滤波器设计满意后，还可以把其系数直接导出为 MATLAB 变量、文本文件或 C 语言头文件等。

　　在 MATLAB 的命令窗口（Command Window）中输入命令 FDATool 并运行，启动 FDATool，并打开如图 8.8.1 所示的界面。

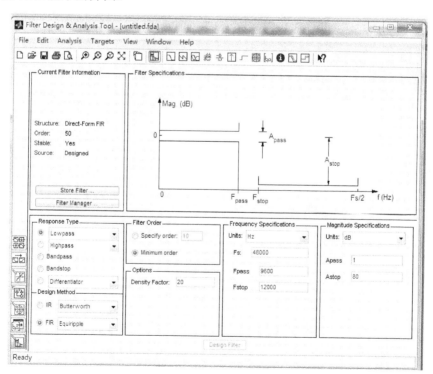

图 8.8.1　FDATool 的启动界面

FDATool 的界面分上、下两部分：上面部分显示与滤波器有关的信息，下面部分用来指定设计指标。下面按照滤波器的一般设计步骤对 FDATool 进行介绍。

（1）在 FDATool 界面的下面部分的 Response Type 中可以选择滤波器的类型：低通、高通、带通、带阻、微分器、Hilbert 变换器、多带、任意频率响应、升余弦等（如果安装了滤波器设计工具箱，则会有更多选项），然后在 Design Method 中从众多的 IIR 或 FIR 数字滤波器设计方法中选择一种合适的设计方法（如 IIR 数字滤波器的巴特沃斯、切比雪夫、椭圆滤波器等设计方法）。

（2）在 Filter Order 中选择滤波器阶数，可以使用满足要求的最小滤波器阶数或直接指定滤波器的阶数。

（3）根据前面两步中选择的设计方法，在 Options 中会显示与该方法对应的可调节参数。例如，选择 IIR 数字滤波器设计时，Options 中没有可选择的参数，如图 8.8.2 所示（如果选择 FIR 窗函数设计，Options 中可选择不同的参数：自定义窗函数和窗函数所需要的参数，单击 View 按钮）。

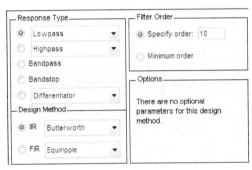

图 8.8.2　IIR 设计的 Options 选项

（4）指定设计指标：在选择滤波器的类型、设计方法和滤波器阶数时，相应的设计指标及其含义在工具栏的【Analysis】的下拉菜单 Filter Specifications 中用图形直观地显示出来以供设计参考。这些设计指标的具体参数需要在 Frequency Specifications 和 Magnitude Specifications 中明确指定，如图 8.8.3 所示。

图 8.8.3　选择 IIR 数字滤波器 Frequency Specifications 和 Magnitude Specifications 的参数选择

一般来说，不同的滤波器类型和设计方法需要不同的设计参数。这些参数设置栏会自动显示在图 8.8.3 的 Frequency Specifications 和 Magnitude Specifications 中，参照 Filter Specifications 中的图示可以直观地看出这些参数的含义，如图 8.8.4 所示。

（5）指定所有的设计指标后，单击 FDATool 最下面的 Design Filter 按钮（见图 8.8.1）即可完成滤波器设计。

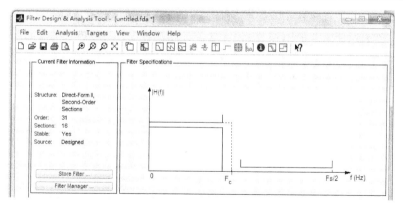

图 8.8.4　选择 IIR 设计滤波器参数的含义

（6）通过 FDATool 的工具条（如图 8.8.5 所示）可查看设计的滤波器性能。

（7）使用菜单【Edit/Convert】可转换当前滤波器的实现结构。所有滤波器都能在直接 I
型、直接 II 型、转置直接 I 型、转置直接 II 型、状态空间模型和格形结构之间直接转换，此
外，系统安装滤波器设计工具箱后将有更多的结构形式可供转换。

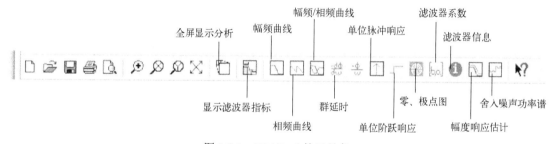

图 8.8.5　FDATool 的工具条

使用菜单【Edit/Convert to Second-order Sections]或【Edit/Convert to Single Section】可实
现滤波器级联型结构与直接型结构之间的转换。

（8）使用菜单【File/Export】可导出或保存设计结果。可以选择导出的是滤波器的系数
向量还是整个滤波器对象（当把设计结果导出为滤波器对象 qfilt 时，系统应安装滤波器设计
工具箱），可以选择把导出结果保存为 MATLAB 工作空间中的变量、文本文件或.MAT 文件。

（9）使用菜单【File/Export to C Header File】可以把滤波器系数保存为 C 语言格式的头
文件，其中系数变量的数据类型可以选择。

（10）使用菜单【File/Export to SPtool】可以把滤波器导出到信号处理工具 SPtool 中，有
关 SPtool 的使用可参阅 MATLAB 帮助文件或参考文献[20]。

（11）使用菜单【File】中与 Session 有关的子菜单，可以把整个设计保存为一个.fda 文
件，或者调入一个已有的设计文件，继续进行设计。

（12）如果安装了其他相关组件，FDATool 的菜单条上会出现【Targets】项。例如，安装
了 MATLAB 与 TI CCS 的连接后，该菜单下会出现【Export to Code Composer-Studio（tm）IDE】
子项，利用它可以把滤波器系数直接传递到 TI CCS Studio 或 DSP 的内存。

以上介绍了 FDATool 启动时默认显示的滤波器设计分析界面。此外，FDATool 启动界面
的左下侧竖向工具栏内还有 7 个按钮（如图 8.8.1 所示），自上而下依次为：①【Simulink 模

型实现】（需安装 DSP 模块库）；②【设计多抽样率滤波器】；③【频率转换】；④【量化并分析滤波器】；⑤【零、极点编辑器】；⑥【导入并分析滤波器】；⑦【设计并分析滤波器（默认）】。如果安装了滤波器设计工具箱和信号处理工具箱，单击这些按钮还可以显示其他相应的设计分析界面。有关这方面的内容可参考文献[20]。下面仅对【量化并分析滤波器】按钮进行简单介绍，以便读者观察滤波器系数量化效应。

（13）进行滤波器量化。在 MATLAB 环境下，运行在 PC 上的滤波器都是双精度格式（即滤波器系数的数据类型为 64 位双精度浮点制），可认为没有量化误差。但在空间和能量都十分有限的设备（如手机）上，系统字长较短，常常要对滤波器进行定点或浮点量化处理。FDATool 启动界面的左下侧竖向工具栏内的按钮③【设置量化参数】提供滤波器量化分析的功能，下面仅对滤波器系数量化分析方法做简要介绍。按照前面的步骤设计的滤波器（系数未量化）称为参考滤波器（Reference Filter），系数量化后的滤波器称为量化滤波器（Quantized Filter）。下面主要针对定点量化进行介绍，关于系数量化误差理论可以参考文献[1]。

① 单击该按钮，显示滤波器量化分析界面，如图 8.8.6 所示。滤波器算法（Filter Arithmetic）默认双精度浮点格式（Double-precision floating-point），这时不需要设置量化参数。

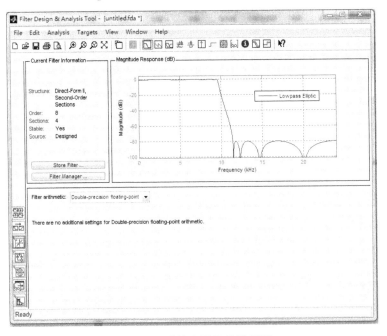

图 8.8.6　滤波器量化分析界面

② 选择 Filter arithmetic 为定点制，并选择滤波器系数（coefficient），进行 16 位量化，分子、分母的小数部分的字长选 14 位。对设计的 8 阶椭圆滤波器，在采用 4 级级联结构时，系数量化前后的零、极点位置和频率响应特性曲线均无明显变化。

③ 使用菜单【Edit/Convert to Single Section】将滤波器结构转换成直接型结构。量化字长不变，单击【OK】按钮，显示量化参数设置与直接型结构系数量化结果界面，如图 8.8.7 所示。由图可见，实线所示的量化滤波器频率响应特性曲线与参考滤波器（虚线）的偏差很大，且当前滤波器信息显示滤波器处于不稳定状态。由此可直观地看出，系数量化误差对直接型结构滤波器性能的影响比级联型结构大得多。

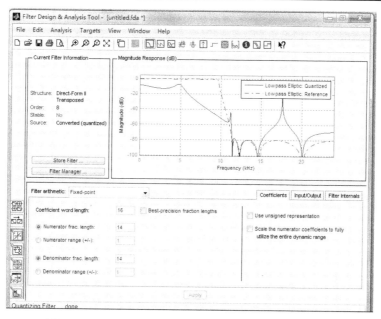

图 8.8.7　量化参数设置与直接型结构系数量化结果界面

习题与上机题

1. 已知线性相位 FIR 数字滤波器的单位脉冲响应 $h(n)$ 满足第一类线性相位条件，$N = 6$，$h(0) = 1$，$h(1) = 2$，$h(2) = 3$，求 $h(n)$。

2. 已知线性相位 FIR 数字滤波器的单位脉冲响应满足第二类线性相位条件，$N = 6$，$h(0) = 1$，$h(1) = 2$，$h(2) = 3$，求系统函数 $H(z)$。

3. 已知 FIR 数字滤波器的单位脉冲响应为

（1）$h(n)$ 长度 $N = 6$

$h(0) = h(5) = 6$

$h(1) = h(4) = 1.5$

$h(2) = h(3) = 3$

（2）$h(n)$ 长度 $N = 7$

$h(0) = -h(6) = 3$

$h(1) = -h(5) = -2$

$h(2) = -h(4) = 1$

$h(3) = 0$

试分别说明它们的幅度特性和相位特性各有什么特点。

4. 已知第一类线性相位 FIR 数字滤波器的单位脉冲响应的长度为 16，其 16 个频域幅度抽样值中的前 9 个为

$$H_g(0) = 12，\quad H_g(1) = 7.9，\quad H_g(2) = 4，\quad H_g(3) = 3.65，$$

$$H_g(k) = 0，\quad k = 4,5,6,7,8$$

根据第一类线性相位 FIR 数字滤波器的幅度特性 $H_g(\omega)$ 的特点,求其余 7 个频域幅度抽样值。

5. 设 FIR 数字滤波器的系统函数为

$$H(z) = 1 + 0.8z^{-1} + 2z^{-2} + 0.8z^{-3} + z^{-4}$$

求出该滤波器的单位脉冲响应 $h(n)$,判断是否具有线性相位,求出其幅度特性函数和相位特性函数。

6. 设 FIR 数字滤波器的系统函数 $H(z)$ 有 6 个零点,其中一个实数零点为 $z_1 = 6$,一个复数零点为 $z_2 = 2 + 3\mathrm{j}$,试确定其他 4 个零点。

7. 用三角窗设计线性相位低通 FIR 数字滤波器,要求过渡带宽度不超过 $\pi/8$。希望逼近的理想低通 FIR 数字滤波器的频率响应函数 $H_d(\mathrm{e}^{\mathrm{j}\omega})$ 为

$$H_d(\mathrm{e}^{\mathrm{j}\omega}) = \begin{cases} \mathrm{e}^{-\mathrm{j}\alpha\omega}, & |\omega| \leqslant \omega_c \\ 0, & \omega_c < |\omega| \leqslant \pi \end{cases}$$

(1)求出理想低通 FIR 数字滤波器的单位脉冲响应 $h_d(n)$;

(2)计算加三角窗设计的高通 FIR 数字滤波器的单位脉冲响应 $h(n)$,确定 α 与 N 之间的关系;

(3)简述 N 取奇数或偶数时对滤波特性的影响。

8. 用哈明窗设计线性相位高通 FIR 数字滤波器,要求过渡带宽度不超过 $\pi/10$。希望逼近的理想高通 FIR 数字滤波器的频率响应函数 $H_d(\mathrm{e}^{\mathrm{j}\omega})$ 为

$$H_d(\mathrm{e}^{\mathrm{j}\omega}) = \begin{cases} \mathrm{e}^{-\mathrm{j}\alpha\omega}, & \omega_c \leqslant |\omega| \leqslant \pi \\ 0, & 0 \leqslant |\omega| < \omega_c \end{cases}$$

(1)求出理想高通 FIR 数字滤波器的单位脉冲响应 $h_d(n)$;

(2)计算加哈明窗设计的高通 FIR 数字滤波器的单位脉冲响应 $h(n)$,确定 α 与 N 之间的关系;

(3)N 的取值有什么限制?为什么?

9. 试用窗函数设计一个线性相位 FIR 数字滤波器,并满足以下技术指标:在低通截止频率 $\Omega_c = 40\,\mathrm{rad/s}$ 处衰减不大于 3dB,在阻带截止频率 $\Omega_s = 46\,\mathrm{rad/s}$ 处衰减不小于 40dB,对模拟信号的抽样周期 $T = 0.01\mathrm{s}$。

10. 设计一个低通 FIR 数字滤波器 $H(\mathrm{e}^{\mathrm{j}\omega})$,其理想频率特性为矩形

$$\left| H_d(\mathrm{e}^{\mathrm{j}\omega}) \right| = \begin{cases} 1, & 0 \leqslant \omega \leqslant \omega_c \\ 0, & \text{其他} \end{cases}$$

并已知 $\omega_c = 0.5\pi\,\mathrm{rad}$,抽样点数为奇数,$N = 33$,要求滤波器具有线性相位。

11. 对下面的每种滤波器指标,选择满足 FIR 数字滤波器设计要求的窗函数类型和长度:

(1)阻带衰减为 20dB,过渡带宽度为 1000Hz,抽样频率为 12kHz;

(2)阻带衰减为 50dB,过渡带宽度为 2000Hz,抽样频率为 50kHz;

(3)阻带衰减为 50dB,过渡带宽度为 500Hz,抽样频率为 5000Hz。

12. 分别用矩形窗、改进余弦窗和布莱克曼窗设计线性相位低通 FIR 数字滤波器,要求希望逼近的理想低通滤波器 $\omega_c = 0.3\pi\,\mathrm{rad}$,过渡带宽度不超过 $\pi/10$。计算对应的单位脉冲响应 $h(n)$,并利用 MATLAB 画出 $h(n)$ 的损耗函数曲线和相频特性曲线。

13．用频率抽样法设计一个线性相位低通 FIR 数字滤波器。已知 $N=15$，通带截止频率为 $\omega_c = 0.15\pi\,\text{rad}$，通带外侧边沿上设一点过渡带，其模值为 0.4。过渡点加在第几点？

14．用频率抽样法设计一个线性相位低通 FIR 数字滤波器。已知 $N=15$，设希望逼近的滤波器的幅度抽样值为

$$H_{\mathrm{dg}}(k) = \begin{cases} 1, & k=0,1,2,3 \\ 0.389, & k=4 \\ 0, & k=5,6,7 \end{cases}$$

15．用频率抽样法设计线性相位带通 FIR 数字滤波器。已知 $N=33$，理想幅度特性函数 $H_d(\omega)$ 如题 15 图所示。

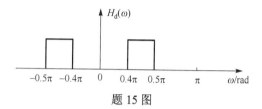

题 15 图

16．调用 MATLAB 信号处理工具箱函数 fir1 设计线性相位低通 FIR 数字滤波器，要求希望逼近的理想低通 FIR 数字滤波器的通带截止频率 $\omega_c = \pi/4\,\text{rad}$，滤波器长度 $N=21$。分别选用矩形窗、汉宁窗、哈明窗和布莱克曼窗进行设计，绘制用每种窗函数设计的单位脉冲响应 $h(n)$ 及其损耗函数曲线，并进行比较，观察各种窗函数的设计性能。

17*．将要求改成设计线性相位高通 FIR 数字滤波器，重做题 16。

18*．调用 MATLAB 信号处理工具箱函数 remezord 和 remez 设计线性相位低通 FIR 数字滤波器，实现对模拟信号的抽样序列 $x(n)$ 的数字低通滤波处理。指标要求：抽样频率为 16 kHz；通带截止频率为 4.5kHz，通带最大衰减为 1dB；阻带截止频率为 6kHz，阻带最小衰减为 75dB。列出 $h(n)$ 的序列数据，并画出损耗函数曲线。

19*．调用 MATLAB 信号处理工具箱函数 remezord 和 remez 设计线性相位高通 FIR 数字滤波器，实现对模拟信号的抽样序列 $x(n)$ 的数字高通滤波处理。指标要求：抽样频率为 16kHz；通带截止频率为 5.5kHz，通带最大衰减为 1dB；过渡带宽度小于或等于 3.5kHz，阻带最小衰减为 75dB。列出 $h(n)$ 的序列数据，并画出损耗函数曲线。

20*．调用 MATLAB 信号处理工具箱函数 fir1 设计线性相位高通 FIR 数字滤波器。要求通带截止频率为 0.6π rad，阻带截止频率为 0.45π rad，通带最大衰减为 0.2dB，阻带最小衰减为 45dB。显示所设计的单位脉冲响应 $h(n)$ 的数据，并画出损耗函数曲线。

21*．调用 MATLAB 信号处理工具箱函数 fir1 设计线性相位带通 FIR 数字滤波器。要求通带截止频率为 0.55π rad 和 0.7π rad，阻带截止频率为 0.45π rad 和 0.8π rad，通带最大衰减为 0.15dB，阻带最小衰减为 40dB。显示所设计的单位脉冲响应 $h(n)$ 的数据，并画出损耗函数曲线。

22*．调用 remezord 和 remez 函数完成题 20* 和题 21* 所给技术指标的滤波器的设计，并比较设计结果（主要比较滤波器阶数和幅频特性）。

附录 A 任意周期函数的傅里叶级数展开

如果函数 $f(x)$ 的周期为 $2T$，进行转换 $x = \dfrac{T}{\pi}t$，则

$$\varphi(t) = f\left(\frac{T}{\pi}t\right) = f(x)$$

为定义在 $(-\infty, \infty)$ 上的周期为 2π 的函数，则 $\varphi(t)$ 可展成傅里叶级数

$$\varphi(t) \sim \frac{a_0}{2} + \sum_{n=1}^{\infty}(a_n \cos nt + b_n \sin nt)$$

代回变量，有

$$f(x) \sim \frac{a_0}{2} + \sum_{n=1}^{\infty}\left(a_n \cos \frac{n\pi}{T}x + b_n \sin \frac{n\pi}{T}x\right)$$

相应的傅里叶系数为

$$a_n = \frac{1}{\pi}\int_{-\pi}^{\pi}\varphi(t)\cos nt\,\mathrm{d}t = \frac{1}{T}\int_{-T}^{T}f(x)\cos \frac{n\pi}{T}x\,\mathrm{d}x, \quad n = 0,1,2,\cdots$$

$$b_n = \frac{1}{\pi}\int_{-\pi}^{\pi}\varphi(t)\sin nt\,\mathrm{d}t = \frac{1}{T}\int_{-T}^{T}f(x)\sin \frac{n\pi}{T}x\,\mathrm{d}x, \quad n = 1,2,\cdots$$

附录 B 留数定理及留数辅助定理

定理 B1：函数 $f(z)$ 在周线或复周线 C 所围的区域 D 内除 $a_1, a_2, \cdots, a_n$ 外解析，在闭域 $\overline{D} = D + C$ 上除 $a_1, a_2, \cdots, a_n$ 外连续，则

$$\int_C f(z)\mathrm{d}z = 2\pi\mathrm{j}\sum_{k=1}^{n}\mathrm{Res}[f(z), a_k]$$

其中

$$\mathrm{Res}[f(z), a] = \frac{1}{2\pi\mathrm{j}}\int_\Gamma f(z)\mathrm{d}z \quad (\Gamma:\ |z - a| = \rho, \rho > 0)$$

称为 $f(z)$ 在点 a 的留数（Residue），该定理也是留数定理。

定理 B2：如果函数 $f(z)$ 在扩充 z 平面上只有有限个孤立奇点（包括无穷远点在内），设为 $a_1, a_2, \cdots, a_n, \infty$，则 $f(z)$ 在各点的留数总和为零。

由定理 B2 可推出定理 B3，也就是留数辅助定理。

定理 B3：若 $f(z)$ 为有理函数，即 $f(z) = \dfrac{A(z)}{B(z)}$（$A(z)$ 与 $B(z)$ 是互质的多项式），且 $B(z)$ 的阶数比 $A(z)$ 高二阶或二阶以上，在周线或复周线 C 所围的区域 D 内，$f(z)$ 有极点 $a_1, a_2, \cdots, a_K$，区域 D 外有极点 $b_1, b_2, \cdots, b_L$，则

$$\int_C f(z)\mathrm{d}z = 2\pi\mathrm{j}\sum_{k=1}^{K}\mathrm{Res}[f(z), a_k] = -2\pi\mathrm{j}\sum_{k=1}^{L}\mathrm{Res}[f(z), b_k]$$

附录 C　用 Masson 公式求网络传输函数 $H(z)$

已知信号流图，按照 Masson 公式可直接写出传输函数 $H(z)$

$$H(z) = \frac{\sum\limits_k T_k \varDelta_k}{\varDelta}$$

式中，$\varDelta$ 称为流图特征式，其计算公式如下

$$\varDelta = 1 - \sum_i L_i + \sum_{i,j} L_i' L_j' - \sum_{i,j,k} L_i'' L_j'' L_k'' + \cdots$$

这里，$\sum\limits_i L_i$ 表示所有环路增益之和；

$\sum\limits_{i,j} L_i' L'$ 表示每两个互不接触的环路增益乘积之和；

$\sum\limits_{i,j,k} L_i'' L_j'' L_k''$ 表示每三个互不接触的环路增益乘积之和；

T_k 表示从输入节点到输出节点的第 k 条前向通路的增益；

$\varDelta_k$ 表示不与第 k 条前向通路接触的那部分流图的 $\varDelta$ 值。

例如，利用 Masson 公式求图 C.1 所示流图的系统函数 $H(z)$，图中有 4 个环路

L_1 由 $x_3 \to x_4 \to x_3$；

L_2 由 $x_1 \to x_2 \to x_3 \to x_4 \to x_5 \to x_1$；

L_3 由 $x_1 \to x_3 \to x_4 \to x_5 \to x_1$；

L_4 由 $x_1 \to x_2 \to x_5 \to x_1$。

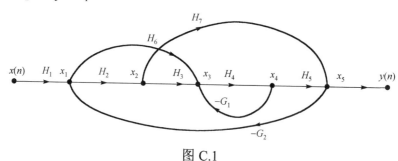

图 C.1

它们的环路增益分别为

$$L_1 = -H_4 G_1, \quad L_2 = -H_2 H_3 H_4 H_5 G_2$$

$$L_3 = -H_6 H_4 H_5 G_2, \quad L_4 = -H_2 H_7 G_2$$

互不接触的环路有一对，两个环路增益乘积为

$$L_1 L_4 = H_4 G_1 H_2 H_7 G_2$$

没有三个互不接触的环路，因此

$$\Delta = 1 + (H_4G_1 + H_2H_3H_4H_5G_2 + H_6H_4H_5G_2 + H_2H_7G_2) + H_4G_1H_2H_7G_2$$

从输入节点到输出节点有三条前向通路

$$T_1: \ x(n) \to x_1 \to x_2 \to x_3 \to x_4 \to x_5 \to y(n)$$

$$T_1 = H_1H_2H_3H_4H_5$$

$$T_2: \ x(n) \to x_1 \to x_3 \to x_4 \to x_5 \to y(n)$$

$$T_2 = H_1H_6H_4H_5$$

$$T_3: \ x(n) \to x_1 \to x_2 \to x_5 \to y(n)$$

$$T_3 = H_1H_2H_7$$

由于前向通路 T_1 和 T_2 没有不接触的环路，因此 $\Delta_1=1$，$\Delta_2=1$，与前向通路 T_3 不接触的环路只有 L_1，因此 $\Delta_3 = 1 + H_4G_1$，最后得到的网络传输函数为

$$H(z) = \frac{T_1\Delta_1 + T_2\Delta_2 + T_3\Delta_3}{\Delta}$$

参 考 文 献

[1] 丁玉美，高西全. 数字信号处理[M]. 西安：西安电子科技大学出版社，2001.

[2] 高西全，丁玉美. 数字信号处理（第 2 版）学习指导[M]. 西安：西安电子科技大学出版社，2008.

[3] Oppenheim A V, Schafer. Digital Signal Processing[M]. Englewood Cliffs: Prentice-Hall Inc.,1975.

[4] 胡广书. 数字信号处理——理论、算法与实现[M]. 北京：清华大学出版社，1998.

[5] A. V·奥本海姆，等. 离散时间信号处理[M]. 刘树棠，黄建国，译. 西安：西安交通大学出版社，2008.

[6] 刘益成，孙祥娥. 数字信号处理[M]. 北京：电子工业出版社，2004.

[7] Mitra S K. Digital Signal Processing a Computer-based Approach[M]. 3rd ed. MeGraw Hill higher education, 2001.

[8] Constantinides A C. Spectral Transformations for Digital Filters[J]. IEEE,1970, 117(8): 1585-1590.

[9] Harry Y-F Lam. 模拟和数字滤波器设计与实现[M]. 冯橘云，等译. 北京：人民邮电出版社，1985.

[10] 陈怀琛. 数字信号处理教程——MATLAB 释疑与实现[M]. 北京：电子工业出版社，2004.

[11] 刘顺兰，吴杰. 数字信号处理[M]. 西安：西安电子科技大学出版社，2003.

[12] Proakis JG，Manolakis D G. 数字信号处理：原理、算法与应用[M]. 张晓林，译. 北京：电子工业出版社，2004.

[13] Lyons R G. Understanding Digital Signal Processing[M]. 北京：科学出版社，2003.

[14] Chi-Tsong Chen. Digital Signal Processing-Spectral Computation and Filter Design[M]. 北京：电子工业出版社，2002.

[15] Pavel Zahradnik, Miroslav Vicek. Analytical Design Method for Optimal EquirippleComb FIR Filters[J]. IEEE Transactions on Circuits and Systems- II: Express Briefs, 2000, 52(2).

[16] 楼顺天，李博菡. 基于 MATLAB 的系统分析与设计——信号处理[M]. 西安：西安电子科技大学出版社，1998.

[17] 陈怀琛，吴大正，高西全. MATLAB 及在电子信息课程中的应用[M]. 3 版. 北京：电子工业出版社，2006.

[18] 高西全，丁玉美. 数字信号处理——原理、实现及应用[M]. 北京：电子工业出版社，2006.

[19] 程佩青. 数字信号处理教程[M]. 北京：清华大学出版社，2015.

[20] 王宏. MATLAB 6.5 及其在信号处理中的应用. 北京：清华大学出版社，2004.